阿部龍蔵・川村 清 監修

裳華房テキストシリーズ − 物理学

量 子 光 学

東京大学名誉教授
理学博士

松 岡 正 浩 著

裳 華 房

QUANTUM OPTICS

by

Masahiro MATSUOKA, Dr. Sc.

SHOKABO

TOKYO

編 集 趣 旨

「裳華房テキストシリーズ−物理学」の刊行にあたり，編集委員としてその編集趣旨について概観しておこう．ここ数年来，大学の設置基準の大網化にともなって，教養部解体による基礎教育の見直しや大学教育全体の再構築が行われ，大学の授業も半期制をとるところが増えてきた．このような事態と直接関係はないかも知れないが，選択科目の自由化により，学生にとってむずかしい内容の物理学はとかく嫌われる傾向にある．特に，高等学校の物理ではこの傾向が強く，物理を十分履修しなかった学生が大学に入学した際の物理教育は各大学における重大な課題となっている．

裳華房では古くから，その時代にふさわしい物理学の教科書を企画・出版してきたが，従来の厚くてがっちりとした教科書は敬遠される傾向にあり，"半期用のコンパクトでやさしい教科書を"との声を多くの先生方から聞くようになった．

そこでこの時代の要請に応えるべく，ここに新しい教科書シリーズを刊行する運びとなった．本シリーズは18巻の教科書から構成されるが，それぞれその分野にふさわしい著者に執筆をお願いした．本シリーズでは原則的に大学理工系の学生を対象としたが，半期の授業で無理なく消化できることを第一に考え，各巻は理解しやすくコンパクトにまとめられている．ただ，量子力学と物性物理学の分野は例外で半期用のものと通年用のものとの両者を準備した．また，最近の傾向に合わせ，記述は極力平易を旨とし，図もなるべくヴィジュアルに表現されるよう努めた．

このシリーズは，半期という限られた授業時間においても学生が物理学の各分野の基礎を体系的に学べることを目指している．物理学の基礎ともいうべき力学，電磁気学，熱力学のいわば3つの根から出発し，物理数学，基礎

量子力学などの幹を経て，物性物理学，素粒子物理学などの枝ともいうべき専門分野に到達しうるようシリーズの内容を工夫した．シリーズ中の各巻の関係については付図のようなチャートにまとめてみたが，ここで下の方ほどより基礎的な分野を表している．もっとも，何が基礎的であるかは読者個人の興味によるもので，そのような点でこのチャートは一つの例であるとご理解願えれば幸いである．系統的に物理学の勉学をする際，本シリーズの各巻が読者の一助となれば編集委員にとって望外の喜びである．

阿部龍蔵，川村　清

まえがき

　光学は古い歴史をもっている．幾何光学に始まり波動光学を経て，分光学が発展した．そしてレーザーの誕生によって大きな変貌をとげた．そこでは非線形光学やコヒーレント分光学，超高強度・超高速の分光学など多くの新しい分野が発展した．その中で注目すべきことは，光を量子化する扱いが本格化し，それまでの古典電磁気学に基づく波動光学からは予想もつかない新分野が始まったことである．これは量子光学とよばれている．

　量子光学の名が用いられる範囲は時代とともに変り，レーザー分光学で物質の側を量子論によって扱う領域全般に対して用いられた時期があり，また最近では原子をレーザー冷却する分野も含める．本書では光を量子論的に扱うことによって生まれる新しい光学の領域に対して用いることにする．

　このような最近の発展を受けて，学部の伝統的な光学の講義も変らざるをえない．本書はこの最新の量子光学を含めた光学を学部学生を対象に概説するものである．しかし，それにはレーザーとそれ以前の光学も理解しなければならない．そこで，本書では幾何光学から波動光学，レーザー，量子光学までを一貫して述べるユニークな試みをすることになった．大学院初年級でこれから実験を専攻する学生にも参考になるものと思う．

　本書の一つの山はレーザーの章にある．簡単なレーザーの話は現在では物理学科以外でも講義されるので，第4章ではガウスビームや2準位原子の分極を用いたレーザーの扱いを知ってもらうことにした．第2章と第3章はその準備である．第6章から第8章では非線形光学や分光学，コヒーレント過渡現象など現代の光学の中心的分野を扱う．

　本書のもう一つの山は電磁場の量子化にある．第9章では量子化とは結局何なのかをできるだけ簡潔に述べた．そのための工夫もした．その後の量子

干渉や相関，コヒーレント状態やスクイーズド状態といった，量子化の効果を扱う第 10 章，第 11 章は本書に与えられた中心課題でもある．

　第 12 章と第 13 章は光の二重性と最近の量子力学の新しい側面の「もつれた状態」に関わる章である．アドバンストなテーマであるが，量子力学における一般にあまり知られていない側面でもあるので，将来への可能性として読んでいただきたい．

　本書を教科書として使用する場合，状況に応じて第 8 章までとその後の章に分けて，どちらかに重点を置いて講義していただけば半期の講義も可能であろう．なお，＊印をつけた節は省略して進めていただいてかまわない．

　本書では学部の電磁気学の一般性から SI 単位系を用いた．また，電磁波の量子化はいわゆる $E-B$ 対応によって記述した．さらに，日本語表記の問題で，著者は linear と nonlinear の訳としては線型と非線型が適当と考えるが，本シリーズの統一上の要望があったので，現在広く用いられている線形と非線形を用いた．しかし，線型・非線型は二つの量の間の比例関係の type を区別する用語で，これに対して形は shape を表す．たとえば，磁気共鳴やレーザー分光では共鳴線の line shape を指すのに線形の用語が用いられている．同様な問題に輻射と放射があるが，こちらの'規制'は最近緩和されているようなので本書では輻射とした．

　原稿に関して筑波大学の中塚宏樹氏，熊本大学の元吉明夫氏，光永正治氏に有益なコメントを頂いた．また，本稿を使っての熊大における講義とゼミで 3，4 年生や修士学生諸君からの質疑には大いに益するところがあった．

　最後に，本シリーズ監修者の川村 清氏には本書の執筆を薦めていただき，原稿について忌憚のないご意見をいただいた．また，裳華房の真喜屋実孜氏には長期にわたり編集上のお世話になった．併せて感謝いたします．

2000 年 8 月

松 岡 正 浩

目 次

1. 光の二重性と量子光学

§1.1 光の本質は何か ······1
§1.2 光の物理学の発展 ·····3
§1.3 レーザーと量子エレクトロニクス ········5

2. 幾何光学と波動光学

§2.1 幾何光学の原理 ······8
§2.2 レンズの公式 ·······9
§2.3 ガウスビームの伝播 ···13
§2.4 ガウスビームの半径と波面の曲率 ·····17
§2.5 ガウスビームに対するレンズの公式 ····20

3. 物質中の線形光学 — 線形感受率と飽和効果

§3.1 2準位原子の波動関数 ··24
§3.2 密度行列の運動方程式 ··27
§3.3 緩和のある場合の運動方程式 ··········29
§3.4 運動方程式の定常解(1) 線形感受率 ·····32
*§3.5 運動方程式の定常解(2) 吸収の飽和 ······37

4. レーザー

§4.1 自然放出 ········40
§4.2 誘導放出 ········44
§4.3 光共振器のモード ····50
§4.4 光共振器の安定性 ···51
§4.5 発振条件 ········54
*§4.6 波動方程式と分極を用いたレーザー理論 ····56
*§4.7 定常状態の発振しきい値,

viii 目次

振幅および周波数 ・・・58

5. レーザー光の性質，種々のレーザー

*§5.1 光子計数分布と強度ゆらぎ，
　　　位相ゆらぎ，スペクトル幅
　　　・・・・・・・・・65
§5.2 レーザー光のコヒーレンス
　　　・・・・・・・・・70
§5.3 レーザー光の強度と
　　　短パルス性，モード同期
　　　・・・・・・・・・72
§5.4 3準位レーザーと
　　　4準位レーザー ・・・74
§5.5 固体レーザー ・・・・76
§5.6 気体レーザー ・・・・79
§5.7 色素レーザー ・・・・81
§5.8 半導体レーザー ・・・82

6. 非線形光学

§6.1 非線形分極 ・・・・・86
§6.2 非線形分極の対称性 ・・89
§6.3 非線形分極からの
　　　2次高調波の発生 ・・・91
§6.4 結晶における位相整合 ・・96
§6.5 パラメトリック増幅 ・・・99
§6.6 3次の非線形光学効果，
　　　縮退4光波混合 ・・・・102

7. 非線形相互作用と分光学

§7.1 飽和吸収分光 ・・・・・106
§7.2 2次高調波発生の
　　　非線形感受率 ・・・・・110
§7.3 2光子吸収 ・・・・・・112
§7.4 コヒーレントラマン分光 ・113

8. コヒーレント過渡現象

§8.1 光学的ブロッホ方程式 ・・116
§8.2 光章動 ・・・・・・・119
§8.3 自由歳差減衰 ・・・・・120
§8.4 縦緩和と横緩和，
　　　不均一横緩和 ・・・・122
§8.5 フォトンエコー ・・・・124

9. 電磁場の量子化

§9.1 マクスウェルの電磁波・・129
§9.2 電磁波の量子化，
　　　演算子の導入・・・・131
§9.3 エネルギー固有状態と
　　　光子数状態・・・・・133
§9.4 エネルギーの期待値・・137
§9.5 電場の期待値とゆらぎ・・138

10. 干渉と相関における量子効果

§10.1 ヤングの干渉・・・・140
§10.2 ハンブリー ブラウンと
　　　トゥイスの強度干渉 ―
　　　2光子干渉・・・・145
§10.3 光子のアンチバンチング
　　　・・・・・・・・149
参考文献・・・・・・・・154

11. コヒーレント状態とスクイーズド状態

§11.1 コヒーレント状態・・・155
§11.2 コヒーレント状態における
　　　電場の期待値とゆらぎ
　　　・・・・・・・・・157
§11.3 コヒーレント状態における
　　　直交位相振幅の不確定性
　　　関係・・・・・・・159
§11.4 コヒーレント状態における
　　　光子数と位相の不確定性
　　　関係・・・・・・・161
§11.5 スクイーズド状態・・・163
§11.6 直交位相スクイーズド状態
　　　における電場の期待値と
　　　ゆらぎ・・・・・・165
§11.7 直交位相スクイーズド状態
　　　の発生と検出・・・166
参考文献・・・・・・・・169

12. 量子力学の検証とEPRパラドックス

§12.1 遅延選択・・・・・・171
§12.2 EPRパラドックス・・・178
§12.3 もつれた状態の発生とEPR
　　　パラドックスの実験・182

§12.4 パラドックスの解消‥186 参考文献‥‥‥‥‥‥188

13. 量子力学の新しい応用

§13.1 量子暗号法‥‥‥‥190 ‥‥‥‥‥‥192
§13.2 量子テレポーテーション §13.3 量子計算機‥‥‥194

問題略解‥‥‥‥‥‥‥‥‥‥‥‥‥‥‥‥‥‥202
索 引‥‥‥‥‥‥‥‥‥‥‥‥‥‥‥‥‥‥‥210

コ ラ ム

Vibration と Wave‥‥‥‥‥‥7
ガリレオの光‥‥‥‥‥‥‥23
オイラーの光‥‥‥‥‥‥‥39
光メーザー（レーザー）の誕生まで‥‥64
マクスウェルの電磁気学とエーテル‥‥85
非線形光学の誕生まで‥‥‥‥‥105
スピンエコーとフォトンエコー‥‥‥128
寺田寅彦と量子力学，思考実験‥‥‥169
Bertlmann's Socks‥‥‥‥‥189
アインシュタインと光量子‥‥‥‥201

1 光の二重性と量子光学

　光は自然現象の中でも最も古くから人が関わりをもってきた対象であろう．あらゆる人間活動，文化の中でわれわれは光に関心をもってきた．物理学的対象としては，光の直進性や反射の法則は早くから経験的に知られてきた．しかし，光とは何かは実にとらえにくいものであった．その本質についてはさまざまな曲折を経て今日の量子論による理解に到達できた．その詳細を本書によって学ぶ前に，そこに至る歴史を簡単に振り返っておこう．

§1.1　光の本質は何か

　光の本質は何かという議論は，現在の物理学に関係する限りでは，ニュートンの時代に始まったといってよいであろう．ニュートンは万有引力を発見して古典力学を創始し，微積分学や天体力学も始めたが，光学の研究にも生涯にわたって力を注いだ．プリズムによる白色光の分解によってそれが多色の光の混合であることを証明し(1666)，また，色収差のない反射望遠鏡を自ら作った．フックによる雲母などの薄膜が厚さによって色が変る現象(1665)を，いわゆるニュートンリングによって上手に実験した．彼はこれらの実験に関して，今日の波動の理論による説明も考えたに相違ないが，しかし，直進する光は単純な波の理論では説明できないと考えた．建物の角を回って人の声は聞えてもその人は見えないのである．ニュートンは光は発光する物質から放出される極く小さな物体ではないかと述べている(1730)．これは今日

1. 光の二重性と量子光学

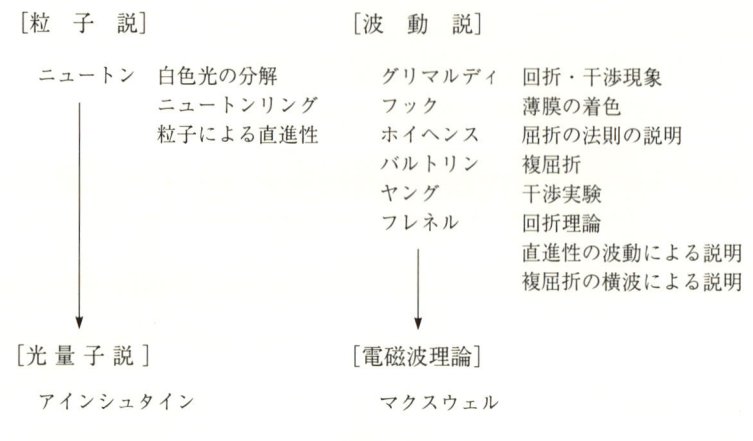

図 1.1

われわれが粒子とよぶものである．

　一方，現実では，粒子説では具合が悪いことがたくさん見出された．小さな穴を通った光をよく見ると厳密には直進するとはいえず，その光線の外側に広がったり，着色したり，縞模様ができたりする回折現象が起こる．また，二つの小孔からの光は明暗の干渉縞を作る．薄膜における着色現象を調べたフックは，光は圧力が時間的に短くゆらぐようなパルスまたは動き(motion)にすぎないといった．ニュートンはこの考えに少し近づいて，粒子が屈折あるいは反射するとき物体から力を受けて振動を起こし，その振動の大きさ(bigness)が色を決めるともいった．この"振動"は今日の波であり，"大きさ"は波長である．しかし，ニュートンの物体粒子は彼の力学の粒子と異なり，みな同じ速さをもち(止まることはない)，力学の法則にしたがわない特殊なものであった．

　ホイヘンスは素元波の原理を用いてスネルの法則を説明し，光速と入射角・屈折角の関係が粒子説による説明とは逆になることを見出した．1800年の世紀の変り目に活躍した医師で考古学者でもあったヤングは光の干渉実験を行い，「波動説はまだ生きている」と言った．粒子説から波動説への主な反

論は光の直進性を波動で説明できるかどうかという点にあった．フレネルは19世紀初め，ホイヘンスの原理と波の干渉を用いて，光の直進性の説明と光線の周辺に生ずる回折現象の説明に成功した．しかし，結晶を通った光の像が二重に見える複屈折現象は縦波では説明できない．これは2方向の横波の振動によって説明できた．

このようにして光は波動であるとすると都合の良い現象がたくさん見出され，永年にわたる多くの人々の探求によって光の波動説ができあがってきた．これを完成させたのが電磁気学の完成者マクスウェルである．彼は1864年に電磁波の存在を理論的に予言し，ヘルツが1888年にそれを実験的に確認した．マクスウェルは電磁気学の方程式をまとめあげ(1873)，光は当時知られていた無線通信の電波と同じものであることを明らかにした．

ところが，そのような波動では説明できない現象がまたまた出てきたのである．19世紀には熱力学が大いに発展した．光を波動として高温の物体が放出する光のエネルギー分布に熱力学を当てはめると，高い周波数で無限大に発散してしまう．プランクは1900年に，光を放出する原子の振動体（振動子）のとりうるエネルギーはある最小単位の整数倍だけが許されると仮定すると，この難問を解決できることを発見した．このエネルギーの最小単位をエネルギー量子とよんだ．アインシュタインはこれを光がもつ粒子性であると考え，光量子仮説を発表した．このようにして光の粒子論が別の形でよみがえったのである．これが量子力学の始まりとなった．しかし，ここで光は波でもあり粒子でもあるという相容れない二重性をもつことになり，新たな悩みをかかえることになった．

§1.2　光の物理学の発展

光学は反射の法則をはじめ，屈折の法則などで光線を直線によって表す**幾何光学**から始まった．ついで，干渉や回折を扱う**波動光学**がマクスウェルの電磁気学を用いた厳密な理論として発展した．今日のカメラや顕微鏡をはじ

めとする精密光学はこれに負っている．

　量子力学の誕生に光の果たした役割は極めて大きかった．その後，量子力学は原子や分子，固体などの凝縮系や原子核などの物質における，唯一の信頼される精密な理論として発展した．

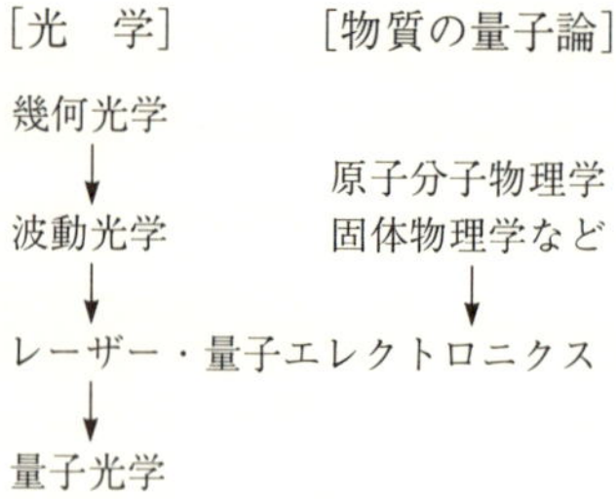

　そこでは光や電磁波と物質の相互作用がくわしく調べられた．特に，光や電磁波が物質によって吸収されたり放出されたりする現象において，誘導放出という現象が知られるようになった．通常，電波は光と異なり，振動が周期的な規則性をもっている．これをコヒーレントあるいはコヒーレンスが良いという．これに対して光は規則性をもたない雑音のような波であり，これをインコヒーレントであるという．この誘導放出によって光をコヒーレントに発振させたり増幅させたりすることが考えられた．これが後述のようにマイクロ波領域の**メーザー**の成功となり，さらに光領域の**レーザー**となった．これは電波や電子回路の領域で行う発振や増幅の考えを物質の量子的状態を用いて行うので，**量子エレクトロニクス**とよばれる．それは原子や分子，固体の量子物理学の発達の上に成り立った．

　このレーザーの出現によって新しく問題になったのは，光のコヒーレンスは量子論的にはどう扱うべきかということであった．不思議なことに光は量子として，量子力学の発展に大きな貢献をしながら，その後，光の量子，すなわち光子の量子力学的研究はほとんど発展しなかったのである．そこで，レーザーの発明が契機になって電磁場を量子化し，光のコヒーレンスを説明する理論がグラウバーらによって始められた(1963)．この光の量子論によってニュートン以来の懸案であった光の二重性が一つの理論の中ではじめて統一的に説明されることになったのである．

　この光の量子論は，マクスウェルの電磁波を量子力学的に説明することから始まったが，その後，この理論によって古典的な電磁波にはない量子論的

［光　学］　　　［物質の量子論］
幾何光学
　　　　　　　　原子分子物理学
波動光学　　　　固体物理学など

レーザー・量子エレクトロニクス

量子光学

図1.2

な新しい電磁波の状態が予見されるようになった．つまり，光を量子論的に扱うことによって新しい光学の領域が生まれることになったのである．これはまさに**量子光学**とよぶのにふさわしい．

光の粒子性と波動性の二重性はいわゆる波束の収縮や観測の問題など，量子論の根幹に関わっている．そこで，このように光の二重性を正しく扱い，量子論の基礎を検証することが量子光学の重要な領域になってきた．さらに最近ではその検証実験そのものが量子通信などの応用技術と考えられるようにもなってきた．

§1.3 レーザーと量子エレクトロニクス

光は電波と同じ電磁波であることがわかっても，実際上はかなり違った姿をとって現れ，その現象も実験装置も異なっていた．そのため光の領域の研究と電波領域の研究は別々に発展してきた．

光の領域では，可視光，紫外光，赤外光領域で原子や分子の分光学が1900年代の初めから盛んになった．一方，電波の領域では，発振器や検出器などの実験技術の進歩によってラジオ波やマイクロ波を用いた分光学が1930年代から発展し始めた．特に真空中を飛ばす原子線によるスピン共鳴の実験が行われた．これがやがて液体や固体という凝集体でも可能な核スピンに対する核磁気共鳴（1946）に発展した．電波は極めて精密に振幅や位相を制御できるので，これらの実験では電子状態などを精密に制御した状態に原子や分子を励起することができるようになった．

このラジオ波マイクロ波の精密な実験から，誘導放出現象を用いて電磁波を増幅発振するという考えが生まれた．米国と当時のソ連において相次いで分子を用いたマイクロ波の発振が考えられた．アンモニアの分子線を用いたマイクロ波の発振器が実現し(1954)，タウンズによってメーザーと名づけられた．これまで吸収の対象としか考えられなかった分子が，電磁波を放出し，しかも真空管では困難な短い波長の発振をするようになったのである．

1. 光の二重性と量子光学

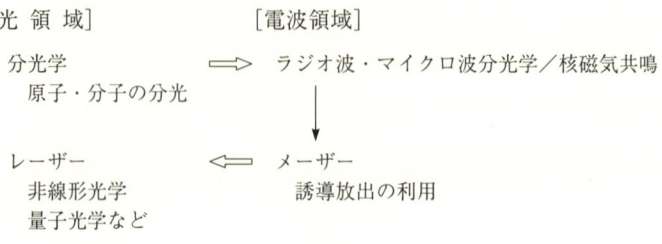

図 1.3

このような電波領域のメーザー研究は,今度は逆に光領域にもどってきた.メーザーの考えが赤外や可視光の領域でもできないかとの努力が続けられ,ショーロウとタウンズの**光メーザー**の考えとなって提案された(1958).これは多くの研究者が実現を競うこととなり,1960年のルビーレーザーとなって実現した.これがレーザーによる新時代の幕開けとなった.

その最初に開かれた新しい分野は非線形光学である.ルビーレーザーの発振の翌年にはその強力な光の2倍の周波数の発生が行われた.1962年にはブレンバーゲンはこの非線形相互作用の基礎理論を確立した.

レーザー光は単色性や指向性,集光性がよく,強い強度になること,短パルスになることなど,従来からの自然放出による光と全く異なる性質をもっている.そのため非線形光学をはじめ,レーザー分光学,コヒーレント過渡分光学,超高速現象分光学,超強パワー現象研究,そして最近の量子光学など,レーザーを中心とした光科学の広い範囲の研究が生まれることになった.このように量子エレクトロニクスの研究は多くの基礎研究の分野を創り出した.これは光通信など日常生活や産業への応用研究も含めるとさらに膨大な分野に広がっている.

量子エレクトロニクスの研究の一つの特質は,個々の物質の性質の研究に重点を置くよりも,むしろさまざまな現象の原理や形態の研究に重点を置いていることである.そのためそこから新しい横断的な見方と,実験法や測定法,装置が生まれることになる.本書もそのような性格をもっている.

Vibration と Wave

　17世紀においては"wave"は大洋の波とかそれに似たようなもの，たとえば長い布を振ったときにできるような波だけを意味した．だから，ニュートンが"vibrations"というときは何を言おうとしているのかを判断しなければならない．ニュートンは後の著作で"wave"ということも言っているが，今日の意味でこの言葉が一般に使われるようになったのは19世紀になってからのことである．適切な言葉がなかったことによってフックも言いたいことが言い表せなかったのではないかと思われる．

　(David Park: *The Fire within the Eye* (Princeton University Press, 1997))

 幾何光学と波動光学

　幾何光学の特徴として，小孔あるいはスリットを通った光によってできる像は鮮明であり，また，球面鏡やレンズによって光は一点に集光できることがあげられる．しかし，波動光学では回折効果のためそうはならない．特に，細いビームのレーザー光をレンズで集光する実験ではこの効果を考慮しなければならない．また，回折効果はレーザーの共振器の安定性を考えるのにも重要である．この章ではまず，幾何光学におけるレンズの公式について復習し，その後，マクスウェル方程式を用いた波動光学によるガウスビームの伝播と集光について述べる．

§2.1　幾何光学の原理

　幾何光学では光線は文字通り直線で表される．そこでは光線は可逆的に進み，他の光線に影響されず，反射や屈折の法則にしたがう．これらの法則によって幾何光学が組み立てられる．その結果，光線の進路については**フェルマーの原理**が成り立つ．すなわち，光が一点から出て他の一点に達するとき，光はそれに要する時間が極小（あるいは極値）になるような経路をとる．しかし，なぜこれらの法則が成り立つかは，光を波として考えるホイヘンスの原理によって説明される．

　［問題 2.1］　特別な場合には光は伝播の時間が極大になる経路を通る．たとえばどんな場合か．

光を線によって扱うために，幾何光学では図 2.1 のように光が物体によって遮られてできる影はくっきりと現れ，光は物体の裏側へ回り込むことはないという特徴が生ずる．

いわゆるレンズの公式はこのような幾何光学の法則にしたがって求められる．それによると，光は図 2.2 のように一点に集光される．しかしあとで見るように，波動光学によると回折効果のために光は有限の径にしか集光されない．そこでまず，幾何光学によるレンズの公式を復習しよう．

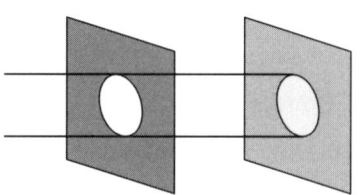

図 2.1 幾何光学においては物体の影はくっきりしている．

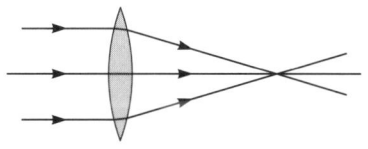

図 2.2 幾何光学においては光はレンズによって一点に集光される．

§2.2 レンズの公式

波動光学との違いを明らかにするために，幾何光学におけるレンズの公式を求めておこう．厚さを無視できる薄いレンズで，レンズの中心軸（光軸）との角度が小さい近軸光線を考える．

図 2.3(a) でレンズへの光の入射を考える．左側を空気とし，レンズ内での光線方向を考えるために，右側全体にガラスがあるとする．曲面と光軸の交点を O，球面の曲率中心を C，曲率半径を R_1 とし，物体の点 P から出た光がレンズの面上の点 A を通り，屈折して P$'$A の延長線上を右に進むとする．また，PO $= a$，P$'$O $= b$，OA $= r$，∠OPA $= \theta$，∠OP$'$A $= \theta'$，∠OCA $= \delta$ とする．ただし，符号については，$\overrightarrow{\text{PO}}$, $\overrightarrow{\text{P}'\text{O}}$ が入射光の進行方向と同じ向きのとき a, b は正，反対のとき負とする．A に立てた法線と PA, P$'$A のなす角 $\theta + \delta$, $\theta' + \delta$ はそれぞれ入射角と屈折角であるから，ガラスの屈折率を n とすると，スネルの法則が成り立つ：

$$\frac{\sin(\theta+\delta)}{\sin(\theta'+\delta)} = n$$

$\overrightarrow{CO}$ が入射光と反対方向を向いているから，$R_1 < 0$ ととることに約束すると

$$a\theta \cong r, \quad b\theta' \cong r,$$
$$\delta(-R_1) \cong r$$

と表すことができる．これらの4式から，

$$\frac{1}{a} - \frac{1}{R_1} = n\left(\frac{1}{b} - \frac{1}{R_1}\right)$$

を得る．

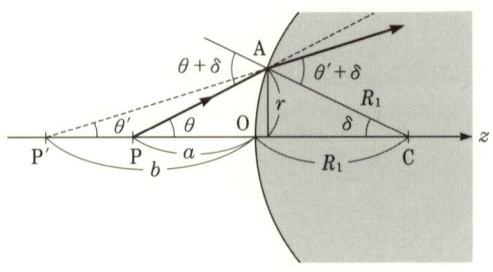

(a) 物点Pから出た光の入射面での屈折

次に，レンズからの出射面の図(b)において曲率半径を $R_2(>0)$，図(a)のPから来る光の集まる像の位置をP″，P″O $= c$ とする．

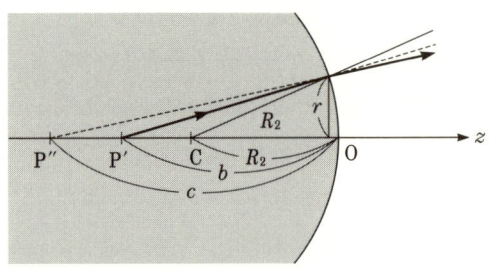

(b) レンズ内の点P′から出た光の出射面での屈折

図2.3 レンズの公式の導出

(このOは薄いレンズでは図(a)のOと一致するとしてよい．) ガラスに対する空気の屈折率は $1/n$ と考えると，

$$\frac{1}{b} - \frac{1}{R_2} = \frac{1}{n}\left(\frac{1}{c} - \frac{1}{R_2}\right)$$

を得る．$\overrightarrow{CO}$ が入射光方向だから $R_2 > 0$ である．これらの2式から b を消去すると，

$$\frac{1}{a} - \frac{1}{c} = (n-1)\left(\frac{1}{R_2} - \frac{1}{R_1}\right) \tag{2.1}$$

を得る．ここで f を

$$\frac{1}{f} \equiv (n-1)\left(\frac{1}{R_2} - \frac{1}{R_1}\right) \tag{2.2}$$

によって定義する．b を一定にして $a \to \infty$ とするとき，c は $-f$ となり，平

§2.2 レンズの公式 11

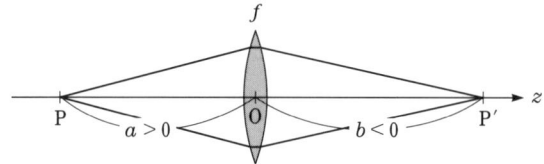

図2.4 レンズの公式による物点Pと像点P′(= P″)

行光線の集光点P″はレンズの後方 f の位置にあることがわかる．ゆえにこの f がレンズの焦点距離である．c を b，P″ を P′ と書き直して図2.4のようにまとめると，(2.1) と (2.2) から

$$\frac{1}{a} - \frac{1}{b} = \frac{1}{f} \tag{2.3}$$

が得られる．これが**レンズの公式**である．ここでも $\overrightarrow{PO}$ が入射光方向のとき b を正とする．凸レンズでは $R_1 < 0, R_2 > 0$ であるから $f > 0$ であり，凹レンズでは $f < 0$ である．

物体上の点Pが z 軸上ではなく高さ $r = h$ にあるときは，$\theta, \theta', \delta \ll 1$ であるかぎり（近軸光線の場合）公式 (2.3) が成り立つ．作図によって像を求めるには図2.5のように次の規則によって行えばよい．

(1) 物体上の点Pから光軸に平行に出た光線はレンズを通ったのち焦点F′を通る．

(2) 物体上の点Pから焦点Fを通

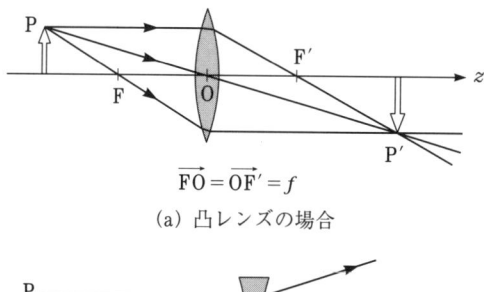

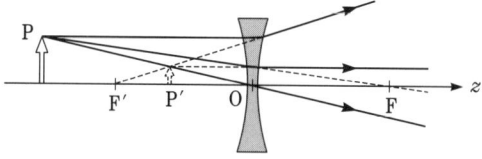

図2.5 レンズによる像の作図

った光線はレンズを通ったのち光軸に平行になる．

（3）レンズの中心を通った光線は直進する．

これら3本の直線が交わる点がPに対する像の位置P'である．

[**問題 2.2**] $f = 10\,\mathrm{cm}$ の凸レンズがあって，$a = 15\,\mathrm{cm}$ のところに高さ 2.5 cm の物体があるとき，その像の位置はどこか，実像か虚像か．倍率はいくらか，正立か倒立かを述べよ．一般に，$b < 0$ のときは実像である．像の倍率は $m = b/a$ で与えられ，$m < 0$ で倒立像となる．

[**問題 2.3**] $f = -10\,\mathrm{cm}$ の凹レンズがあって，$a = 15\,\mathrm{cm}$ のところに高さ 5 cm の矢が立っているとき，できる像の位置はどこか，実像か虚像か．倍率はいくらか，正立か倒立かを述べよ．一般に，$b > 0$ のときは虚像となり，$m > 0$ で正立像となる．

[**問題 2.4**] 屈折率 $n = 1.516$ のガラスで両面の曲率半径が $R = 20\,\mathrm{cm}$ の両凸レンズの焦点距離を求めよ．

[**問題 2.5**] 図 2.6 のような凹面鏡において $\overrightarrow{PO}, \overrightarrow{P'O}, \overrightarrow{CO}$ が入射光の z 方向を向いているとき，a, b, R を正にとると，球面鏡の公式

$$\frac{1}{a} + \frac{1}{b} = \frac{1}{f}, \quad f \equiv \frac{R}{2}$$

(2.4)

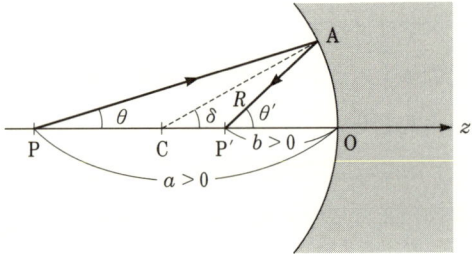

図 2.6 球面鏡の公式の導出

が成り立つことを示せ．凸面鏡では R は負にとる．球面鏡の場合には $m > 0$ で倒立像，$m < 0$ で正立像となる．

最後に注意すべきことは，これら3本の光路も含め，PからP'へ至るすべての可能な経路の**光路長**（経路の長さにそこの物質の屈折率を掛けた長さ）は等しいことである．これはフェルマーの原理からいって当然である．波動

光学の領域の説明になるが，P から P′ へ至るすべての経路には同数の波長の周期が入っている．P から同位相で出た光は P′ へ同位相で到着し，加算的に干渉する．焦点 F から出た光がレンズによって平行な平面波になるのも位相がそろった波となるからである．この場合，薄いレンズといっても，光路長を正しく計算するためにはその厚さを考慮しなければならない．

[問題 2.6] 図 2.4 において $a = |b|$ のような対称的な場合に半径 r のレンズの頂点を A とするとき，光路長 PA + AP′ は光路長 PO + OP′ に等しいことを示せ．

§2.3　ガウスビームの伝播

レーザー光線は通常断面上の強度がガウス型[†]の分布をした細いビームである．このようなビームの伝播をマクスウェル方程式によって波動光学的に調べよう．マクスウェル方程式から得られる電場 $\boldsymbol{E}(\boldsymbol{r}, t)$ に関する**波動方程式**は

$$\nabla^2 \boldsymbol{E} - \frac{n^2}{c^2}\frac{\partial^2 \boldsymbol{E}}{\partial t^2} = 0 \qquad (2.5)$$

と表される．$\boldsymbol{r}$ は 3 次元空間のベクトルである．一般に，光の通る空間にある物質を**媒質**という．n はこの媒質の屈折率，c は真空中の光速である．ここではある一つの偏光のみを考えて，E をスカラーで扱うことにする．（角）周波数が ω で，z 方向に進み，振幅が時間的に一定な電場は複素表示によって $E(r, z)e^{-i(\omega t - kz)}$ と表すことができる．これを (2.5) に代入して $E(r, z)$ を求める．ここで $E(r, z)$ はビーム断面上の電場の分布を表し，図 2.7 のように $r = \sqrt{x^2 + y^2}$ に依存している関数である．また，$k = 2\pi/\lambda = n\omega/c$ は波数とよばれ，単位長さの中に波長 λ がいくつ入っているかの数に 2π を掛けたものである．実際の電場は得られた複素関数の実数部分である．

[†] 一般に x の関数 $\sqrt{\dfrac{a}{\pi}}\, e^{-ax^2}$ をガウス型の関数という．

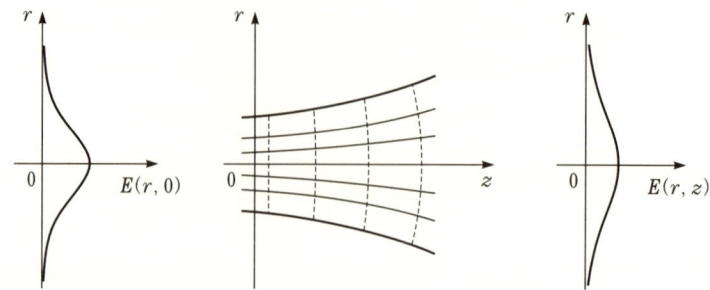

図 2.7 ガウスビームの半径方向の強度分布と，その屈折率が一様な媒質中の伝播（点線は波面を示す）

まず最初の問題として，媒質は均一で n が一様な場合を考える．円柱座標系で表すと，(2.5) は $E(r,z)$ の式として

$$\frac{\partial^2 E}{\partial r^2} + \frac{1}{r}\frac{\partial E}{\partial r} + 2ik\frac{\partial E}{\partial z} = 0 \tag{2.6}$$

となる.† ただし，ビーム断面上の変化はゆっくり起こるとして $\frac{\partial^2 E}{\partial z^2} \ll k\frac{\partial E}{\partial z}$, $k^2 E$ を仮定した．

この解が

$$E(r,z) = \exp\left[iP(z) + \frac{ik}{2q(z)}r^2\right] \tag{2.7}$$

という形になると仮定する．(2.7) を (2.6) に代入して r の次数別にまとめ

---

† 円柱座標系 (r, θ, z) では

$$\nabla^2 E = \frac{1}{r}\frac{\partial E}{\partial r} + \frac{\partial^2 E}{\partial r^2} + \frac{1}{r^2}\frac{\partial^2 E}{\partial \phi^2} + \frac{\partial^2 E}{\partial z^2}$$

である．E は ϕ に依存しないから，第3項はゼロ．$E = E(r,z)e^{-i(\omega t - kz)}$ を代入すると，

$$\nabla^2 E = \left[\frac{1}{r}\frac{\partial E(r,z)}{\partial r} + \frac{\partial^2 E(r,z)}{\partial r^2} + \frac{\partial^2 E(r,z)}{\partial z^2} + 2ik\frac{\partial E(r,z)}{\partial z} + (ik)^2 E(r,z)\right]e^{-i(\omega t - kz)}$$

となる．他方，

$$-\frac{n^2}{c^2}\frac{\partial^2 E}{\partial t^2} = -\frac{n^2}{c^2}(-i\omega)^2 E(r,z) e^{-i(\omega t - kz)}$$

である．$k = n\omega/c$ と $\partial^2 E(r,z)/\partial z^2 \ll k\,\partial E(r,z)/\partial z$ を用いれば (2.6) を得る．

§2.3 ガウスビームの伝播

ると

$$\left(\frac{1}{q}\right)^2 + \frac{d}{dz}\left(\frac{1}{q}\right) = 0, \quad \frac{dP}{dz} = \frac{i}{q} \tag{2.8}$$

という2つの方程式を得る．q について解くと

$$\frac{dq}{dz} = 1, \quad q(z) = z + q_0, \quad q_0 = q(0) \tag{2.9}$$

となる．(2.7) からわかるように，$q(z)$ の意味は，$1/q(z)$ の実数部分は $E(r,z)$ の位相の半径方向依存性を表し，虚数部分は $E(r,z)$ の大きさの半径方向依存性を表すと理解することができる（具体例は (2.23) に出てくる）．一方，P を解くと

$$P(z) = i\ln\left(1 + \frac{z}{q_0}\right) \tag{2.10}$$

となる．ゆえに，(2.7) は

$$E = \exp\left[-\ln\left(1 + \frac{z}{q_0}\right) + \frac{ik}{2(z+q_0)}r^2\right] \tag{2.11}$$

となる．これは光線が図 2.7 のように一様な媒質中を $z=0$ から z に進んだときの光線の位相や径，波面の変化を与える．これについては次節で述べる．

次の問題として図 2.8 のように，屈折率が非一様で，その2乗が z 軸の周りで r^2 の関数になっている場合を考える：

$$n^2(r) = n^2 - nn_2 r^2 \tag{2.12}$$

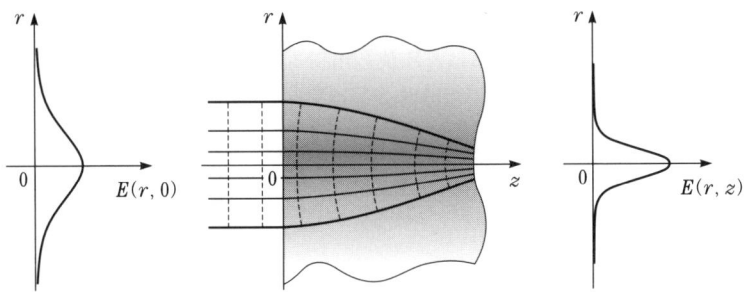

図 2.8　ガウスビームの屈折率が非一様な媒質中の伝播

ただし，n_2 は定数である．これを (2.5) の第 2 項の n^2 に代入する．ここで波数 k は中心軸上の屈折率 $n(0) = n$ を用いてこれまでと同様に $k = n\omega/c$ と定義されることに注意する．このとき (2.7) の $q(z)$ は (2.8) に代って

$$\left(\frac{1}{q}\right)^2 + \frac{d}{dz}\left(\frac{1}{q}\right) + \frac{n_2}{n} = 0 \tag{2.13}$$

という方程式の解である．ここで s を導入して

$$\frac{1}{q} = \frac{1}{s}\frac{ds}{dz} \tag{2.14}$$

とすると

$$\frac{d^2s}{dz^2} + \frac{n_2}{n}s = 0$$

ゆえに，

$$s(z) = a\sin\left(\sqrt{\frac{n_2}{n}}z\right) + b\cos\left(\sqrt{\frac{n_2}{n}}z\right)$$

を得る．a と b は任意の定数である．$q(0) = q_0$ を用いて a と b を表すと

$$q(z) = \frac{\cos\left(\sqrt{\frac{n_2}{n}}z\right)q_0 + \sqrt{\frac{n}{n_2}}\sin\left(\sqrt{\frac{n_2}{n}}z\right)}{-\sqrt{\frac{n_2}{n}}\sin\left(\sqrt{\frac{n_2}{n}}z\right)q_0 + \cos\left(\sqrt{\frac{n_2}{n}}z\right)} \tag{2.15}$$

を得る．これは屈折率が r^2 に依存する媒質中を光線が $z = 0$ から z まで進むときに光線の半径や位相がどのように変化するかを与える．

さて，ここでこの媒質の薄い板はレンズと同等のはたらきをする．図 2.9 のようにその厚さを d，屈折率を $n(r)$ とする．点 P から出た光がガラスを出たあと平面波になるためには，P から出射面の任意の点 r までの光路長が等しければよい．そのためには $\overline{\mathrm{PO}} = f$ として

$$\sqrt{f^2 + r^2} + n(r)d$$
$$= f + n(0)d \tag{2.16}$$

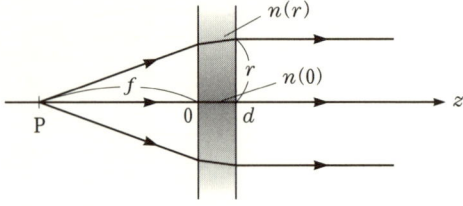

図 2.9 傾斜した屈折率をもつ平面板によるレンズ

という関係があればよい．$r \ll f$, $n(0) = n$ として，これを (2.12) と比較すると

$$n(r) = n - \frac{r^2}{2fd}, \quad \therefore \quad n_2 = \frac{1}{fd} \tag{2.17}$$

と表すことができる．ゆえに，薄いレンズとして $\sqrt{n_2/n}\, d \ll 1$ であれば (2.15) から次式を得る[†]：

$$q(d) = \frac{q_0 + d}{-\dfrac{1}{nf} q_0 + 1} \tag{2.18}$$

§2.4 ガウスビームの半径と波面の曲率

均一な媒質の場合にもどって (2.11) を具体的に考えよう．ここでは真空中を光が伝わる場合を考え $n = 1$ とする．以下に述べるように，$q(0) = q_0$ を純虚数に選ぶと，ビームは $z = 0$ で z 軸に最も集光するようになってわかりやすくなる．そこで，

$$q_0 = -iz_0 \tag{2.19}$$

$$z_0 \equiv \frac{k\omega_0^2}{2} \tag{2.20}$$

と置く．そうすると，z のところでは (2.7) あるいは (2.11) の第 2 項は

$$\frac{ik}{2q(z)} = \frac{ik}{2(z - iz_0)} = \frac{-1}{\omega_0^2 \left[1 + \left(\dfrac{z}{z_0}\right)^2\right]} + \frac{ik}{2z \left[1 + \left(\dfrac{z_0}{z}\right)^2\right]}$$

となる．ここで

$$\omega^2(z) \equiv \omega_0^2 \left[1 + \left(\frac{z}{z_0}\right)^2\right] \tag{2.21}$$

[†] (2.9), (2.15), (2.18) は $q_1 = (Aq_0 + B)/(Cq_0 + D)$ という形をしている．このほか球面鏡なども同様の形にまとめて扱える．これを ABCD 法則という．種々のレンズや反射鏡に対する A, B, C, D が求められている．

$$R(z) \equiv z\left[1 + \left(\frac{z_0}{z}\right)^2\right] \tag{2.22}$$

を定義すると

$$\frac{ik}{2q(z)} = -\frac{1}{\omega^2(z)} + \frac{ik}{2R(z)} \tag{2.23}$$

を得る．さらに，(2.11) の第1項は (2.19) を用いて

$$\ln\left(1 + \frac{z}{q_0}\right) = \ln\left(1 - \frac{z}{iz_0}\right) = \ln\sqrt{1 + \left(\frac{z}{z_0}\right)^2} + i\tan^{-1}\left(\frac{z}{z_0}\right)$$

となる．ゆえに，最終的に (2.11) は

$$E(r, z) = \frac{1}{\sqrt{1 + \left(\frac{z}{z_0}\right)^2}} \exp\left[-i\tan^{-1}\left(\frac{z}{z_0}\right) - \frac{r^2}{\omega^2(z)} + i\frac{kr^2}{2R(z)}\right] \tag{2.24}$$

となる．これに $\exp[-i(\omega t - kz)]$ を掛けたものが z 軸上を進む (2.5) の**ガウスビーム** $E(x, y, z, t)$ の式である．

(2.24) の第1項は z 軸上の波面の位相を表す．z の関数として表したものを図 2.10(a) に示す．第2項は $\omega(z)$ が電場で $r = 0$ のところの $1/e$ になる**ビーム半径**であることを表す．これを図 (b) に示す．$\omega(0) = \omega_0$ が**くびれ**

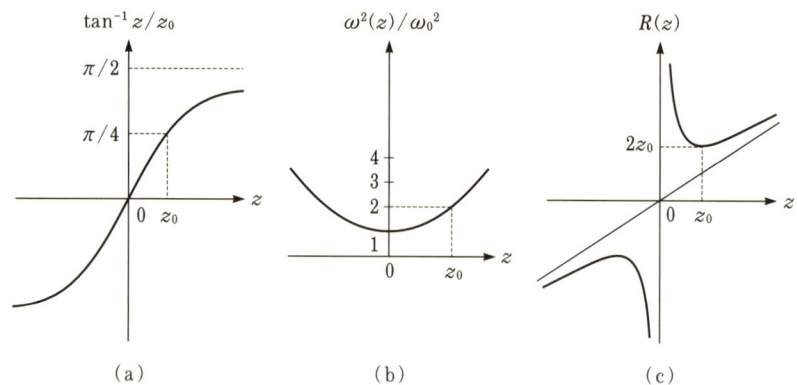

図 2.10 レンズの焦点付近におけるガウスビームの (a) 位相と (b) ビーム半径，(c) 曲率半径の変化

(waist) の最小ビーム半径である．$z = z_0$ でビーム半径がその $\sqrt{2}$ 倍になるから，z_0 はくびれの範囲を示すパラメーター（**コンフォーカルパラメーター**）である．第3項に ikz を加えたものは $z = 0$ から出ていく**曲率半径** $R(z)$ の球面上の位相を表す．なぜなら，その曲率半径の中心から発する球面波の電場の位相部分を展開すると，$\sqrt{x^2 + y^2} = r \ll R$ を仮定して

$$e^{ikR} = \exp\left(ik\sqrt{x^2 + y^2 + z^2}\right) \approx \exp\left(ikz + ik\frac{r^2}{2R}\right)$$

となるからである．$R(z)$ の変化を図 (c) に示す．その符号は曲率の中心から円周に向かうベクトルが z 方向のとき正となる．われわれは $z = 0$ で q_0 を (2.19) のように純虚数に選んだので，そこで光線の半径は最小となり，曲率半径は無限大（平面波）になり，位相のシフトも急激に起こっているのである．この付近の光線の様子を図 2.11 に示す．$z = 0$ における平行光は

$$\theta = \frac{\omega(z)}{z} = \frac{\omega_0}{z_0} = \frac{\lambda}{\pi\omega_0} \tag{2.25}$$

の角度の漸近線に向かって広がっていく．これは半径が ω_0 の円形のガウスビームの回折である．† これらの特徴はすべてマクスウェルの電磁波理論に

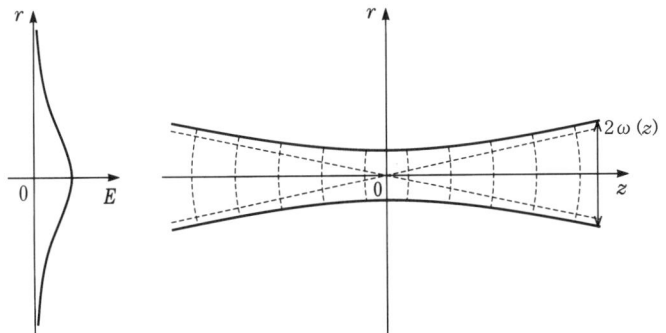

図 2.11 ガウスビームの集光点におけるビームのくびれ (beam waist)

---

† 直径 d の円孔を通った強さ一定の平面波の場合には $\theta = 1.22\lambda/d$ になることが知られている．

20   2. 幾何光学と波動光学

よる波動方程式 (2.5) を仮定したことによっている．(ここには幾何光学におけるように光線という直線を引く考えは全くない．)

例題 2.1

波長 $\lambda = 633$ nm で半径 $\omega_0 = 0.5$ mm の平行ビームの漸近線の広がり角 θ を求めよ．$z = 10$ m のところのビーム半径（漸近線の広がり）はいくらか．

［解］ (2.25) から $\theta = 0.40$ mrad，$z\theta = 4$ mm が得られる．漸近線の広がりの半径が 4 mm であるから，ビーム半径もほぼ 4 mm である．

§2.5 ガウスビームに対するレンズの公式

(2.23), (2.24) によると $q(z)$ はビーム半径 $\omega(z)$ と曲率半径 $R(z)$ を表し

$$\frac{1}{q(z)} = \frac{2i}{k\omega^2(z)} + \frac{1}{R(z)} \tag{2.26}$$

である．(2.18) においてレンズの入射面と出射面における $q(z)$ を q_1 および q_2 とし，$|q_0| = z_0 = R_{\min}/2$ に比べて（$R_{\min}$ は (2.22) の最小値）レンズの厚さ d を無視すると，(2.18) は

$$\frac{1}{q_2} = \frac{1}{q_1} - \frac{1}{nf} \tag{2.27}$$

となる．この q_1 と q_2 は n の媒質の中の長さであるから，空気中の長さにするためには $q_1/n \to q_1$ などとすればよい．ゆえに

$$\frac{1}{q_2} = \frac{1}{q_1} - \frac{1}{f} \tag{2.28}$$

を得る．さらに (2.26) を空気中の k に直した式を

$$\frac{1}{q_1} = \frac{2i}{k\omega_1^2} + \frac{1}{R_1}, \quad \frac{1}{q_2} = \frac{2i}{k\omega_2^2} + \frac{1}{R_2} \tag{2.29}$$

とする．薄いレンズの中でのビーム半径の変化は小さいから $\omega_1 = \omega_2$ として

(2.28) に代入すると

$$\frac{1}{R_2} = \frac{1}{R_1} - \frac{1}{f} \qquad (2.30)$$

を得る．これを幾何光学のレンズの公式 (2.3) と比べると，その a, b は波動光学の波面の曲率半径であったことがわかる．そこで，(2.28) が波動光学の**レンズの公式**であるといえる．ただし，q_1 と q_2 は (2.29) によってビーム半径と曲率半径を表すパラメーターであり，z における $q(z)$ は $z+l$ まで進むと，(2.9) によって

$$q(z+l) = q(z) + l \qquad (2.31)$$

になる．(2.31) と (2.28) をくり返し用いればレンズ系の計算ができる．

例題 2.2

図 2.12 のような焦点距離 f の凸レンズによってガウス光を集光した場合の焦点（くびれ）の位置と最小ビーム半径，くびれの範囲を求めよ．

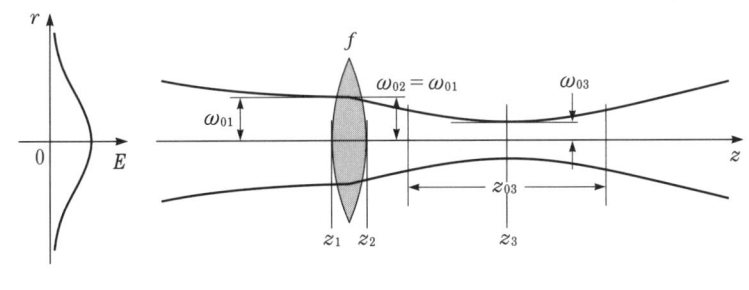

図 2.12 ビーム半径 ω_{01} の光の焦点距離 f のレンズによる集光

[解] $z = z_1 = 0$ のレンズの入射面において平面波が入ったとすると，(2.29) において，$R_1 = \infty$ として q_1 は

$$\frac{1}{q_1} = \frac{2i}{k\omega_{01}^2} + \frac{1}{R_1} = \frac{2i}{k\omega_{01}^2} = \frac{i}{z_{01}}, \quad z_{01} = \frac{k\omega_{01}^2}{2} \qquad (2.32)$$

となる．添字 0 は焦点（くびれ）の位置での値であることを示す．最後の式は (2.20) による．次に，$z = z_2$ の出射面の q_2 はレンズの公式 (2.28) から

$$\frac{1}{q_2} = \frac{1}{q_1} - \frac{1}{f} = \frac{2i}{k\omega_{01}^2} - \frac{1}{f} = \frac{i}{z_{01}} - \frac{1}{f} \tag{2.33}$$

となる．これがさらに任意の z_3 まで進むと，(2.31) によって

$$q_3 = q_2 + (z_3 - z_2) = q_2 + z_3 \tag{2.34}$$

となる．レンズの厚さは無視して $z_2 = z_1 = 0$ とした．(2.33) と (2.34) から $1/q_3$ を求めたとすると，これは $z = z_3$ における (2.26)

$$\frac{1}{q_3} = \frac{2i}{k\omega_3^2} + \frac{1}{R_3} \tag{2.35}$$

となるべきものである．

特に z_3 がくびれの位置になるときは，$R_3(z) = \infty$ になるはずであるから，(2.33) と (2.34) から得られた $1/q_3$ の実数部分をゼロとおいて，

$$z_{3,R=\infty} = \frac{f}{1 + \dfrac{f^2}{z_{01}^2}} = \frac{f}{1 + \left(\dfrac{2f}{k\omega_{01}^2}\right)^2} \tag{2.36}$$

となる．ゆえに，焦点の位置はレンズの焦点距離 f より近くなる．ビームが回折によって広がろうとするからである．$z = z_3$ でのビーム半径は $1/q_3$ の虚数部分から

$$\omega_{03} = \frac{\dfrac{f}{z_{01}}}{\sqrt{1 + \left(\dfrac{f}{z_{01}}\right)^2}} \omega_{01} = \frac{\dfrac{2f}{k\omega_{01}^2}}{\sqrt{1 + \left(\dfrac{2f}{k\omega_{01}^2}\right)^2}} \omega_{01} \tag{2.37}$$

となる．f が短いほど，また入射光の半径 ω_{01} が大きいほどビームは小さく絞られるが，しかし，焦点でも一点に集中しない（ゼロにならない）．また，焦点の範囲は

$$z_{03} = \frac{k\omega_{03}^2}{2} = \frac{\left(\dfrac{f}{z_{01}}\right)^2}{1 + \left(\dfrac{f}{z_{01}}\right)^2} z_{01} = \frac{\dfrac{2f}{k\omega_{01}^2}}{1 + \left(\dfrac{2f}{k\omega_{01}^2}\right)^2} f \tag{2.38}$$

であり，図 2.12 のような細長い範囲になる．

[**問題 2.7**] ω_{01} の半径の円孔から出る平面波のガウスビームの回折角を θ とすると，(2.37) は近似的に $f\theta$ と表されることを示せ．これはどういう意味をもっていると解釈できるか．

[**問題 2.8**] 波長が 632.8 nm の $\omega_0 = 1$ mm の半径をもつ細い平行なレーザービームを $f = 100$ mm の凸レンズで集光するとき，焦点の位置，焦点におけるビー

ム径，および焦点の範囲（コンフォーカルパラメーター）を求めよ．

 **ガリレオの光**

「光はどのようにしてできるのか」と問われれば，今日ではすぐにマクスウェルの電磁気学をもって答えることができるであろう．しかし，ここに至るまでの歴史はなかなか大変であった．

ガリレオは自らの作った望遠鏡で天体観測をしたのは有名であるが，彼は1623年に"試金者 (*The Assayer*)"という本を著わした．その中で科学における数学の役割を論じ（これが議論をよんだのであるが），さらに光についても次のように述べた．もしわれわれが固いものをこすると，まず小さな破片をこすり落とす．これをわれわれは熱と感じる．さらにこれを続けると最後には粒子の中の最小の単位である原子を解き放つ．そのとき光が創られ，それは空間を，そのとらえにくさというか，希薄さというか，非物質的というか，名状しがたい性質によって広がっていく．

ガリレオがこのことを述べたのは，量子論によって光が原子の世界に関係していることが議論されるようになる300年も前のことであった．

 物質中の線形光学
−線形感受率と飽和効果

物質を構成する原子系に光が入射するとき，最も基本的な変化は光に共鳴する2準位間の遷移である．そこではまず光の電場に比例する線形分極が生じる．その比例係数が線形感受率である．次に，その線形分極を介して励起準位への分布が作られる．光を強くしていくと次第に分極と分布の増加に飽和が生ずる．本章では，その様子を原子を量子力学的に扱い，光は古典電磁気学的に扱う半古典論によって示す．その結果は次章のレーザー理論，非線形光学などの基本となる．

§3.1 2準位原子の波動関数

原子のもつ多数の準位の中からある波長の光に共鳴する2つの準位をとり上げて扱う場合，その2つの準位のみをもつ仮想的原子を考える．これを**2準位原子**という（図3.1）．その量子力学的**ハミルトニアン**を $\mathcal{H}_\text{atom}(\boldsymbol{r})$，2つの準位a, bの**固有関数**を $\psi_\text{a}(\boldsymbol{r},t)$ および $\psi_\text{b}(\boldsymbol{r},t)$ とし，それぞれの**固有値**（固有エネルギー）を W_a，W_b とすると，これらは

$$\mathcal{H}_\text{atom}\psi_n = W_n\psi_n \quad (n=\text{a,b}) \quad (3.1)$$

の関係にある．この ψ_a と ψ_b はエルミート演算子の異なる固有値に属する固有関数であるから直交している．たとえば，水素原子のある時刻 ($t=0$) における $1s$ と $2p$ 状態の固有関数の z 軸上の依存性を見ると，図3.2(a) と(b)のようになっていて，積を

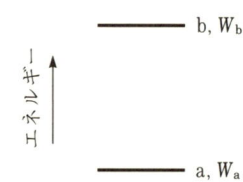

図3.1 2準位原子の準位とエネルギー

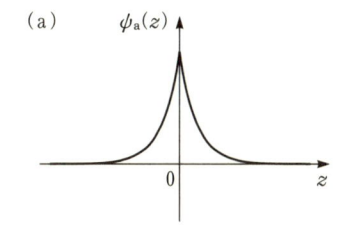

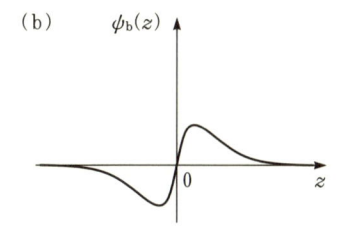

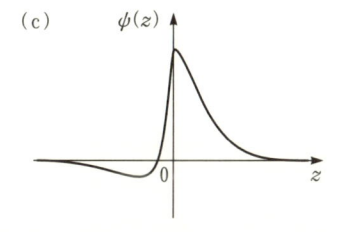

図3.2 直交する2つの波動関数とその1:1の重ね合せ

とって r で積分するとゼロになる．この原子の一般的状態はこの2つの固有関数の**重ね合せ状態**であって，その波動関数 $\psi(\boldsymbol{r},t)$ は

$$\psi = C_a\psi_a + C_b\psi_b \tag{3.2}$$

と表される．いまの例では，$C_a = C_b$ の場合，図(c)のような非対称な形になる．ここで重ね合せの係数 $C_a(t)$ と $C_b(t)$ は複素数であり，**確率振幅**とよばれる．$|\psi|^2 d^3r$ がこの状態における体積 d^3r 中の電子の存在確率を表す．ψ_a, ψ_b が規格化されているとき（$|\psi_a|^2$, $|\psi_b|^2$ の r 積分が1になる），ψ も規格化されるように $|C_a|^2 + |C_b|^2 = 1$ とする．

原子が状態 ψ にあるとき，そのエネルギーは ψ について $\mathcal{H}_\mathrm{atom}$ の**期待値**を計算することによって得られる：

$$\int \psi^* \mathcal{H}_\mathrm{atom} \psi\, d^3r = |C_a|^2 W_a + |C_b|^2 W_b \tag{3.3}$$

ゆえに，$|C_a|^2$, $|C_b|^2$ は，$\mathcal{H}_\mathrm{atom}$ を測定したときに W_a, W_b を得る確率を与える．たとえば，$|C_a|^2 = 1$ で $|C_b|^2 = 0$ であれば原子は100％a状態にいる．

この2準位原子に共鳴する光を入射すると準位間に遷移が起こる．光と原子の間の相互作用には電気的なものと磁気的なものがあるが，後者ははるか

に弱いので通常考える必要がない．電気的相互作用では光電場 $E(r, t)$ がかかることによって原子中の正負の電荷が分極して**双極子モーメント**ができる．電場の中で正の電荷が E の方向に距離 r だけ移動し，双極子モーメント $p = er$ ができるとき，双極子の得る静電力に対する位置のエネルギーは $-p \cdot E$ である．

量子力学的にこれを求める．まず，a, b 準位間の遷移の際に生ずる電荷の変位（移動距離）r は，r に波動関数 ψ_a^* と ψ_b を掛けて空間積分して

$$r_{ab}(t) = \int \psi_a^* r \psi_b \, d^3r, \quad r_{ba} = r_{ab}^* \quad (3.4)$$

で与えられる．したがって，そこでできる双極子モーメント $p = er$ は

$$p_{ab} = \int \psi_a^* p \psi_b \, d^3r = e \int \psi_a^* r \psi_b \, d^3r, \quad p_{ba} = p_{ab}^* \quad (3.5)$$

で与えられる．

一般に，ある量 A についての2つの状態 i, j に関する積分

$$A_{ij} \equiv \int \psi_i^* A \psi_j \, d^3r \quad (3.6)$$

を A の i, j 行列要素という．A_{ij} を行列の表し方によって並べることができ，行列の積の公式が成り立つからである．r_{ab} と p_{ab} はそれぞれ変位と双極子モーメントの行列要素という．原子のように中心対称性がある場合には ψ_a，ψ_b は偶関数か奇関数のいずれかになる．r は x, y, z に関して奇関数であるから，p の行列要素 p_{ab} がゼロにならないためには，図3.2(a)，(b) のように ψ_a と ψ_b が対称性の異なる関数でなければならない．そのとき $p_{aa} = p_{bb} = 0$ となる．

量子力学では光と原子の間の双極子モーメントを介した相互作用ハミルトニアン $\mathcal{H}_{\text{dip}}(t)$ を

$$\mathcal{H}_{\text{dip}} = -p \cdot E \quad (3.7)$$

とし（電場 E は原子内では場所によらず一定とする），これによって (3.2) の係数 $C_a(t)$ と $C_b(t)$ を求める．このとき ψ における H_{dip} の期待値は，

$$\int \psi^* \mathcal{H}_{\text{dip}} \psi \, d^3r = -C_\text{a}^* C_\text{b} \boldsymbol{p}_{\text{ab}} \cdot \boldsymbol{E} - C_\text{b}^* C_\text{a} \boldsymbol{p}_{\text{ba}} \cdot \boldsymbol{E} \tag{3.8}$$

となる．この大きさは $C_\text{a}^* C_\text{b}$ で決まる．(3.2) の ψ の中で ψ_a と ψ_b が半々に存在するときにもっとも大きくなる．

以上のように，各準位の分布確率は $|C_\text{a}|^2$ と $|C_\text{b}|^2$ で表され，準位間の電気双極子相互作用エネルギーは $C_\text{a}^* C_\text{b}$ と $C_\text{b}^* C_\text{a}$ に比例することがわかった．

§3.2 密度行列の運動方程式

光を受けて $\psi(\boldsymbol{r}, t)$ が時間変化をする場合の運動方程式を考察しよう．$\psi(\boldsymbol{r}, t)$ の運動は**シュレーディンガー方程式**

$$i\hbar \frac{\partial \psi}{\partial t} = \mathcal{H} \psi \tag{3.9}$$

にしたがう．ここで $h = 2\pi\hbar$ はプランク定数である．まず，$\mathcal{H}$ が $\mathcal{H}_{\text{atom}}$ のみの場合には (3.1) の ψ_n を用いて

$$i\hbar \frac{\partial \psi_\text{n}}{\partial t} = \mathcal{H}_{\text{atom}} \psi_\text{n} \quad (\text{n} = \text{a, b}) \tag{3.10}$$

とすると，ψ_n は時間を含まない $\mathcal{H}_{\text{atom}}$ の固有関数 $\phi_\text{n}(\boldsymbol{r})$ を用いて

$$\psi_\text{n}(\boldsymbol{r}, t) = \phi_\text{n}(\boldsymbol{r}) e^{-iW_\text{n} t/\hbar} \tag{3.11}$$

と表される．ゆえに (3.2) は

$$\begin{aligned}\psi(\boldsymbol{r}, t) &= C_\text{a}(t) \psi_\text{a}(\boldsymbol{r}, t) + C_\text{b}(t) \psi_\text{b}(\boldsymbol{r}, t) \\ &= c_\text{a}(t) \phi_\text{a}(\boldsymbol{r}) + c_\text{b}(t) \phi_\text{b}(\boldsymbol{r})\end{aligned} \tag{3.12}$$

とすることができる．ただし，固有振動数による時間変化も含めた**確率振幅**を $c_\text{a}(t) \equiv C_\text{a}(t) e^{-iW_\text{a} t/\hbar}$, $c_\text{b}(t) \equiv C_\text{b}(t) e^{-iW_\text{b} t/\hbar}$ とする．

次に，$\mathcal{H}$ が $\mathcal{H}_{\text{dip}}$ などを含む一般の場合に，c_a, c_b の運動方程式を求める．(3.12) を (3.9) に代入すると

$$i\hbar \left(\frac{\partial c_\text{a}}{\partial t} \phi_\text{a} + \frac{\partial c_\text{b}}{\partial t} \phi_\text{b} \right) = \mathcal{H}(c_\text{a} \phi_\text{a} + c_\text{b} \phi_\text{b}) \tag{3.13}$$

が得られる．ϕ_a^* を左から掛けて体積積分すると

$$i\hbar \left(\frac{\partial c_a}{\partial t} \int \phi_a{}^* \phi_a \, d^3r + \frac{\partial c_b}{\partial t} \int \phi_a{}^* \phi_b \, d^3r \right)$$
$$= c_a \int \phi_a{}^* \mathcal{H} \phi_a \, d^3r + c_b \int \phi_a{}^* \mathcal{H} \phi_b \, d^3r \qquad (3.14)$$

を得る. ここで $d^3r = dx\,dy\,dz$ である. ϕ_a と ϕ_b は直交しているから左辺第 2 項はゼロ, ϕ_a が規格化されているとすると同第 1 項の積分は 1 となる. 右辺を $\mathcal{H}$ の行列要素

$$\mathcal{H}_{nm} = \int \phi_n{}^* \mathcal{H} \phi_m \, d^3r \qquad (n = a, b) \qquad (3.15)$$

を用いて表すと, 確率振幅に対する運動方程式は

$$\left. \begin{aligned} i\hbar \frac{\partial c_a}{\partial t} &= \sum_n c_n \mathcal{H}_{an} \\ i\hbar \frac{\partial c_b}{\partial t} &= \sum_n c_n \mathcal{H}_{bn} \end{aligned} \right\} \qquad (3.16)$$

となる.

ここで, 原子の状態を表すのに有用な密度行列を導入する. 単位体積中に N 個の原子があるとする. i 番目の原子の確率振幅 c_{ia} と c_{ib} に対して, 次のような**密度行列** $\rho(\boldsymbol{r}, t)$ を定義することができる:

$$\rho = \begin{pmatrix} \rho_{aa} & \rho_{ab} \\ \rho_{ba} & \rho_{bb} \end{pmatrix} = \frac{1}{N} \begin{pmatrix} \sum_i |c_{ia}|^2 & \sum_i c_{ia} c_{ib}{}^* \\ \sum_i c_{ib} c_{ia}{}^* & \sum_i |c_{ib}|^2 \end{pmatrix} \qquad (3.17)$$

ここで, 対角要素は各準位の分布確率を表し, $\rho_{aa} + \rho_{bb} = 1$ が成り立つ. 非対角要素は巨視的双極子モーメントを表すときなど ((3.33) 参照) に必要な複素量であり, $\rho_{ba} = \rho_{ab}{}^*$ が成り立つ. c_{ia} と c_{ib} がわかっている場合を純粋状態という. 密度行列を考える利点は, 多数の原子の集団について個々の原子の確率振幅 c_{ia}, c_{ib} がわからなくても, $|c_{ia}|^2, c_{ia}c_{ib}{}^*$ などの統計平均を用いて $\rho(\boldsymbol{r}, t)$ を定義できることである. この場合を混合状態という.

(3.16) を用いて密度行列の運動方程式を求めることができる. 1 個の原子の場合について求めると, $\rho_{ba} = c_b c_a{}^*$ を微分して

$$\frac{\partial \rho_{ba}}{\partial t} = \frac{\partial c_b}{\partial t} c_a{}^* + c_b \frac{\partial c_a{}^*}{\partial t}$$

$$= \left(\frac{1}{i\hbar} \sum_n c_n \hat{\mathscr{H}}_{bn}\right) c_a{}^* + c_b \left(-\frac{1}{i\hbar} \sum_n \hat{\mathscr{H}}_{na} c_n{}^*\right)$$

$$= \frac{1}{i\hbar}\left(\sum_n \hat{\mathscr{H}}_{bn} \rho_{na} - \sum_n \rho_{bn} \hat{\mathscr{H}}_{na}\right) \tag{3.18}$$

となる．これを**交換子** $[A, B] = AB - BA$ を用いて表すと

$$\frac{\partial \rho_{ba}}{\partial t} = \frac{1}{i\hbar}[\hat{\mathscr{H}}, \rho]_{ba} \tag{3.19}$$

となる．すべての行列要素について同様の関係が成り立つ．ゆえに一般に密度行列について**運動方程式**

$$\frac{\partial \rho}{\partial t} = \frac{1}{i\hbar}[\hat{\mathscr{H}}, \rho] \tag{3.20}$$

が成り立つ．

§3.3 緩和のある場合の運動方程式

固有エネルギー W_n を $\hbar \Omega_n$ と書くと，a, b 準位間の遷移にともなって吸収放出される光の**遷移周波数**は

$$\Omega_0 \equiv \Omega_b - \Omega_a > 0 \tag{3.21}$$

と表される．さらに (3.16) 以下の $\hat{\mathscr{H}}$ の行列要素は (3.15) によって次のようになる．$\hat{\mathscr{H}}_{atom}$ については (3.1) によって対角要素のみで

$$\left.\begin{array}{l}(\hat{\mathscr{H}}_{atom})_{bb} = \int \phi_b{}^* \hat{\mathscr{H}}_{atom} \phi_b \, d^3r = \hbar \Omega_b \\ (\hat{\mathscr{H}}_{atom})_{aa} = \int \phi_a{}^* \hat{\mathscr{H}}_{atom} \phi_a \, d^3r = \hbar \Omega_a\end{array}\right\} \tag{3.22}$$

と書け，$\hat{\mathscr{H}}_{dip}$ については (3.5) によって非対角要素のみで

$$\left.\begin{array}{l}(\hat{\mathscr{H}}_{dip})_{ba} = \int \phi_b{}^* \hat{\mathscr{H}}_{dip} \phi_a \, d^3r = -\boldsymbol{p}_{ba} \cdot \boldsymbol{E} \\ (\hat{\mathscr{H}}_{dip})_{ab} = \int \phi_a{}^* \hat{\mathscr{H}}_{dip} \phi_b \, d^3r = -\boldsymbol{p}_{ab} \cdot \boldsymbol{E}\end{array}\right\} \tag{3.23}$$

となる．ただし，ここでは (3.5) に代って

$$\boldsymbol{p}_{ab} = e\int \phi_a{}^* \boldsymbol{r} \phi_b \, d^3r \tag{3.24}$$

である．$\hat{\mathcal{H}}_{\mathrm{dlp}}$ が非対角要素をもつために，(3.16)において，たとえば第 1 式の左辺の c_a の変化が右辺の c_b と結びつけられる．これによって a, b 間の遷移が起こる．たとえば，光の電場 $\boldsymbol{E}$ が x 方向の直線偏光の場合には誘起される分極も x 方向に向くので以下では (3.23) の $\boldsymbol{p}_{ba}\cdot\boldsymbol{E}=(p_x)_{ba}E_x$ などにおいて x を省略して $p_{ba}E$ などとする．[†] これらを (3.18) とその共役の式に代入すると，密度行列の非対角要素の方程式は

$$\left.\begin{aligned}
\frac{\partial \rho_{ba}}{\partial t} &= \frac{1}{i\hbar}(\hat{\mathcal{H}}_{bb}\rho_{ba} + \hat{\mathcal{H}}_{ba}\rho_{aa} - \rho_{bb}\hat{\mathcal{H}}_{ba} - \rho_{ba}\hat{\mathcal{H}}_{aa}) \\
&= -i\Omega_0 \rho_{ba} - i\frac{p_{ba}E}{\hbar}(\rho_{bb} - \rho_{aa}) \\
\frac{\partial \rho_{ab}}{\partial t} &= \frac{1}{i\hbar}(\hat{\mathcal{H}}_{ab}\rho_{bb} + \hat{\mathcal{H}}_{aa}\rho_{ab} - \rho_{ab}\hat{\mathcal{H}}_{bb} - \rho_{aa}\hat{\mathcal{H}}_{ab}) \\
&= i\Omega_0 \rho_{ab} + i\frac{p_{ab}E}{\hbar}(\rho_{bb} - \rho_{aa})
\end{aligned}\right\} \tag{3.25}$$

となる．[††] これが光によって原子の a, b 準位間にどのように**遷移行列の要素** ρ_{ba} と ρ_{ab} ができるかを表している．すなわち ρ_{ba} は相互作用の強さ $p_{ba}E/\hbar$ と分布確率の差 $(\rho_{bb}-\rho_{aa})$ に比例している．ρ_{ab} はその複素共役である．

最初にすべての原子は基底状態にいたとすると，$c_{ia}=1$, $c_{ib}=0$ であるから，$\rho_{aa}=1$, $\rho_{ba}=\rho_{ab}=\rho_{bb}=0$ を初期条件として上式を解くと，ρ_{ba}, ρ_{ab} $\neq 0$ の状態が得られる．ρ_{ba} は原子の集団について和をとった $\sum_i c_{ib}c_{ia}{}^*$ である．自然放出や原子衝突などで c_{ib}, c_{ia} が小さくなったり，位相が変って $c_{ib}c_{ia}{}^*$ の集団としての和が小さくなったりすると，ρ_{ba}, ρ_{ab} は再びゼロにも

[†] p_{ba} と p_{ab} は波動関数の位相を適当にとると実数にすることができるから，$p_{ba}=p_{ab}=p$ とおいてもよい．本書では p_{ba} と p_{ab} の共役関係をはっきりさせるために，しばらく添字を残しておく．

[††] (3.22), (3.23) を b, a に関する行列で表すと

$$\hat{\mathcal{H}}_{\mathrm{atom}} = \begin{pmatrix} \hbar\Omega_b & 0 \\ 0 & \hbar\Omega_a \end{pmatrix}, \quad \hat{\mathcal{H}}_{\mathrm{dlp}} = \begin{pmatrix} 0 & -p_{ba}E \\ -p_{ab}E & 0 \end{pmatrix}$$

となる．これらと (3.9) の ρ で行列の積のルールによって (3.20) を表すと，(3.25) は容易に得られる．なお $\Omega_b > \Omega_a$ であるので，以下では b を a より優先して書く．

§3.3 緩和のある場合の運動方程式

どろうとする．一般に，励起された原子や原子の集合がもとの励起されていない状態にもどることを緩和という．この緩和の速さを表す γ を減衰定数あるいは**緩和定数**として現象論的に入れる．すなわち，

$$\frac{\partial \rho_{\mathrm{ba}}}{\partial t} = -i\Omega_0 \rho_{\mathrm{ba}} - \gamma \rho_{\mathrm{ba}} - i\frac{p_{\mathrm{ba}}E}{\hbar}(\rho_{\mathrm{bb}} - \rho_{\mathrm{aa}}) \tag{3.26}$$

$$\frac{\partial \rho_{\mathrm{ab}}}{\partial t} = i\Omega_0 \rho_{\mathrm{ab}} - \gamma \rho_{\mathrm{ab}} + i\frac{p_{\mathrm{ab}}E}{\hbar}(\rho_{\mathrm{bb}} - \rho_{\mathrm{aa}}) \tag{3.27}$$

とする．この γ は原子系の中の複雑な運動の結果出てくるもので，厳密な計算は困難である．しかし，計算をしたとしても何れこのような減衰定数として出てくるはずのものであるので，この導出はここでは行わない．これはちょうど力学において摩擦係数を用いるときにも，摩擦係数を微視的理論によって求めることはしないのと同様である．この様子を図3.3に示す．これが密度行列の非対角要素に対する基本方程式である．

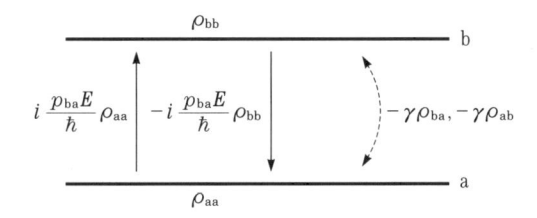

図3.3 2準位間の遷移．光の吸収によるa→b遷移，放出によるb→a遷移，および重ね合せ $\rho_{\mathrm{ba}}, \rho_{\mathrm{ab}}$ の減衰．

(3.26)の右辺第1項に着目すると，ρ_{ba} は $e^{-i\Omega_0 t}$ という解をもつことがわかる．入射光 E が Ω_0 に近い周波数 ω をもっているとすると，ρ_{ba} は周波数 ω で強制振動を受ける．そこで，光電場を周波数 ω と波数 k に関してフーリエ分解して

$$E(z, t) = E^{(\omega)} e^{-i(\omega t - kz)} + E^{(-\omega)} e^{i(\omega t - kz)} \tag{3.28}$$

と表し，密度行列の非対角要素も $\pm \omega$ のフーリエ成分によって

$$\left.\begin{array}{l} \rho_{\mathrm{ba}}(z, t) = \rho_{\mathrm{ba}}{}^{(\omega)} e^{-i\omega t} \\ \rho_{\mathrm{ab}}(z, t) = \rho_{\mathrm{ab}}{}^{(-\omega)} e^{i\omega t} \end{array}\right\} \tag{3.29}$$

と表す．ただし，$E^{(-\omega)} = E^{(\omega)*}$，$\rho_{\mathrm{ab}}{}^{(-\omega)} = \rho_{\mathrm{ba}}{}^{(\omega)*}$ である．ρ_{bb} と ρ_{aa} は光

周波数の ω のような早い変化をしないのでそのままにしておく．このようにすると，光周波数に比べてずっと遅い変化のフーリエ係数のみの式

$$\frac{\partial \rho_{ba}{}^{(\omega)}}{\partial t} = -i(\Omega_0 - \omega)\rho_{ba}{}^{(\omega)} - \gamma\rho_{ba}{}^{(\omega)} - i\frac{p_{ba}E^{(\omega)}e^{ikz}}{\hbar}(\rho_{bb} - \rho_{aa})$$

(3.30)

$$\frac{\partial \rho_{ab}{}^{(-\omega)}}{\partial t} = i(\Omega_0 - \omega)\rho_{ab}{}^{(-\omega)} - \gamma\rho_{ab}{}^{(-\omega)} + i\frac{p_{ab}E^{(-\omega)}e^{-ikz}}{\hbar}(\rho_{bb} - \rho_{aa})$$

(3.31)

が得られる．ただし，(3.30) において (3.28) の $E^{(-\omega)}$ の項も入れると光の2倍の周波数で変化する項が出て来るので省く．同様に (3.31) においては $E^{(\omega)}$ の項を省く．このような近似を**回転波近似**という．

［**問題 3.1**］ (3.26) と (3.27) に (3.28) と (3.29) を代入し，回転波近似を行って (3.30) と (3.31) を導け．

［**問題 3.2**］ (3.30) の右辺の第3項で $\rho_{bb} - \rho_{aa} = -1$ (定数) と近似する場合に，$E^{(\omega)}$ を一定として $t = t_1$ から t まで積分してこの方程式を解け．

§3.4 運動方程式の定常解(1) 線形感受率

入射光強度が一定で緩和に要する時間 $1/\gamma$ より十分時間がたった後では，(3.30) と (3.31) の $\rho_{ba}{}^{(\omega)}$ と $\rho_{ab}{}^{(-\omega)}$ は時間的に一定になり，左辺の微係数は右辺の緩和項より十分小さくなる．そこでこれらをゼロと近似してよい．そのときこれらの式は微分方程式ではなくなり，積分しなくても解ける．これを定常的な場合という．（非定常的な場合は第8章で扱う．）さらに，弱い光の場合には，a 準位を基底状態とすると，原子はほとんどそこに止まったままであるから，$\rho_{aa} = 1$，$\rho_{bb} = 0$ と近似することができる．そのようにして (3.30) と (3.31) から定常解

§3.4 運動方程式の定常解(1) 線形感受率

$$\rho_{ba}{}^{(\omega)} = \frac{\dfrac{p_{ba}E^{(\omega)}e^{ikz}}{\hbar}}{\Omega_0 - \omega - i\gamma}$$

$$\rho_{ab}{}^{(-\omega)} = \frac{\dfrac{p_{ab}E^{(-\omega)}e^{-ikz}}{\hbar}}{\Omega_0 - \omega + i\gamma} \tag{3.32}$$

を得る.

これを用いて,光の入射によってできる単位体積当り N 個の原子の系全体による巨視的双極子モーメントの期待値を求めることができる.重ね合せ状態 ψ におけるその期待値は (3.12) と (3.24) を用いて

$$\begin{aligned}P &= \sum_N \int \psi^* p \psi \, d^3r = N(p_{ab}\rho_{ba} + p_{ba}\rho_{ab}) \\ &= N[p_{ab}\rho_{ba}{}^{(\omega)}e^{-i\omega t} + p_{ba}\rho_{ab}{}^{(-\omega)}e^{i\omega t}] \\ &= \frac{N}{\hbar}\left[\frac{p_{ab}p_{ba}E^{(\omega)}e^{-i(\omega t - kz)}}{\Omega_0 - \omega - i\gamma} + \frac{p_{ba}p_{ab}E^{(-\omega)}e^{i(\omega t - kz)}}{\Omega_0 - \omega + i\gamma}\right]\end{aligned} \tag{3.33}$$

となる. N は単位体積中の原子数である. E と同様に P も

$$P = P^{(\omega)}e^{-i(\omega t - kz)} + P^{(-\omega)}e^{i(\omega t - kz)} \tag{3.34}$$

と分解すると, $P^{(\omega)} = \varepsilon_0 \chi E^{(\omega)}$ および $P^{(-\omega)} = \varepsilon_0 \chi^* E^{(-\omega)}$ と書けることがわかる.この比例係数は電磁気学における**電気感受率**で,この計算によって

$$\chi = N \frac{1}{\Omega_0 - \omega - i\gamma} \frac{|p_{ba}|^2}{\varepsilon_0 \hbar} \tag{3.35}$$

であることがわかった.ただし, ε_0 は真空の誘電率である.これを実数部分と虚数部分に分けて $\chi = \chi' + i\chi''$ とすると

$$\chi' = N \frac{\Omega_0 - \omega}{(\Omega_0 - \omega)^2 + \gamma^2} \frac{|p_{ba}|^2}{\varepsilon_0 \hbar} \tag{3.36}$$

$$\chi'' = N \frac{\gamma}{(\Omega_0 - \omega)^2 + \gamma^2} \frac{|p_{ba}|^2}{\varepsilon_0 \hbar} \tag{3.37}$$

となる. ω の関数として χ', χ'' を図示すると図3.4のようになる. (3.36)の

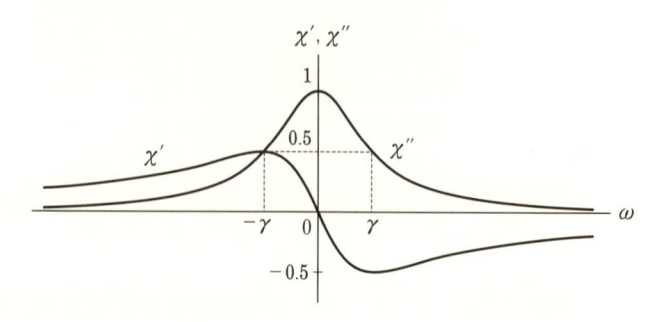

図3.4 電気感受率の実数部分と虚数部分（縦軸の単位は $N|p|^2/\gamma\varepsilon_0\hbar$）

形の曲線は後述のように屈折率の分散を与えるので**分散曲線**とよばれる.[†]
(3.37)は半値半幅が γ の山形の曲線である.

誘電率は電束密度と電場の関係 $D = \varepsilon E = \varepsilon_0 E + P = \varepsilon_0(1+\chi)E$ から

$$\varepsilon = \varepsilon_0(1+\chi) \tag{3.38}$$

である. **屈折率** $n(\omega)$ は誘電率 $\varepsilon(\omega)$ と透磁率 $\mu \approx \mu_0$ の媒質の中での電磁波の位相速度の式

$$c = \frac{1}{\sqrt{\varepsilon\mu}} = \frac{1}{\sqrt{\varepsilon_0\mu_0}} \frac{1}{\sqrt{\frac{\varepsilon}{\varepsilon_0}}} = \frac{c_0}{n} \tag{3.39}$$

から比誘電率の平方根として

$$n(\omega) = \sqrt{\frac{\varepsilon(\omega)}{\varepsilon_0}} = \sqrt{1+\chi(\omega)} \tag{3.40}$$

によって与えられる. $|\chi| \ll 1$ とすると,

$$n \cong 1 + \frac{1}{2}\chi(\omega) = 1 + \frac{1}{2}\chi' + \frac{i}{2}\chi'' \tag{3.41}$$

である. 屈折率は実は複素数であって, 実数部分と虚数部分に分けて

$$n = n' + i\kappa \tag{3.42}$$

とすると

[†] 一般に x の関数 $\dfrac{a/\pi}{x^2+a^2}$ をローレンツ型の関数という.

§3.4 運動方程式の定常解(1) 線形感受率　35

$$n' = 1 + \frac{1}{2}\chi' = 1 + \frac{N}{2}\frac{\Omega_0 - \omega}{(\Omega_0 - \omega)^2 + \gamma^2}\frac{|p_{\mathrm{ba}}|^2}{\varepsilon_0 \hbar} \quad (3.43)$$

$$\kappa = \frac{1}{2}\chi'' = \frac{N}{2}\frac{\gamma}{(\Omega_0 - \omega)^2 + \gamma^2}\frac{|p_{\mathrm{ba}}|^2}{\varepsilon_0 \hbar} \quad (3.44)$$

となる．n' と κ を用いて (3.28) の指数部分を書き直すと

$$\exp[-i(\omega t - kz)] = \exp\left[-i\left(\omega t - \frac{n\omega}{c}z\right)\right]$$
$$= \exp\left[-i\left(\omega t - \frac{n'\omega}{c}z\right)\right]\exp\left(-\kappa\frac{\omega}{c}z\right)$$

となる．n' は普通の屈折率で，分極(3.33)の生成にともなって生じた．(3.43) がその周波数依存性を表す．屈折率が周波数の関数になっていることを**屈折率の分散**という．また，κ は分極の生成にともなって入射光が吸収されることによる減衰を表す．(3.44)は吸収の周波数依存性，すなわち吸収線の形(line shape，線形)を表し，それがローレンツ型の関数であることを示す．

　分散曲線は図3.4からわかるように吸収曲線の中央付近では右下がりの曲線であるが，その外側では右上がりである．そこで，通常，可視光に対して透明な物質では，図3.5のように赤外域の吸収（Ω_1）と紫外域の吸収（Ω_2）にはさまれた可視域は右上がりの分散曲線の領域になる．そこでは屈折率は短波長に行くほど大きくなる．これを**正常分散**という．

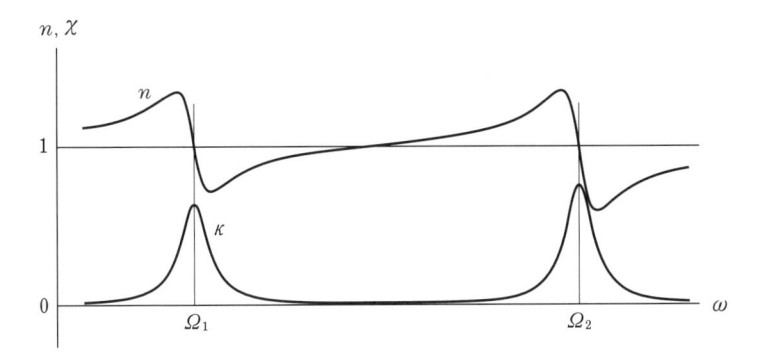

図3.5 可視域で透明な物質の屈折率の分散と吸収の変化

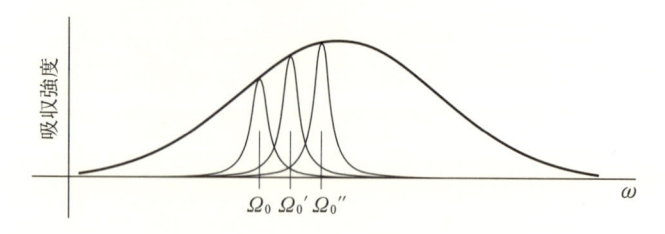

図3.6 吸収線の均一広がりと不均一広がり

　実際の物質では吸収線や分散曲線は遷移周波数 Ω_0 が少しずつ異なって分布してできている．すなわち，図3.4のような一つの Ω_0 についての γ による広がりのほかに，さらに Ω_0 の分布による広がりがある．図3.6はこのことを吸収線について示したものである．γ による広がりは自然放出や原子間衝突，固体中の原子の熱振動（フォノン）によって引き起こされる遷移によって決まり，一つの Ω_0 から広がったものであるから**均一広がり**という．

　他方，Ω_0 の分布は気体では原子や分子の速度の分布によって生ずる．速さ v の原子はドップラー効果によって共鳴周波数が Ω_0 から $\Omega_0(1+v/c)$ にずれる．このずれをドップラーシフトという．固体では原子やイオンがさまざまな原子配置の環境の中に置かれることによって生ずる．隣に来る原子の種類や距離が異なると，その原子の電子波動関数との重なりが異なってくる．これによって共鳴原子のエネルギー準位がずれる．このように個々の原子がそれぞれ異なる共鳴周波数 Ω_0 をもって集合していることによる広がりを**不均一広がり**という．

　この章では原子系は初め基底状態にいることを仮定して $\rho_{aa}=1$，$\rho_{bb}=0$ として ρ_{ba} と ρ_{ab} を求めたので，もっぱら光の吸収が生じた．逆に，$\rho_{bb}=1$，$\rho_{aa}=0$ として光との相互作用が始まると，光の放出が起こる．次章のレーザー発振ではこの場合を扱う．

*§3.5　運動方程式の定常解(2)　吸収の飽和

遷移によってどれだけの分布が基底準位から抜け励起準位に行ったかを調べるには密度行列の対角要素 ρ_{bb}, ρ_{aa} の振舞を見ればよい．(3.25)に対応する対角要素の方程式は

$$\frac{\partial \rho_{bb}}{\partial t} = \frac{1}{i\hbar}(\mathcal{H}_{bb}\rho_{bb} + \mathcal{H}_{ba}\rho_{ab} - \rho_{bb}\mathcal{H}_{bb} - \rho_{ba}\mathcal{H}_{ab}) \quad (3.45)$$

$$\frac{\partial \rho_{aa}}{\partial t} = \frac{1}{i\hbar}(\mathcal{H}_{ab}\rho_{ba} + \mathcal{H}_{aa}\rho_{aa} - \rho_{ab}\mathcal{H}_{ba} - \rho_{aa}\mathcal{H}_{aa}) \quad (3.46)$$

である．ところで分布が励起準位 b にできると，この分布は緩和してまた基底準位 a に落ちてもどってくる．その緩和の早さを表す**緩和定数**を Γ とすると，(3.45)の右辺に $-\Gamma\rho_{bb}$，(3.46)の右辺に $+\Gamma\rho_{bb}$ を加える必要がある．(3.28) と (3.29) を用いて回転波近似を行うと，

$$\frac{\partial \rho_{bb}}{\partial t} = -\Gamma\rho_{bb} - \frac{i}{\hbar}(-p_{ba}E^{(\omega)}e^{ikz}\rho_{ab}{}^{(-\omega)} + \rho_{ba}{}^{(\omega)}p_{ab}E^{(-\omega)}e^{-ikz})$$
$$(3.47)$$

$$\frac{\partial \rho_{aa}}{\partial t} = \Gamma\rho_{bb} - \frac{i}{\hbar}(-p_{ab}E^{(-\omega)}e^{-ikz}\rho_{ba}{}^{(\omega)} + \rho_{ab}{}^{(-\omega)}p_{ba}E^{(\omega)}e^{ikz})$$
$$(3.48)$$

となる．これら 2 式の和と差から

$$\frac{\partial(\rho_{bb} + \rho_{aa})}{\partial t} = 0, \quad \rho_{bb} + \rho_{aa} = \text{const.} = 1 \quad (3.49)$$

$$\frac{\partial(\rho_{bb} - \rho_{aa})}{\partial t} = -2\Gamma\rho_{bb} - \frac{2i}{\hbar}(\rho_{ba}{}^{(\omega)}p_{ab}E^{(-\omega)}e^{-ikz} - p_{ba}E^{(\omega)}e^{ikz}\rho_{ab}{}^{(-\omega)})$$
$$(3.50)$$

を得る．(3.49)は分布確率の和が(3.17)のとおり 1 であることを示す．(3.50)は上下準位の分布確率の差の生成率を与えている．分布確率の差を求めるには，これと (3.30)，(3.31) を組み合わせて解く．この場合にも定常状態の方程式として解くことができて，γ と Γ の緩和項がそれぞれの左辺より十分

38   3. 物質中の線形光学 — 線形感受率と飽和効果

大きいとして，(3.30) と (3.31)，(3.50) の各左辺をゼロと置く．このように置いた $\rho_{ba}{}^{(\omega)}$ と $\rho_{ab}{}^{(-\omega)}$，$(\rho_{bb} - \rho_{aa})$ の3元連立方程式を解くと

$$\rho_{ba}{}^{(\omega)} = \frac{(\Omega_0 - \omega + i\gamma)\dfrac{p_{ba}E^{(\omega)}}{\hbar}e^{ikz}}{(\Omega_0 - \omega)^2 + \gamma^2 + \dfrac{\gamma}{\Gamma}\left|\dfrac{2p_{ba}E^{(\omega)}}{\hbar}\right|^2} \quad (3.51)$$

$$\rho_{bb} - \rho_{aa} = -\frac{(\Omega_0 - \omega)^2 + \gamma^2}{(\Omega_0 - \omega)^2 + \gamma^2 + \dfrac{\gamma}{\Gamma}\left|\dfrac{2p_{ba}E^{(\omega)}}{\hbar}\right|^2} \quad (3.52)$$

を得る．(3.36)，(3.37) を導いたように，(3.51) から

$$\chi' = N\frac{\Omega_0 - \omega}{(\Omega_0 - \omega)^2 + \gamma^2 + \dfrac{\gamma}{\Gamma}\left|\dfrac{2p_{ba}E^{(\omega)}}{\hbar}\right|^2}\frac{|p_{ba}|^2}{\varepsilon_0\hbar} \quad (3.53)$$

$$\chi'' = N\frac{\gamma}{(\Omega_0 - \omega)^2 + \gamma^2 + \dfrac{\gamma}{\Gamma}\left|\dfrac{2p_{ba}E^{(\omega)}}{\hbar}\right|^2}\frac{|p_{ba}|^2}{\varepsilon_0\hbar} \quad (3.54)$$

を得る．

これらの4式は分母に電場の2次の項を含んでいる．(3.51) と (3.53) は入射光が強くなると E に比例していた分極が**飽和**し，その結果感受率が減

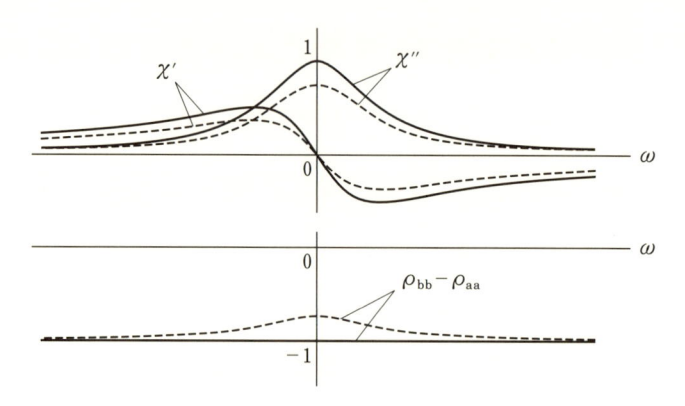

図3.7 吸収の飽和による感受率の減少と分布確率の変化
（χ', χ'' の単位は図3.4に同じ）

少することを示す．また，(3.52)は $\rho_{bb} - \rho_{aa} = -1$ であったものが，電場が強くなると上準位の分布が増えて ρ_{bb} が大きくなり，その分だけ ρ_{aa} は小さくなることに対応している．(3.54)は入射光の吸収が**飽和**することを示す．しかし，最大でも $\rho_{bb} = \rho_{aa} = 1/2$ である．この様子を図3.7に示す．

飽和しないときには分極は(3.33)のように電場の1次に比例していたが，飽和を起こすと，(3.51)，(3.54)の分母を電場の2乗で展開すればわかるように，分極には電場の3次の項が加わり，吸収係数には2次の項が加わることになる．吸収や分極の飽和は非線形効果の一つである．さらに一般的な非線形効果は第6章で扱う．

オイラーの光

オイラーは18世紀の偉大な数学者である．彼の数学の能力と記憶力は，晩年目が見えなくなってきても数学の論文を書くのに少しも不自由しなかったという伝説によって知られている．

彼は光学の本も5巻書いているが，1746年には"光と色の新理論"を出版した．そこで彼は光を波と考え，ある色の光は決まった周波数で振動する粒子から発せられ，正弦波としてエーテルの中を伝わっていくとした．ホイヘンスとフックは光が熱にともなって生ずることに惑わされて，光は熱せられた粒子のランダムな運動から出るパルス的なものであるとした．また，ニュートンは光がどうして色をもつかについては述べていない．これに対してオイラーは，ピンと張った弦が2倍3倍の高調波で振動するように原子も振動すると予想した．

原子が振動する内部構造をもっているとしたのはこれが最初と考えられる．オイラーの原子はまるで楽器のようである．

4 レーザー

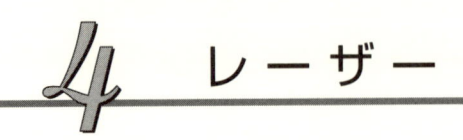

　励起状態にある原子に共鳴光が入射すると原子は光を放出する．これを誘導放出という．レーザーはこれを利用する．しかし，誘導放出が光の吸収にまさるためには，遷移の2準位間に分布の反転がなければならない．放出にはこのほかに自然放出があって，誘導放出がこれにまさってレーザーの発振を起こすために光共振器が用いられる．

　本章では，まず，自然放出と誘導放出について述べ，次いで第2章のガウスビームの知識を用いてこの光共振器の条件を議論する．次に，利得と損失という簡単化されたモデルによってレーザーの発振条件を求める．さらに，第3章の原子系の分極を用いてレーザー光が波動として成長する過程を論ずる．最後に，発振によって得られる振幅と周波数について述べる．

§4.1　自　然　放　出

電子が原子核に対して

$$z(t) = z_0\, e^{i\omega t} + z_0^*\, e^{-i\omega t}$$

という振動をすると，振動する双極子モーメント $p(t) = e\, z(t)$ ができる．マクスウェルの電磁気学によるとこれが電磁波を放出する．電磁波がある面を通って単位時間に通過するエネルギーをパワーという．双極子から放出される単位面積当りのパワーは，双極子からの距離が r，z 軸からの角度が θ の点で

§4.1 自然放出　41

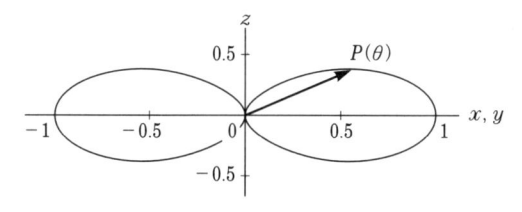

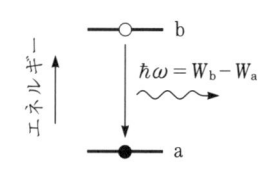

(a) 振動双極子モーメントからの放出光(強度)の角度依存性

(b) 2準位原子からの自然放出

図 4.1 自然放出

$$P(\theta) = \frac{\omega^4 |p_0|^2}{8\pi^2 \varepsilon_0 c^3} \frac{\sin^2 \theta}{r^2} \quad (0 \leq \theta \leq \pi) \tag{4.1}$$

となる．ただし，$p_0 = e z_0$ である．$P(\theta)$ を動径方向の長さにとって図示すると図 4.1(a) となる．放出される全エネルギーは (4.1) を半径 1 の球面上で積分すれば，

$$P = \int P(\theta) d\Omega = \frac{\omega^4 |p_0|^2}{3\pi \varepsilon_0 c^3} \tag{4.2}$$

となることがわかる．

一方，量子力学によると，2 準位原子の a, b 準位間に (3.5) で与えられた双極子モーメント

$$\boldsymbol{p}_{ba} = \int \psi_b^* e \boldsymbol{r} \psi_a \, d^3 r \tag{4.3}$$

が存在するとき，図 (b) のように上準位 b にいる原子は単位時間に確率

$$A = \frac{\omega^3}{3\pi \varepsilon_0 \hbar c^3} |\boldsymbol{p}_{ba}|^2 \tag{4.4}$$

で自然放出を起こす．† 第 9 章に述べるように光を量子化すると，周波数 ω の光は $\hbar \omega$ というエネルギー単位をもった光子の集まりとして振舞い，原子の準位間の 1 回の遷移で 1 個の光子が放出（あるいは吸収）される．したが

---

† この A は光を量子化した理論によって求めるか（本書では述べない），次節のように (4.22) で B を求めて，(4.23) の熱平衡の式（プランクの公式）を利用して求めることができる．本書では (4.4) と (4.22) が (4.23) を満足することを確認するという順序をたどることにする．

って，この A に $\hbar\omega$ を掛けると単位時間当りの放出エネルギーが得られ，

$$P = A\hbar\omega = \frac{\omega^4}{3\pi\varepsilon_0 c^3}|\boldsymbol{p}_{\mathrm{ba}}|^2 \tag{4.5}$$

となる．これは p_0 を $\boldsymbol{p}_{\mathrm{ba}}$ に置き換えたもので(4.2)に一致する．上準位にいる原子が単位体積当り N_{b} 個あるときには，その体積から光子が放出される確率は AN_{b} となる．この係数 A をアインシュタインの A 係数という．

例題 4.1

ナトリウム原子の $3P_{1/2} \to 2S_{1/2}$ 遷移による放出光は波長 $\lambda = 590$ nm の強いオレンジ色の光で特に D 線とよばれる．その自然放出確率（A 係数）の大雑把な見積りをせよ．

［解］電子の原子核からの平均距離を仮に 0.1 nm (1 Å) としてみる．そうすると $p = er = 1.60 \times 10^{-19}(C)\times 10^{-10}$(m) $= 1.60 \times 10^{-29}$ C·m となる．$\omega = \frac{2\pi c}{\lambda} = 3.19 \times 10^{15}$ s^{-1}，$\varepsilon_0 \cong \frac{10^{-9}}{36\pi} \frac{\mathrm{C}^2}{\mathrm{N\cdot m}^2}$，$\hbar = 1.055 \times 10^{-34}$ J·s を用いると，$A = 35.0 \times 10^6$ s^{-1} を得る．これから寿命を求めると $\tau = 1/A = 29 \times 10^{-9}$ s $= 29$ ns となる．実際のナトリウムでは 17 ns である．

自然界において知られてきた高温物体からの輻射や高温の空洞内からの輻射，すなわち黒体輻射は熱輻射とよばれ，振幅と位相がランダムに変化する光である．放電管からの光，あるいは各種の物質からの蛍光もまた同様なランダムな光である．これらは主として自然放出による光である．そこでは個々の原子は図 4.2 のように独立に（勝手に）光を放出している．一つ一つの原子から放出される光は，放出し終るまでの"寿命" τ 程度の時間だけ位相の連続性をもち，したがってその逆数程度の周波数幅（**スペクトル幅**）をもつ．これは §3.3 の原子の共鳴線の場合と同様に**均一広がり**（均一幅）ということができる．これに対して，少しずつ異なる遷移周波数をもつ原子からの放出は**不均一広がり**（不均一幅）があるという．このような多数の異なる周波数が重なった光の位相の連続時間は上記の τ よりはるかに短く，不均一幅の逆

§4.1 自然放出　43

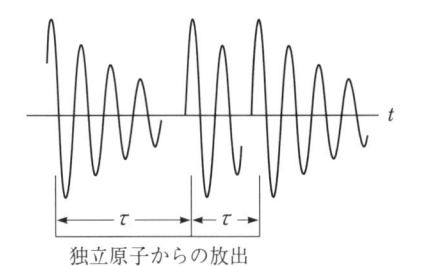

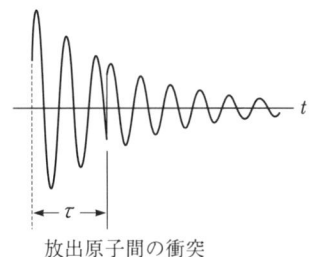

(a) 時間的振舞

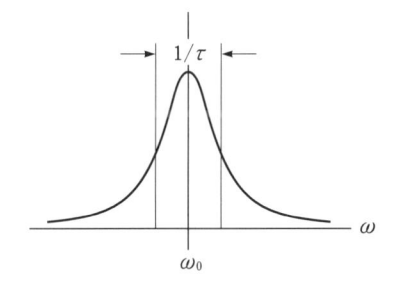

独立原子からの放出　　　放出原子間の衝突

(b) 周波数スペクトル

図4.2 自然放出によるランダムな光

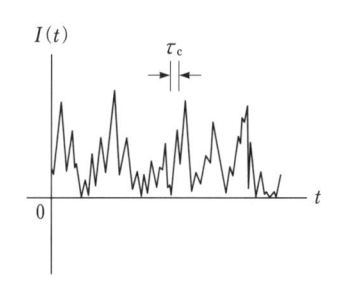

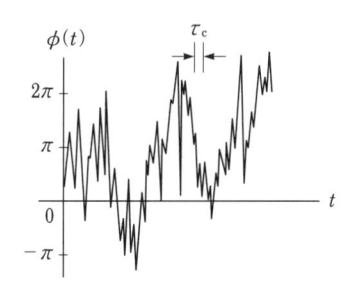

図4.3 多数の原子からの自然放出光の強度と位相

数程度になる．この位相の連続時間を**コヒーレンス時間** τ_c という．多数の原子の集団からの自然放出光の強度と位相の時間変化を模式的に書くと図4.3のようになる．

この様子を複素電場で表すと，正弦波の電場

$$E(t) = E_0 \exp(-i\omega t) + E_0^* \exp(i\omega t) \tag{4.6}$$

に対して，自然放出光は振幅にも位相にも "雑音" $e_\mathrm{n}(t)$ と $\phi_\mathrm{n}(t)$ が加わり，

$$\begin{aligned}
E(t) &= [E_0 + e_\mathrm{n}(t)] \\
&\quad \times \exp\{-i[\omega t + \phi_\mathrm{n}(t)]\} \\
&\quad + \text{c.c.} \qquad (4.7)
\end{aligned}$$

という形の電場となる．$e_\mathrm{n}(t)$，$\phi_\mathrm{n}(t)$ はランダムに変化する関数である．$E(t)$ の変化とその分布確率を模式的に示すと図 4.4 のようになる．

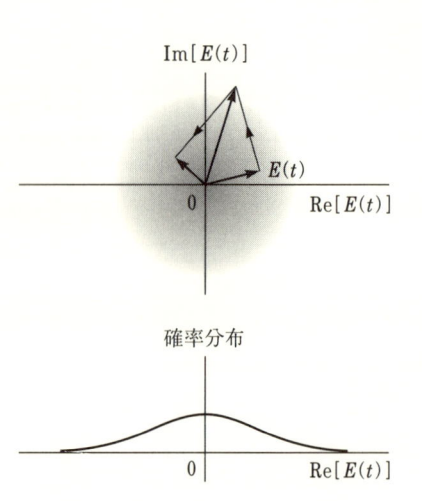

図 4.4 自然放出光の電場のゆらぎと確率分布

§4.2 誘導放出

2 準位原子に共鳴する光が入射すると，下の準位にいる原子は光を吸収して，上の準位に遷移する．上の準位にいる原子は光を放出して，下の準位に遷移する．前者を**誘導吸収**または単に吸収とよび，後者を**誘導放出**という．この誘導吸収と放出の確率を求めるため，前章に求めた分極を介して光が原子とやりとりするエネルギーを計算しよう．

光電場 E によって dt 時間当り dP の分極が生ずると，単位時間に電場が分極に与えるエネルギーは §3.1 に述べたように $E\,dP/dt$ となる．P は (3.26) を見てわかるように，初期状態によって正にも負にもなる．$\rho_\mathrm{aa} = 1$，$\rho_\mathrm{bb} = 0$ から出発すると光は吸収され，$\rho_\mathrm{aa} = 0$，$\rho_\mathrm{bb} = 1$ から出発すると光の放出となる．このとき入射した誘導光によって P ができたとすると，その誘導光と同じ光が放出されることに注意する必要がある．入射光の周波数を ω と考えて，(3.28) および (3.34) を用いると，その時間平均は

§4.2 誘導放出

$$\overline{E\frac{dP}{dt}} = \overline{(E^{(\omega)}e^{-i(\omega t-kz)} + \text{c.c.})(-i\omega P^{(\omega)}e^{-i(\omega t-kz)} + \text{c.c.})}$$
$$= i\omega E^{(\omega)}P^{(-\omega)} - i\omega E^{(-\omega)}P^{(\omega)} = 2\,\text{Im}[\omega E^{(-\omega)}P^{(\omega)}] \quad (4.8)$$

と表される．ここで $P^{(\omega)} = \varepsilon_0 \chi E^{(\omega)}$ および $\chi = \chi' + i\chi''$ を用いると

$$\overline{E\frac{dP}{dt}} = 2\omega\varepsilon_0\chi''|E^{(\omega)}|^2 \quad (4.9)$$

となる．この $|E^{(\omega)}|^2$ は光の強度で表すことができる．すなわち，光強度は単位断面積を単位時間に通過するエネルギー（パワー密度）であるから，ポインティングベクトルの大きさの時間平均として求められる：

$$\overline{\boldsymbol{E}\times\boldsymbol{H}} = \overline{E_xH_y} = \overline{(E^{(\omega)}e^{-i(\omega t-kz)} + \text{c.c.})(H^{(\omega)}e^{-i(\omega t-kz)} + \text{c.c.})}$$
$$= E^{(\omega)}H^{(-\omega)} + E^{(-\omega)}H^{(\omega)} = 2\,\text{Re}[E^{(\omega)}H^{(-\omega)}]$$
$$= 2\sqrt{\frac{\varepsilon_0}{\mu_0}}|E^{(\omega)}|^2 = 2c\varepsilon_0|E^{(\omega)}|^2 \quad (4.10)$$

ただし，H は磁場であり，電場は x 方向，磁場は y 方向の平面電磁波とし，$H^{(\omega)} = \sqrt{\varepsilon_0/\mu_0}\,E^{(\omega)}$ および $1/\sqrt{\varepsilon_0\mu_0} = c$ の関係を用いた．実際の光の周波数は数学的に定義される単一の ω ではなく広がったものである．そこで，(4.10) を ω と $\omega + d\omega$ の間の光強度 $I(\omega)d\omega$ とおくことにすると，(4.9) は

$$\overline{E\frac{dP}{dt}} = \omega\chi''\frac{I(\omega)}{c}d\omega \quad (4.11)$$

となる．χ'' は考えている原子の遷移周波数を Ω_0 として (3.37) によって表される．均一広がりの場合にはこれでよい．遷移が不均一に広がっているときには吸収線の形は χ'' の代りに図 3.6 のような広い山形になる．そこで χ'' のうちの $(\gamma/\pi)/[(\Omega_0-\omega)^2+\gamma^2]$ 部分を Ω_0 を中心にした山形の対称関数 $g(\omega)$ に代える．すると (4.11) は

$$\overline{E\frac{dP}{dt}} = \omega\frac{N\pi|p_{\text{ba}}|^2}{\varepsilon_0\hbar}g(\omega)\frac{I(\omega)}{c}d\omega \quad (4.12)$$

となる．このような原子系に対していろいろの ω の光が入射するから，(4.12) を ω について積分する．

ここで 2 つの**スペクトル関数** $I(\omega)$ と $g(\omega)$ が現れた．それらの広がり方

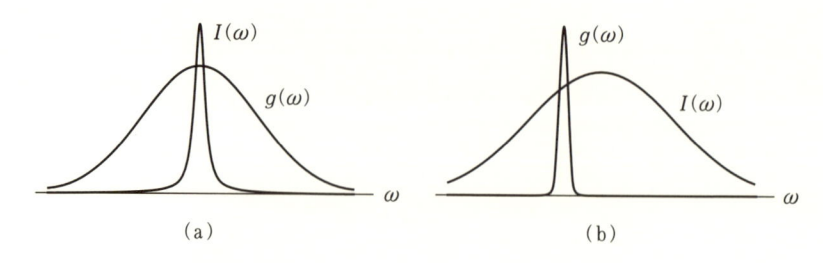

図 4.5 スペクトル関数 $I(\omega)$ と $g(\omega)$ の関係

によって2つの場合が考えられる．レーザーの問題では光のスペクトルは原子遷移の幅よりずっと狭い（図4.5(a)）．そこで，ω_0 に鋭いピークをもつ関数 $I(\omega)$ の付近では $g(\omega)$ は一定として積分の外に出すと

$$\int_{\omega_0-\omega}^{\omega_0+\omega} \omega' \frac{N\pi|p_{ba}|^2}{\varepsilon_0\hbar} g(\omega') \frac{I(\omega')}{c} d\omega' = \omega \frac{N\pi|p_{ba}|^2}{c\varepsilon_0\hbar} g(\omega) I_\omega \quad (4.13)$$

ただし，入射光強度は ω_0 を中心とした鋭いピークをなしているとして

$$\int I(\omega') d\omega' \equiv I_\omega$$

とした．ω の光子が何回吸収あるいは放出されたかを求めるには，その光子のエネルギーで割ればよい．ゆえに，原子密度 N の原子系に強度 I_ω の光が入射したとき，その光子の吸収あるいは放出確率は

$$\frac{BI_\omega N g(\omega)}{c} \quad (4.14)$$

となる．ただし，

$$B = \frac{\pi|p_{ba}|^2}{\varepsilon_0\hbar^2} \quad (4.15)$$

である．(4.14)の原子密度 N は，図4.6(a)のように誘導吸収のときにはその吸収にあずかる原子数，すなわち，下の準位にいる原子数（分布数，分布）N_a とすべき

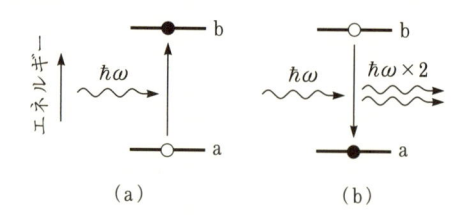

図 4.6 誘導吸収(a)と誘導放出(b)

である．誘導放出のときは図(b)のように上の準位にいる原子数 N_b とする．誘導吸収と誘導放出を与える(4.15)の係数 B を**アインシュタインの B 係数**という．

さて，誘導放出と誘導吸収を合わせて考えると，放出から吸収を引いた正味の放出は単位体積当り

$$\frac{BI_\omega(N_b - N_a)g(\omega)}{c} \tag{4.16}$$

と表される．これは正味の誘導放出は $N_b > N_a$ のときに起こることを示す．$N_b < N_a$ のときには誘導吸収になる．誘導放出を起こしてレーザーを作るためには，励起準位の分布を下の準位の分布より大きくしなければならない．ところが熱平衡状態ではそうなっていない．温度 T で熱平衡の状態では，各準位の分布はボルツマン分布をしている．(3.1)において $W_b > W_a$ であるから，k_B をボルツマン定数として

$$\frac{N_b}{N_a} = e^{-(W_b - W_a)/k_B T} < 1$$

である．放出を増やすために，電子を a 状態から b 状態へ汲み上げて

$$\frac{N_b}{N_a} > 1 \tag{4.17}$$

としてやらなければならない．この汲み上げの操作をポンピングという．(4.17)のような熱平衡状態とは逆の分布を**反転分布**という(図4.7)．

さて，誘導放出によって光ビームの強度 $I_\omega = I(t)$ が t から $t + dt$ の間に $dI(t)$ だけ増加すると，(ビームの単位断面積)$\times c\, dt$ の体積内のエネルギー増加として

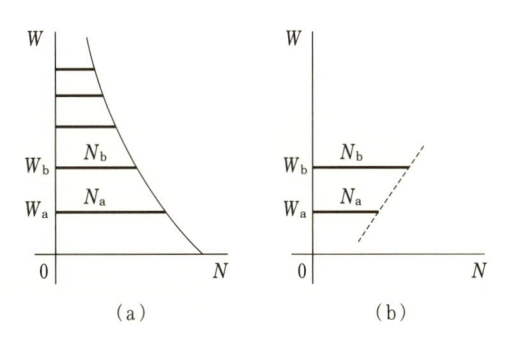

図 4.7 熱平衡分布(a)と反転分布(b)

$$dI(t) = BI(t)(N_\mathrm{b} - N_\mathrm{a}) \frac{g(\omega)\hbar\omega}{c} \times c\, dt \qquad (4.18)$$

となる．この間に光は z から $z + dz$ まで進むので，単位距離当りの増加率は，$I(t) = I(z/c) \equiv I'(z)$ として

$$\frac{dI'(z)}{dz} = \frac{dI'(z)}{c\, dt} = \frac{B\hbar\omega}{c}(N_\mathrm{b} - N_\mathrm{a})g(\omega) I'(z) \qquad (4.19)$$

となる．したがって，z 軸上で強度は

$$I'(z) = I_0'\, e^{Gz}, \qquad G \equiv \frac{B\hbar\omega}{c}(N_\mathrm{b} - N_\mathrm{a})g(\omega) \qquad (4.20)$$

のように変化する．e^{Gz} はパワーの**増幅度**または**利得** (gain)，G は**利得定数**とよばれる．

A 係数と B 係数は黒体輻射に関するプランクの公式を説明するためにアインシュタインが導入したものであった．レーザーの場合を少し離れて，黒体輻射の問題を考える．黒体輻射においては空洞内で温度 T における原子準位の分布 N_a, N_b と光子密度が熱平衡状態にある．ある原子の $\mathrm{a} \leftrightarrow \mathrm{b}$ 間の遷移のスペクトル幅 $g(\omega)$ に比べて空間に満ちている輻射のスペクトル幅はずっと広い（図 4.5(b)）．また，方向性もない．方向性のない光を考えるときは，光強度 $I(\omega)d\omega$ を箱の中のエネルギー密度 $\rho(\omega)d\omega = I(\omega)d\omega/c$ で置き換える．また，双極子モーメントも一つの方向にそろって誘起されないで x, y, z 方向に向いて分布しているから，(4.15)において $|p_\mathrm{ba}|^2$ をその平均値 $|p_\mathrm{ba}|^2/3$ で置き換える．そうすると，(4.13) の積分は

$$\int_{-\omega}^{\omega} \omega' \frac{N\pi |p_\mathrm{ba}|^2}{3\varepsilon_0 \hbar} g(\omega')\rho(\omega')\, d\omega' = \Omega_0 \frac{N\pi |p_\mathrm{ba}|^2}{3\varepsilon_0 \hbar} \rho(\Omega_0) \qquad (4.21)$$

となる．ただし，今度の場合は $\int g(\omega')d\omega' = 1$ とした．新しい B 係数

$$B = \frac{\pi}{3\varepsilon_0 \hbar^2}|p_\mathrm{ba}|^2 \qquad (4.22)$$

を用いると，自然放出も含めた空洞内の放出と吸収の平衡状態は

§4.2 誘導放出   49

$$AN_b + B\rho(\omega)(N_b - N_a) = 0 \tag{4.23}$$

と表される．これから**プランクの公式**が得られる．

[**問題 4.1**]　N_a と N_b が温度 T で熱平衡にあるとして，(4.23) に (4.4) と (4.22) を用いて $\rho(\omega)$ を求め，プランクの公式を導け．

(4.23) では自然放出と誘導放出，誘導吸収はともに出発の原子の分布数に比例している．誘導放出と誘導吸収の場合には I_ω あるいは $\rho(\omega)$ に比例するから，終着の状態は誘導する光の ω と偏光によって決まる．自然放出の場合には行き先の状態として許される状態にしか行けない．すなわち，共振器の中では，その確率はその中で許される定在波の数に比例する．たとえば，一辺が L の大きな立方体の空間では ω と $\omega + d\omega$ の間の定在波は，2つの横偏光の自由度も含めて $(\omega^2/\pi^2 c^3) L^3 d\omega$ 個ある．周波数と偏光の決まった一つの振動をモードという．したがって，単位体積中ではモードは $(\omega^2/\pi^2 c^3) d\omega$ 個ある．これをモード密度という．(4.4) の A を (4.22) の B と比べると

$$A = \frac{\omega^2}{\pi^2 c^3} \hbar \omega B \tag{4.24}$$

となっている．ここで $\hbar\omega$ は (4.23) において A の項が B の項のように $\rho(\omega)$ の部分を含むために必要である．その前の因子はこの**モード密度**である．

そこで，自然放出と誘導放出の項を比べるため (4.23) を書き直して

$$[A + B\rho(\omega)]N_b = A\left[1 + \frac{\rho(\omega)}{(\text{mode density}) \times \hbar\omega}\right]N_b$$
$$= A[1 + \bar{n}(\omega)]N_b \tag{4.25}$$

とすることができる．ここで $\bar{n}$ は周波数 ω の誘導光のモード当りの光子数である．したがって，この $\bar{n}$ が誘導放出と自然放出の比を表す．

[**問題 4.2**]　1次元の共振器内の定在波について，ω と $\omega + d\omega$ の間のモード密度を求めよ．

50　4. レーザー

[**問題 4.3**]　一辺が波長より十分大きな立方体の共振器におけるモード密度が $(\omega^2/\pi^2 c^3)\,d\omega$ であることを示せ．

§4.3　光共振器のモード

　レーザーにおいては，反転分布によって利得をもった媒質（§2.3）を**レーザー媒質**という．このレーザー媒質を 2 枚の鏡で作られた**共振器**に入れる．2 枚の鏡の間隔を L とすると，m を自然数として，波長が

$$\lambda = \frac{2L}{m} \tag{4.26}$$

の光の**定在波**が立つ（図 4.8(a)）．定在波では共振器内を往復する光は毎回同位相で重なり，その度に誘導放出を強め合う．(4.26) の λ を λ_m と書くと，m 番目のモードの波数 k_m と周波数 ω_m は，レーザー媒質の屈折率を n として

$$k_m = \frac{2\pi}{\lambda_m} = \frac{m\pi}{L}, \quad \omega_m = 2\pi\nu_m = 2\pi\frac{\frac{c}{n}}{\lambda_m} = \frac{m\pi c}{nL} \tag{4.27}$$

である（これはくわしくは縦モードという）．そこで，モード間隔は

$$\omega_{m+1} - \omega_m = \frac{\pi c}{nL} \tag{4.28}$$

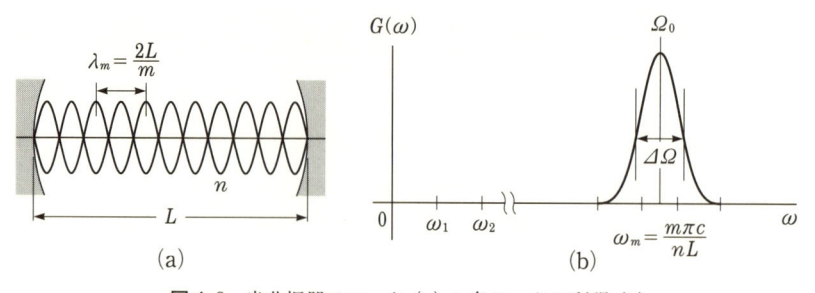

図 4.8　光共振器のモード (a) と各モードの利得 (b)

となる．自然放出光の周波数 $\omega = (W_\mathrm{b} - W_\mathrm{a})/\hbar$ のうち，この**モード周波数** ω_m に一致するものが選ばれて増幅されることになる．この放出光は§4.1 に述べた均一幅と不均一幅によって広がっていて，各 ω は (4.20) で与えられる G の増幅利得をもっている．それを $G(\omega)$ とすると，図 (b) のように $G(\omega)$ が大きい中心付近のモードが強く増幅されることになる．

§4.4 光共振器の安定性

共振器としてはガウスビームに対して回折損の少ない構成をとることが重要である．簡単のために図 4.9 のような左右対称の共振器を考える．中央のくびれの位置から左右に進む光の波面は球面である．光はこの波面に垂直に進むから，波面に一致するように反射鏡を置けば，光はまた元のとおりにもどって行く．ところで，曲率半径 R を決めて，鏡の間隔 L を任意に与えたときに，どうして都合良く波面を鏡面に一致させることができるだろうか．実際には，以下に述べるように光の方が波面を鏡面に一致させるモードを選んでくれるのである．

そのための条件を求めよう．くびれの位置を $z = 0$, 鏡の位置を $\pm z_1$ とする．曲率半径とビーム半径を表す $q(z)$ は (2.26) によって任意の z において

$$\frac{1}{q(z)} = \frac{2i}{k\omega^2(z)} + \frac{1}{R(z)} \tag{4.29}$$

である．くびれの位置では $R(0) = \infty$ であるから，$q(0) \equiv q_0$, $\omega(0) \equiv \omega_0$ と

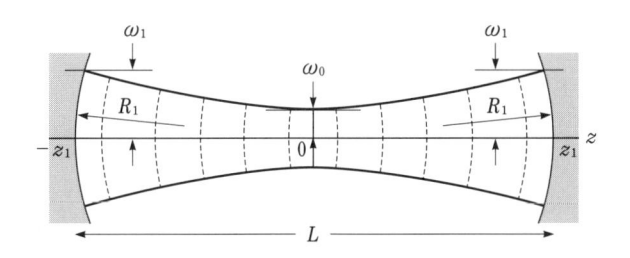

図 4.9 共振器モードの波面と鏡の曲率

して

$$\frac{1}{q_0} = \frac{i}{z_0}, \quad z_0 \equiv \frac{k\omega_0^2}{2} \tag{4.30}$$

となる．$q(z)$ は $z=0$ から $z=z_1$ まで進むと (2.9) によって q_0 から q_1 になる：

$$q_1 = q_0 + z_1 = -iz_0 + z_1 \tag{4.31}$$

ゆえに，この z_0 と z_1 を用いると (4.29) は

$$\frac{1}{q_1} = \frac{1}{-iz_0 + z_1} = \frac{iz_0}{z_0^2 + z_1^2} + \frac{z_1}{z_0^2 + z_1^2} \tag{4.32}$$

となる．さて，$z = z_1$ において $R(z) = R_1$ になるためには (4.29) は

$$\frac{1}{q_1} = \frac{2i}{k\omega_1^2} + \frac{1}{R_1} \tag{4.33}$$

であればよい．これを (4.32) と比べると

$$\frac{k\omega_1^2}{2} = \frac{z_0^2 + z_1^2}{z_0}, \quad R_1 = \frac{z_0^2 + z_1^2}{z_1} \tag{4.34}$$

ゆえに，第2式から z_0^2 を求め，対称配置だから $z_1 = L/2$ とすると

$$z_0^2 = (R_1 - z_1)z_1 = \left(R_1 - \frac{L}{2}\right)\frac{L}{2} \tag{4.35}$$

となる．このように R_1 と L が与えられると，(4.29)にしたがうガウスビームの z_0 が (4.35) によって決まり，さらに，(4.30) によってくびれの半径 ω_0 と (4.34) の第1式によって鏡の位置のビーム半径 ω_1 が決まる．共振器内の原子は初め四方に自然放出光を出すが，そのうちの R_1 と L に適うモードの光が共振器内を往復するうちに増幅されてレーザー光になるのである．ただ R_1 と L はかってに選べるのではなく，$z_0^2 > 0$ であるから (4.35) によって凹面鏡の間隔 L の許される範囲は

$$0 < L < 2R_1 \quad \text{すなわち} \quad 0 < \frac{L}{R_1} < 2 \tag{4.36}$$

である．これから図4.9のように L の最大は両凹面鏡の中心が一致する場合 ($L = 2R_1$) であり，最小は L が R_1 より十分小さい場合，すなわち平面鏡 (R_1

共中心　　　　　　　共焦点　　　　　　平行平面

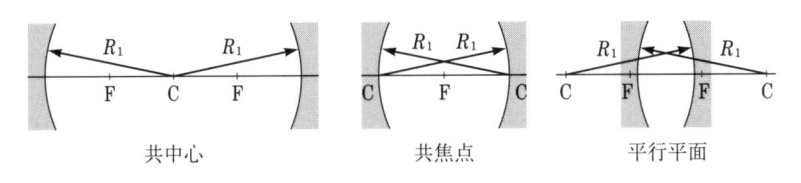

図 4.10 安定な光共振器

$\to \infty$) の場合であることがわかる．前者は共中心，後者は平行平面の場合とよばれる．その中間に共焦点の場合（$L = R_1$）がある．

さて，凹面鏡の位置におけるビーム半径は，(4.34) の第 1 式から

$$\omega_1^2 = \frac{2}{k} \frac{z_0^2 + z_1^2}{z_0} = \frac{2}{k} \frac{\dfrac{R_1 L}{2}}{\sqrt{\left(R_1 - \dfrac{L}{2}\right)\dfrac{L}{2}}} \tag{4.37}$$

となる．L を一定にして R_1 を変化させ，L/R_1 の関数として見るために

$$\omega_1^2 = \frac{2L}{k} \frac{1}{\sqrt{\left(2 - \dfrac{L}{R_1}\right)\dfrac{L}{R_1}}} \tag{4.38}$$

と変形すると，これは図 4.11 のように $R_1 = L$ のところで最小値 $\omega_1^2 = 2L/k$ となる．しかし，$L/R_1 \to 2$ のところで発散する．このときレーザービームは鏡の直径を超えて広がる．すなわち，回折による損失が大きくなる．したがって，これらの極限に近くなると発振は

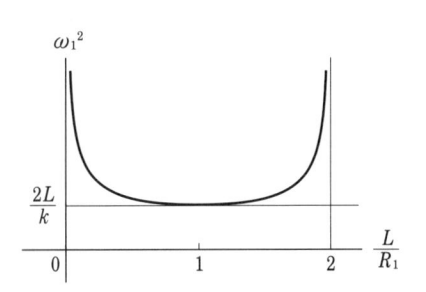

図 4.11 不安定共振器におけるビームの発散

困難になる．高い利得のレーザーや短い共振器のレーザーでは平面鏡の共振器も用いられるが，もちろん一般には損失の少ない共振器が望ましい．

　[**問題 4.4**]　L を変化させたとき，$L \to 2R_1$ と $L \to 0$ の極限および $L = R_1$ においてモードの形（ω_0 と ω_1 の大きさ）はどうなるか．

§4.5 発振条件

光は共振器の中で増幅を受けながら往復する．しかし，共振器の中で損失も受ける．発振するためには増幅がこれに打ち勝たなければならない．モデル的に考えると，図 4.12 においてレーザー媒質の左から小さな入力 E_{in} が入射し，その結果，レーザー媒質の左端から E_{out} が出てきたとする．そのとき E_{out} のある割合が左側の鏡で反射されて E_{in} とともに再びレーザー媒質に入射する．左右の鏡の振幅反射率をそれぞれ $\sqrt{\mathcal{R}_1}$，$\sqrt{\mathcal{R}_2}$，1 往復したときに回折によって失われない部分を $\sqrt{\mathcal{K}}$ とする．（このモデルでは共振器内に分布する E_{in} や損失を 1 か所に集中して表している．）パワーの増幅定数を G とすると，振幅の増幅定数は $G/2$ である．レーザー媒質部分の長さを l とすると往復では e^{Gl} 倍の増幅になる．ゆえに，レーザー媒質からの出力 E_{out} は

$$\left(E_{\text{in}} + \sqrt{\mathcal{R}_1 \mathcal{R}_2 \mathcal{K}}\, E_{\text{out}}\right) e^{Gl} = E_{\text{out}} \tag{4.39}$$

となる．これを E_{out} について解くと

$$E_{\text{out}} = \frac{e^{Gl}}{1 - \sqrt{\mathcal{R}_1 \mathcal{R}_2 \mathcal{K}}\, e^{Gl}} E_{\text{in}} = \frac{\mathcal{A}}{1 - \beta \mathcal{A}} E_{\text{in}} \tag{4.40}$$

を得る．これはフィードバックを用いた電子回路の式と同じ形をしていて，$\mathcal{A} \equiv e^{Gl}$ は増幅率，$\beta \equiv \sqrt{\mathcal{R}_1 \mathcal{R}_2 \mathcal{K}}$ はフィードバックの割合である．そこで，分母が小さくなると微小な入力 E_{in} に対しても大きな出力 E_{out} が得られ，発振になる．実際には，常にレーザー媒質からの自然放出（蛍光）あるいは真空雑音や熱雑音があるから，これが E_{in} となる．すなわち，発振条件は

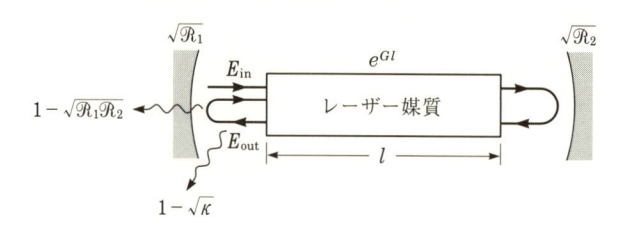

図 4.12 レーザー発振器のモデル

$$1 - \beta\mathcal{A} = 0 \tag{4.41}$$

であることがわかる．もし，β，$\mathcal{A}$ ともに実数のときは，$\mathcal{A} > 0$ では $\beta > 0$ のときこの条件が満足される．これは正帰還を意味する．一般に複素数のときは，$|1 - \beta\mathcal{A}| < 1$ で正帰還，$|1 - \beta\mathcal{A}| > 1$ のとき負帰還である．

発振が起こるための必要な利得は (4.41) すなわち $\sqrt{\mathcal{R}_1 \mathcal{R}_2 \mathcal{K}}\, e^{Gl} = 1$ から

$$Gl = \ln \frac{1}{\sqrt{\mathcal{R}_1 \mathcal{R}_2 \mathcal{K}}} = -\frac{1}{2}\ln(\mathcal{R}_1 \mathcal{R}_2 \mathcal{K})$$

となる．ゆえに

$$G \geqq -\frac{1}{2l}\ln(\mathcal{R}_1 \mathcal{R}_2 \mathcal{K}) = \frac{1}{2l}|\ln(\mathcal{R}_1 \mathcal{R}_2 \mathcal{K})| \tag{4.42}$$

であれば発振する．損失を共振器内の 1 か所にまとめて $\mathcal{K}$ によって表したが，共振器全体に分布した損失として表すこともできる．すなわち，振幅損失を表す定数 $\Gamma_{\text{eff}}/2$ を導入して，往復に対して

$$\sqrt{\mathcal{K}} = e^{-\Gamma_{\text{eff}} l} \tag{4.43}$$

とする．(4.41) を

$$\sqrt{\mathcal{R}_1 \mathcal{R}_2}\, e^{(G - \Gamma_{\text{eff}})l} = 1$$

$$e^{-2(G - \Gamma_{\text{eff}})l} = \mathcal{R}_1 \mathcal{R}_2$$

$$1 - 2(G - \Gamma_{\text{eff}})l \approx \mathcal{R}_1 \mathcal{R}_2$$

のように変形すると，発振条件

$$G \geqq \frac{1 - \mathcal{R}_1 \mathcal{R}_2}{2l} + \Gamma_{\text{eff}} \tag{4.44}$$

を得る．右辺第 1 項の $1 - \mathcal{R}_1 \mathcal{R}_2$ は反射鏡で反射せずに透過してしまう部分で，外部出力として利用される部分を含む．第 2 項は回折広がりのために反射鏡を越えて共振器外に逃げてしまう部分や，媒質内で散乱される部分である．発振のためには左辺の利得は右辺の損失を上回らなければならない．これを反転分布に対する発振条件に直すと，(4.20) を用いて

56 4. レーザー

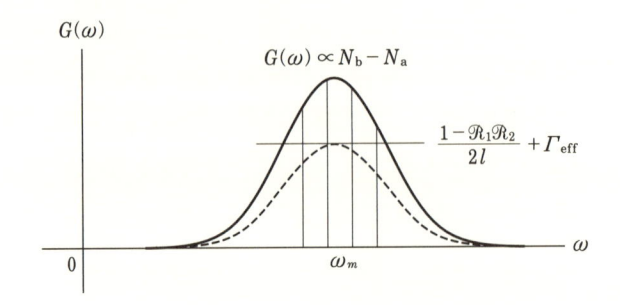

図 4.13 発振しきい値を超えたレーザーモード

$$\frac{B\hbar\omega}{c}(N_b - N_a)g(\omega) \geq \frac{1-\mathcal{R}_1\mathcal{R}_2}{2l} + \Gamma_{\text{eff}} \quad (4.45)$$

となる．ポンピングによって $N_b - N_a$ を大きくしていくと，まずこの条件を満足する図 4.13 の $G(\omega)$ の中央付近のモードから発振し始める．

［**問題 4.5**］ b→a 遷移の幅が不均一広がりによっているときは，この幅の中の複数のモードが発振しうる．均一広がりのときは最も高い利得をもつモードが一つだけ発振する．その理由を説明せよ．

*§4.6 波動方程式と分極を用いたレーザー理論

前節では自然放出に対して誘導放出が打ち勝つという立場から，A 係数と B 係数および損失率を用いてレーザー発振の簡単な理論を導いた．本節ではレーザー光が原子系の分極をもとにして，マクスウェルの方程式から得られる波動方程式にしたがって波として成長する過程を考え，発振条件，発振周波数などを求める．この節と次の節では平面波で均一広がりの場合のみを扱う．

マクスウェルの方程式

§4.6 波動方程式と分極を用いたレーザー理論

$$\left.\begin{array}{l} \text{div } \boldsymbol{D} = \rho \\ \text{rot } \boldsymbol{E} = -\dfrac{\partial \boldsymbol{B}}{\partial t} \\ \text{div } \boldsymbol{B} = 0 \\ \text{rot } \boldsymbol{H} = \dfrac{\partial \boldsymbol{D}}{\partial t} + \boldsymbol{J} \end{array}\right\} \quad (4.46)$$

と基本的な関係式 $\boldsymbol{D} = \varepsilon_0 \boldsymbol{E} + \boldsymbol{P}$, $\boldsymbol{B} = \mu_0 \boldsymbol{H} + \boldsymbol{M}$, $\boldsymbol{J} = \sigma \boldsymbol{E}$ を考える．ここで $\boldsymbol{D}$, $\boldsymbol{E}$, $\boldsymbol{B}$, $\boldsymbol{H}$ は電束密度，電場，磁束密度，磁場である．$\boldsymbol{P}$ は分極密度で前章で求めたように，感受率を介して電場によって決まる．$\boldsymbol{J}$ は電流密度で，これによって物質内での光の減衰（損失）を表すことができる．ここでは電荷 ρ と磁化 $\boldsymbol{M}$ は存在しないとしてよい．(4.46) の第2式の回転 (rotation) をとり，第4式を代入して $\text{div } \boldsymbol{D} = 0$ と $\text{div } \boldsymbol{P} = 0$ （分極の空間変化は小さいとする）を用いると**電磁波の波動方程式**

$$\frac{\partial^2 \boldsymbol{E}}{\partial t^2} - c^2 \frac{\partial^2 \boldsymbol{E}}{\partial z^2} + \frac{\sigma}{\varepsilon_0} \frac{\partial \boldsymbol{E}}{\partial t} = -\frac{1}{\varepsilon_0} \frac{\partial^2 \boldsymbol{P}}{\partial t^2} \quad (4.47)$$

を得る．† 右辺の $\boldsymbol{P}$ は第3章に述べたように物質に電場 $\boldsymbol{E}$ を加えることによって生ずるものである．そこで，(4.47) は第3章の方程式と一緒にして電場と分極を自己矛盾のないように (self-consistently) に解く必要がある．

共振器内で，ある一つの偏光をもった $\pm z$ 方向に進む光の定在波を考える．(4.47) の左辺では図4.8のレーザー媒質の入っていない空の共振器のモード $k_m = m\pi/L$, $\omega_m = m\pi c/L$ を考え，右辺でレーザー媒質の効果を入れる．電場と分極を

$$E(z,t) = [E^{(\omega)}(t) e^{-i\omega t} + E^{(-\omega)}(t) e^{i\omega t}] \sin k_m z \quad (4.48)$$

$$P(z,t) = [P^{(\omega)}(t) e^{-i\omega t} + P^{(-\omega)}(t) e^{i\omega t}] \sin k_m z \quad (4.49)$$

のように書いて，それぞれの第1項を (4.47) に代入する．そのとき，電場

---

† ベクトル公式 $\text{rot}(\text{rot } \boldsymbol{A}) = \text{grad}(\text{div } \boldsymbol{A}) - \nabla^2 \boldsymbol{A}$ を用い，さらに $\dfrac{\partial^2 \boldsymbol{E}}{\partial x^2} = \dfrac{\partial^2 \boldsymbol{E}}{\partial y^2} = 0$ とする．

の大きさは1波長以内ではあまり変らないと仮定して，その左辺第1項では $E^{(\omega)}$ の2回微分の項は1回微分の項に比べて小さいとして省略し，第3項では1回微分の項を省略する．同様に右辺では $P^{(\omega)}$ の1回微分と2回微分の項を省略する．このようにして，レーザーの基本方程式

$$\frac{dE^{(\omega)}}{dt} + i[(\omega_m - \omega) - i\kappa]E^{(\omega)} = i\frac{\omega}{2\varepsilon_0}P^{(\omega)} \qquad (4.50)$$

を得る．ここで $\kappa \equiv \sigma/2\varepsilon_0$ は共振器における損失である． $E^{(-\omega)}$ に対する方程式はこの複素共役である．

さて，右辺の分極は (3.34)〜(3.38) によって，感受率 χ' と χ'' を用いて

$$P^{(\omega)} = \varepsilon_0 \chi E^{(\omega)} = \varepsilon_0(\chi' + i\chi'')E^{(\omega)} \qquad (4.51)$$

と表された．これと (4.50) を連立させることで自己矛盾のない解を得ることができる．(4.51) を (4.50) に代入して $E^{(\omega)} = |E^{(\omega)}|e^{i\phi}$ とし，実数部分と虚数部分に分けると

$$\frac{d|E^{(\omega)}|}{dt} + \left(\kappa + \frac{\omega}{2}\chi''\right)|E^{(\omega)}| = 0 \qquad (4.52)$$

$$\frac{d\phi}{dt} + \omega_m - \omega - \frac{\omega}{2}\chi' = 0 \qquad (4.53)$$

を得る．次節に述べるように，反転分布した場合には χ'' は誘導放出による利得を与え， χ' は屈折率を与える．すなわち，(4.52) は発振の強さを決める式であり，(4.53) は発振の周波数を決める式である．

*§4.7 定常状態の発振しきい値，振幅および周波数

レーザーの時間発展は (4.52) と (4.53) によって記述される．しかし，その結果十分時間がたって定常的になったときには，時間微分を

$$\frac{d|E^{(\omega)}|}{dt} = 0, \qquad \frac{d\phi}{dt} = 0$$

とおけるので

§4.7 定常状態の発振しきい値, 振幅および周波数

$$\kappa + \frac{\omega}{2}\chi'' = 0 \tag{4.54}$$

$$\omega + \frac{\omega}{2}\chi' = \omega_m \tag{4.55}$$

が成り立つ.前者は損失と利得のバランスを示す.後者は発振周波数 ω が屈折率によって ω_m からずれることを示す.

定常状態の感受率を用いて,レーザーの定常発振を調べることにしよう. χ' と χ'' は飽和を考えない場合には (3.36) と (3.37) で,またそれを考えた場合には (3.53) と (3.54) で与えられた.レーザー光は強いので飽和を考慮に入れる必要がある.事実,発振は飽和が起こるために定常状態になれるのである.次に,レーザー遷移の下準位は必ずしも基底準位ではないので,対角要素の方程式 (3.47) と (3.48) において ρ_{bb} と ρ_{aa} はそれぞれの平衡値 $\rho_{bb,0}$ と $\rho_{aa,0}$ へ緩和するとする.そこで,それぞれの緩和項を $-\varGamma(\rho_{bb} - \rho_{bb,0})$ と $-\varGamma(\rho_{aa} - \rho_{aa,0})$ で置き換える.そのとき (3.50) の緩和項は $-\varGamma[\rho_{bb} - \rho_{aa} - (\rho_{bb} - \rho_{aa})_0]$ となる.[†] 電場としては共振器内の定在波 (4.48) を用いる.そうすると (3.51) と同様に

$$\rho_{ba}{}^{(\omega)} = \frac{-(\varOmega_0 - \omega + i\gamma)\dfrac{p_{ba}E^{(\omega)}}{\hbar}\sin k_m z}{(\varOmega_0 - \omega)^2 + \gamma^2 + \dfrac{\gamma}{\varGamma}\left|\dfrac{2p_{ba}E^{(\omega)}}{\hbar}\right|^2 \sin^2 k_m z}(\rho_{bb} - \rho_{aa})_0 \tag{4.56}$$

を得る.これを (3.33) の 2 行目に代入するが,もしこの分母に飽和項がなければ上式はそのまま (4.49) の $\sin k_m z$ のフーリエ成分 $P^{(\omega)}$ としてよい.しかし,分母に $\sin^2 k_m z$ があるためにそのままでは $P^{(\omega)}$ にならない.

そこで (3.33) の P の第1項 $Np_{ab}\rho_{ba}{}^{(\omega)}e^{-i\omega t}$ の $\rho_{ba}{}^{(\omega)}$ に (4.56) を代入して,$\sin k_m z$ を掛けて共振器内で積分して,$\sin k_m z$ のフーリエ成分を求める.

[†] $\rho_{bb,0} = 0$ かつ $\rho_{aa,0} = 1$ とすると,$\rho_{bb} + \rho_{aa} = 1$ であるから (3.50) の場合にもどる.また,$\rho_{bb,0} = \rho_{aa,0} = 0$ とすると,ρ_{bb} も ρ_{aa} もさらに下の準位に緩和していく場合になる.

これは (4.49) の第1項 $P^{(\omega)}e^{-i\omega t}\sin k_m z$ に $\sin k_m z$ を掛けて共振器内で積分したものに一致するはずであるから、これからフーリエ成分 $P^{(\omega)}$ が求められる:

$$P^{(\omega)}e^{-i\omega t}\int_0^L \sin^2 k_m z \, dz$$

$$= N\int_0^L \frac{-(\Omega_0 - \omega + i\gamma)\frac{|p_{ba}|^2 E^{(\omega)} e^{-i\omega t}}{\hbar} \sin^2 k_m z}{(\Omega_0 - \omega)^2 + \gamma^2 + \frac{\gamma}{\Gamma}\left|\frac{2p_{ba}E^{(\omega)}}{\hbar}\right|^2 \sin^2 k_m z} dz (\rho_{bb} - \rho_{aa})_0$$

(4.57)

分母の飽和項が γ^2 より小さいときにはテイラー展開を行って $\sin^4 k_m z$ までの近似で積分を行うことができて†、右辺は

$$N\frac{-(\Omega_0 - \omega + i\gamma)\frac{|p_{ba}|^2 E^{(\omega)} e^{-i\omega t}}{\hbar}\frac{L}{2}}{(\Omega_0 - \omega)^2 + \gamma^2 + \frac{3\gamma}{4\Gamma}\left|\frac{2p_{ba}E^{(\omega)}}{\hbar}\right|^2}(\rho_{bb} - \rho_{aa})_0 \quad (4.58)$$

となる. ゆえに (4.57) から

$$P^{(\omega)} = N\frac{-(\Omega_0 - \omega + i\gamma)\frac{|p_{ba}|^2 E^{(\omega)}}{\hbar}}{(\Omega_0 - \omega)^2 + \gamma^2 + \frac{3\gamma}{4\Gamma}\left|\frac{2p_{ba}E^{(\omega)}}{\hbar}\right|^2}(\rho_{bb} - \rho_{aa})_0$$

(4.59)

を得る. これから §3.5 のようにして

$$\chi' = N\frac{-(\Omega_0 - \omega)}{(\Omega_0 - \omega)^2 + \gamma^2 + \frac{3\gamma}{4\Gamma}\left|\frac{2p_{ba}E^{(\omega)}}{\hbar}\right|^2}\frac{|p_{ba}|^2}{\varepsilon_0 \hbar}(\rho_{bb} - \rho_{aa})_0$$

(4.60)

---

† $|a| \gg |b|$ のとき次式が成り立つ (m は整数):

$$\int_0^{m\pi}\frac{\sin^2 x}{a + b\sin^2 x}dx \cong \frac{1}{a}\int_0^{m\pi}\left(\sin^2 x - \frac{b}{a}\sin^4 x\right)dx = \frac{m\pi}{a}\left(\frac{1}{2} - \frac{3b}{8a}\right)$$
$$\cong \frac{m\pi}{2\left(a + \frac{3b}{4}\right)}$$

§4.7 定常状態の発振しきい値,振幅および周波数　61

$$\chi'' = N \frac{-\gamma}{(\Omega_0 - \omega)^2 + \gamma^2 + \frac{3\gamma}{4\Gamma}\left|\frac{2p_{ba}E^{(\omega)}}{\hbar}\right|^2} \frac{|p_{ba}|^2}{\varepsilon_0 \hbar} (\rho_{bb} - \rho_{aa})_0$$
(4.61)

を得る. 反転分布では $(\rho_{bb} - \rho_{aa})_0 > 0$ であるから, χ' と χ'' は (3.53),
(3.54) と符号が反転している. $\chi'' < 0$ は放出を示す.

(4.54), (4.55) は, 発振時にポンプを強くしても弱くしても成り立たなければならない. したがって, 前者からは次のように発振条件と発振強度が得られる. 後者からは発振周波数が求められる.

まず, (4.54) の右辺に (4.61) を代入したとき, この式は $|E^{(\omega)}|$ によらず成り立つから, $|E^{(\omega)}| = 0$ の発振のしきいのところでも成り立つ. そのときの反転分布を $\Delta N_{th} = N(\rho_{bb} - \rho_{aa})_{th}$ とすると,

$$\kappa = \frac{\omega}{2} \frac{\gamma}{(\Omega_0 - \omega)^2 + \gamma^2} \frac{|p_{ba}|^2}{\varepsilon_0 \hbar} \Delta N_{th}$$
(4.62)

となるから, 発振に必要な反転分布, すなわち, 発振の**しきい値**は

$$\Delta N_{th} = \frac{(\Omega_0 - \omega)^2 + \gamma^2}{\gamma} \frac{2\kappa\varepsilon_0 \hbar}{\omega |p_{ba}|^2}$$
(4.63)

となる. また, 電場の強さ $E^{(\omega)}$ で発振しているときは, そのときの外部からのポンプの強さで決まる反転分布を $\Delta N_0 = N(\rho_{bb} - \rho_{aa})_0$ とすると

$$\kappa = \frac{\omega}{2} \frac{\gamma}{(\Omega_0 - \omega)^2 + \gamma^2 + \frac{3\gamma}{4\Gamma}\left|\frac{2p_{ba}E^{(\omega)}}{\hbar}\right|^2} \frac{|p_{ba}|^2}{\varepsilon_0 \hbar} \Delta N_0$$
(4.64)

である. ゆえに (4.62) と (4.64) から発振強度は

$$|E^{(\omega)}|^2 = [(\Omega_0 - \omega)^2 + \gamma^2] \frac{4\Gamma}{3\gamma} \frac{\hbar^2}{|2p_{ba}|^2} \left(\frac{\Delta N_0}{\Delta N_{th}} - 1\right)$$
(4.65)

となる. あるいは, これは (4.62) を用いて

$$|E^{(\omega)}|^2 = \frac{\Gamma \hbar \omega}{6\kappa\varepsilon_0} (\Delta N_0 - \Delta N_{th})$$
(4.66)

とすることもできる. これは ΔN_0 の ΔN_{th} を超えた分が発振光の強度になっ

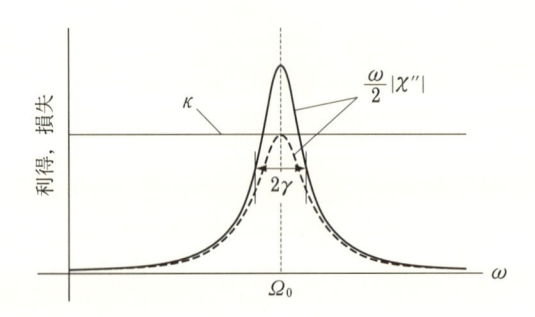

図 4.14 発振の利得と損失のつり合い. $\kappa + \frac{\omega}{2}\chi'' = 0$ の図.

ていることを示す. 以上, 利得と損失のつり合いの式 (4.54) について得られた結果を図示すると図 4.14 のようになる. 実線の曲線は (4.64) の右辺において $|E^{(\omega)}|^2$ をゼロにしたものである. 発振時にはこれがゼロでなくなって利得は飽和する. このとき χ'' は破線のようにその最大値が共振器内の損失 κ に一致する所まで下がる. χ'' は反転分布の場合で負である.

発振周波数 ω については, (4.60) と (4.61) から $\chi'/\chi'' = (\Omega_0 - \omega)/\gamma$ の関係があることがわかるから, (4.54) を用いると

$$\chi' = -(\Omega_0 - \omega)\frac{2\kappa}{\gamma\omega} \tag{4.67}$$

が得られる. そこで, (4.55) から次のように ω を得ることができる:

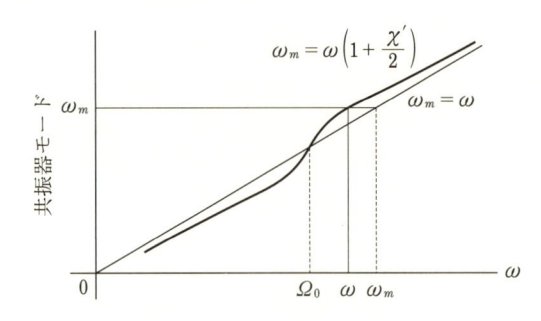

図 4.15 発振周波数の引き込み. $\omega + \frac{\omega}{2}\chi' = \omega_m$ の図.

§4.7 定常状態の発振しきい値,振幅および周波数

$$\omega = \frac{\gamma\omega_m + \kappa\Omega_0}{\gamma + \kappa} \tag{4.68}$$

これは発振周波数が(空の)共振器モードの周波数 ω_m と原子の遷移周波数 Ω_0 の平均値になっていることを示す.実際には γ と κ の2つの共鳴幅のうち γ の方が大きいので,ω はほとんど ω_m に近く,わずかに Ω_0 の方に引き込まれる.したがって,発振周波数を表す式 (4.55) は図 4.15 によって説明できる.曲線は $\omega_m = \omega(1 + \chi'/2)$ を ω の関数として表したもので,ここでも χ' は反転分布した場合である.縦軸上の m 番目の共振モードは横軸上の ω で発振する.これは ω_m より少し Ω_0 の方に近づく.これを発振周波数の**引き込み**という.以上のように,均一広がりの場合のレーザーの動作を反転分布した媒質の感受率 χ' と χ'' によって理解することができた.

光メーザー（レーザー）の誕生まで

レーザーを最初に提案した論文は A. L. Schawlow and C. H. Townes: Phys. Rev. **112** (1958) 1940 である．タウンズはメーザーの成功後，1957 年になってメーザーを 1 ミリよりずっと短い波長にすることを真剣に考え始めた．その後ショーロウと協力してこの論文を書くまでの経緯はタウンズの著書「レーザーはこうして生まれた」（霜田光一訳，岩波書店，1999）によって知ることができる．そこから少し引用してみよう．

「可能性のあるいろいろの分子や原子の遷移をとり上げ，その励起法を考えている間に突然私は（中略）少しずつ波長を短くして行くよりは，いっぺんにうんと短く，赤外線か可視光の領域まで短くしてしまう方がやさしいくらいであることが分かった．これは予想もしなかった部屋に入るドアが急に開いたような天の啓示だった．」

タウンズは自然放出確率が周波数の 4 乗に比例するために，当時常識的には困難であるとされてきたいくつかの問題は，励起と放出の過程を具体的に考えていくと，それほど困難な問題ではないことに気づいた．それに「近赤外や可視光の領域には，すでにたくさんの光学技術，光学材料，光学装置があること」は大きな利点であると考えた．

しかし，「なお残された主な問題は，空洞共振器だった．」タウンズはコロンビア大学から，顧問をしていたベル研究所に出向いたとき，彼の考えていた光メーザーのことをショーロウに話した．「ショーロウもまさにそのことを考えていたので」二人は光メーザーの議論を始めることになった．

「空洞共振器の問題にはショーロウが解答を与えた．私は，鏡でほとんど全部囲まれた空洞を用い，空洞内の気体を励起するエネルギーを入れるために側面に大きくない孔をあけ，孔の方向に進んできた光は逃がすことを考えていた．ショーロウの提案は，二枚の鏡だけを用い，側面をすっかり開放しておくものだった．このような二枚の平行鏡は，これまで光学で別の目的に少し違う形で用いられ，ファブリー－ペロー干渉計とよばれていた．だから，基本設計はよく分かっていた．」「どうして私が光メーザーにこれを思い付かなかったのかは分からない．私は思い付かなかったが，ショーロウが思い付いた．たぶん彼は，以前トロント大の研究でファブリー－ペローに親しんでいたからであろう．」

このようにして今日のレーザーの基本が生まれたのである．

5 レーザー光の性質，種々のレーザー

　本章では，まず，レーザーからの光が，光子数分布や各種のゆらぎにおいて自然放出の光といかに異なっているか述べる．この議論では自然放出のゆらぎが関わってくるので，レーザーの量子論で得られる結果を援用する．これらの性質は結局，時間的・空間的コヒーレンスの良さという考え方でまとめることができる．
　そのあとでレーザーがどんな固体，気体，液体あるいは半導体の媒質を使って実現されているか，現在もっともよく用いられている代表例について述べる．

*§5.1　光子計数分布と強度ゆらぎ，位相ゆらぎ，スペクトル幅

光子計数分布

　レーザー光の光子計数分布は一つのレーザーからの光をある一定時間の間くり返し測定し，検出器から得られる光電子の数を計数して，その計数ごとの光子数を知ってその頻度をヒストグラムで表したものである．量子論によって光子の存在が明らかになり，干渉などの古典的測定のほかに新しい測定が可能になったものである．この光子計数分布の測定によって，レーザーの量子論で計算される光子数分布を調べることができる．実際の検出器としては単一光子計数用の光電子増倍管や半導体検出器が用いられる．

　量子論によると，全測定の平均計数が $\bar{n}$ のとき，光子数分布 P_n は次のようになる．励起が発振のしきい値以下では

66   5. レーザー光の性質, 種々のレーザー

$$P_n = \frac{\bar{n}^n}{(1+\bar{n})^{1+n}} \tag{5.1}$$

である．これは**熱輻射**の分布と同じ形で，$\bar{n}=1$ の場合を図 5.1(a) に示す．

しきい値より十分上のレーザーでは光子数分布は**ポアソン分布**に近づき

$$P_n = e^{-\bar{n}} \frac{\bar{n}^n}{n!} \tag{5.2}$$

となる．$\bar{n}$ はポンピングの強さによって決まる．第 11 章に述べるように，量

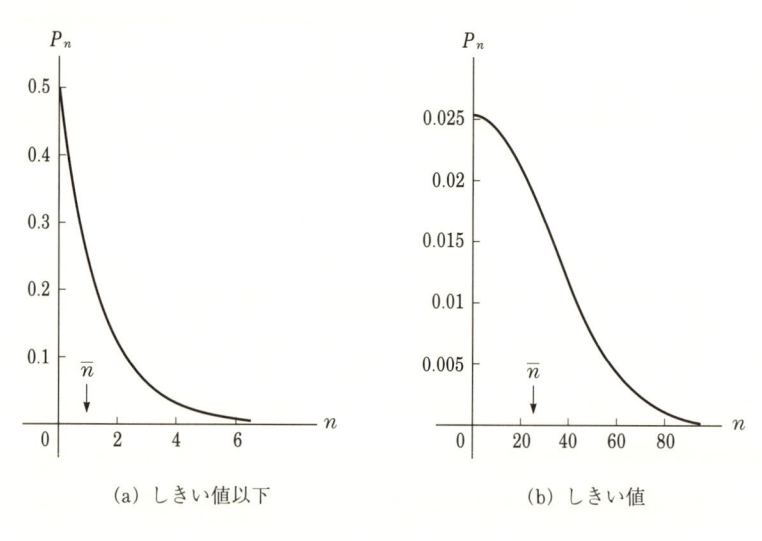

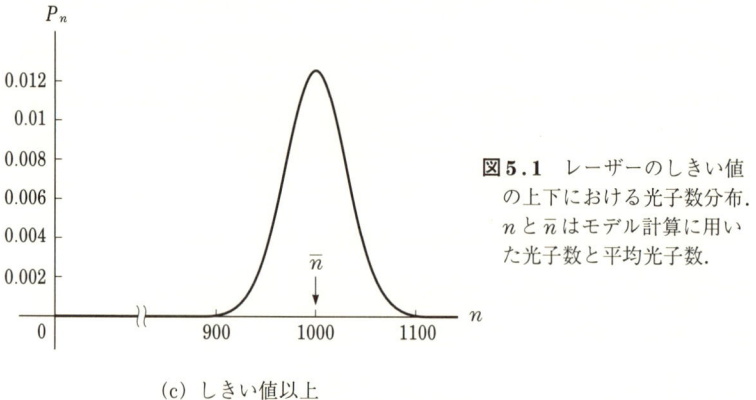

(a) しきい値以下

(b) しきい値

(c) しきい値以上

図 5.1 レーザーのしきい値の上下における光子数分布．n と $\bar{n}$ はモデル計算に用いた光子数と平均光子数．

§5.1 光子計数分布と強度ゆらぎ,位相ゆらぎ,スペクトル幅   67

子力学的コヒーレント状態とよばれる状態でも光子数分布はポアソン分布を示す.したがって,しきい値より十分上で発振するレーザーの光はこの状態に近づく.ポアソン分布の特性から分布の幅(ゆらぎ)は $\Delta n = \sqrt{\bar{n}}$ である.$\bar{n} = 1000$ として計算したものを図 (c) に示す.(光子数としては小さすぎるが,パソコンでできる範囲で計算した.)曲線 (b) はこれらの中間で,しきい値における光子数分布を理論式によって数値計算したものである.

出力強度のゆらぎ

しきい値より上のレーザーで実現されるコヒーレント状態においては,電場のゆらぎは第11章の(11.14)に与えられるように,$\Delta E = \mathcal{E} \equiv \sqrt{\hbar\omega/2\varepsilon_0 V}$ である.ここで $\mathcal{E} \equiv \sqrt{\hbar\omega/2\varepsilon_0 V}$ は量子化で現れてくる定数で,V はそこで仮定した共振器の体積である.これは誘導放出に混ざってくる自然放出光によるゆらぎである.一方,そのときの出力の振幅は (11.12) と (11.28) から $|E^{(\omega)}| = \langle \alpha \| \hat{E}^{(\omega)} \| \alpha \rangle = \sqrt{\langle \alpha \| \hat{E}^{(\omega)} |^2 | \alpha \rangle} = \mathcal{E} |\alpha| = \mathcal{E} \sqrt{\bar{n}}$ で与えられる.ΔE をこれに比べると,相対的ゆらぎは

$$\left|\frac{\Delta E}{E^{(\omega)}}\right| = \frac{1}{\sqrt{\bar{n}}} \tag{5.3}$$

となる.図5.2(a)にこの様子を複素平面上で表す.ここで $\bar{n}$ は出力の平均光

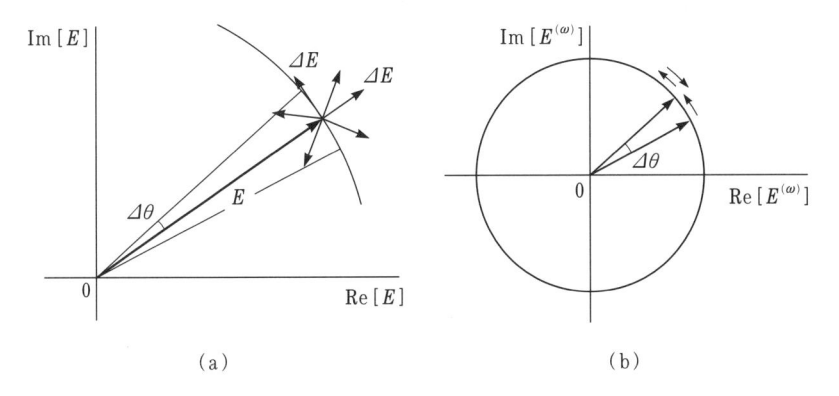

図5.2 レーザー光の電場のゆらぎ
(a) 振幅と位相のゆらぎ,(b) 周波数のゆらぎ

子数である.これは出力パワーに比例するから,レーザー出力の相対的ゆらぎは出力に反比例して小さくなることがわかる.これをパワーによる出力の安定化という.

位相のゆらぎ

さて,上記の自然放出光によってレーザー光の位相もゆらぐ.複素平面上で,1回の自然放出光子の放出によって $E^{(\omega)}$ は ΔE だけ変化する.そのときの平均の位相変化 $\Delta\theta$ は半径 $|E^{(\omega)}|$ の円周上に ΔE を射影してその2乗平均をとれば,それに対する中心角で表される.ゆえに,それは

$$\Delta\theta = \frac{1}{\sqrt{2}}\left|\frac{\Delta E}{E^{(\omega)}}\right| = \frac{1}{\sqrt{2\bar{n}}} \tag{5.4}$$

である.

周波数のゆらぎ

この中心角の変化の速さが周波数ゆらぎになる.その分布の広がりから単一モードレーザーのスペクトル幅が計算できる.共振器内部の光子密度が $\bar{n}$ のとき外部に単位時間当りに逃げ出す光子数を $\Gamma\bar{n}$ とする.Γ は出力鏡から取り出される有用な光とその他のすべての損失も含む.定常状態では $\Gamma\bar{n}$ は原子から単位時間に放出される光子数に等しくなる.(4.25)によってこのうち $1/(\bar{n}+1) \approx 1/\bar{n}$ が自然放出の光子である.したがって,単位時間当りの自然放出の回数は Γ であり,t 時間当りでは Γt である.

電場 $E(t)$ は自然放出の度ごとに図5.2(b)のように半径 $|E^{(\omega)}|$ の円周上を中心角でいって歩幅 $\Delta\theta$ でランダムウォークする.t 時間で Γt 回ランダムに歩くときに進む平均の中心角は1回の歩幅の $\sqrt{\Gamma t}$ 倍すなわち $\sqrt{\Gamma t}\,\Delta\theta$ となる.ゆえに $E^{(\omega)}(0)$ と $E^{(\omega)}(t)$ の間の角度が θ だけ離れる確率は正規分布

$$P(\theta) = \frac{1}{\sqrt{2\pi\Gamma t}\,\Delta\theta}\exp\left[-\frac{\theta^2}{2(\sqrt{\Gamma t}\,\Delta\theta)^2}\right] \tag{5.5}$$

で表される.位相の拡散の効果は $E^{(\omega)}(t)$ の $E^{(\omega)}(0)$ への射影の減少によって表すことができる.その射影の平均値は

§5.1 光子計数分布と強度ゆらぎ，位相ゆらぎ，スペクトル幅　69

$$\langle |E^{(\omega)}(0)||E^{(\omega)}(t)|\cos\theta\rangle = |E^{(\omega)}|^2 \langle\cos\theta\rangle$$

$$= |E^{(\omega)}|^2 \int P(\theta)\cos\theta\, d\theta$$

$$= |E^{(\omega)}|^2 \exp\left[-\frac{(\sqrt{2\Gamma t}\, \Delta\theta)^2}{4}\right]$$

$$= |E^{(\omega)}|^2 \exp\left[-\frac{\Gamma t}{4\bar{n}}\right] \qquad (5.6)$$

となる。† この指数関数的な減衰のフーリエ変換は

$$\int_{-\infty}^{\infty} \exp\left(-\frac{\Gamma |t|}{4\bar{n}}\right)\exp(-i\omega t)\, dt = \frac{2\left(\dfrac{\Gamma}{4\bar{n}}\right)}{\omega^2 + \left(\dfrac{\Gamma}{4\bar{n}}\right)^2}$$

である。†† この周波数分布の幅が $E^{(\omega)}(t)$ のもっている中心周波数のゆらぎの範囲である。ゆえに，その半値半幅をとって，求める周波数ゆらぎは

$$\delta\omega = \frac{\Gamma}{4\bar{n}} \qquad (5.7)$$

となる。これは $\bar{n}$ に反比例しているから，出力のスペクトル幅はパワーに反比例して狭くなることを示す。これは E が大きくなると円周上のステップ幅を見込む角が小さくなって角度変化の速さが遅くなるためである。レーザー光の単色性は主としてこれによって決まる。

この式の Γ を共振器の **Q 値**を用いて表すこともできる。Q は「共振器に蓄えられたエネルギー」を「共振器から単位時間に失われるエネルギー」で割って ω を掛けたものであるから，$\Gamma = \omega/Q$ と置くことができる。ゆえに

$$\delta\omega = \frac{\omega}{4\bar{n}Q} \qquad (5.8)$$

となる。また，出力として取り出されたパワー $P = (\omega/Q)\bar{n}\hbar\omega$ と共振器の共鳴幅 $\Delta\omega = \omega/(2Q)$ を用いて表すと，

---

† 公式 $\displaystyle\int_{-\infty}^{\infty} e^{-a^2 x^2}\cos x\, dx = \frac{\sqrt{\pi}}{a}e^{-1/4a^2}\quad (a>0)$ を用いる。

†† 公式 $\displaystyle\int_{0}^{\infty} e^{-ax}e^{-ibx}\, dx = \frac{a-ib}{a^2+b^2}\quad (a>0)$ を用いる。

$$\delta\omega = \frac{\hbar\omega\Delta\omega^2}{P} \quad (5.9)$$

とも書ける．

電場 $E^{(\omega)}(t)$ のゆらぎを図示すると図5.3のようになる．振幅は平均値に引きもどされながらその周りにゆらぐが，位相は引きもどされる中心がなく，時間がたつと 0 から 2π の間を一様に拡散して埋めてしまう．この電場 $E(t)$ は，自然放出の場合の図4.4と全く異なり，細いリング上に分布する．

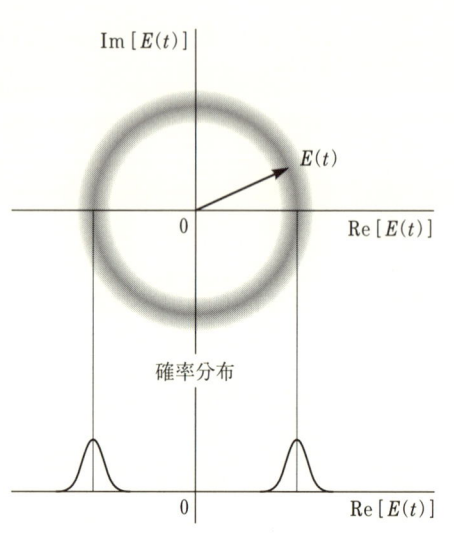

図5.3 レーザー光の電場のゆらぎと確率分布

§5.2 レーザー光のコヒーレンス

前節の強度ゆらぎや位相ゆらぎ，スペクトル広がりなどはコヒーレンスの良さとしてまとめて考えることができる．コヒーレンスという概念は波動現象のさまざまな場合に用いられるが，ひとことでいえば波の規則性の良さである．すでに(4.7)にあるように，振幅と位相の雑音 $e_n(t)$ と $\phi_n(t)$ が小さければよい．特に波の周期性に着目すると，位相の連続性が良いこと，位相に飛びがないことが重要である．波としての規則性の良さは，隣り合った2つの時間あるいは場所の波を重ね合わせたときによく重なるということである．干渉実験においてはこれは干渉性の良さである．そこでコヒーレンスを可干渉性と訳すこともある．しかし，干渉実験を前提としない場合にもコヒーレンスが問題になる場合が多い．第8章では原子の集合体にコヒーレンスという概念を用いる．第11章では量子化された特別な状態を指してコヒーレント状態という．

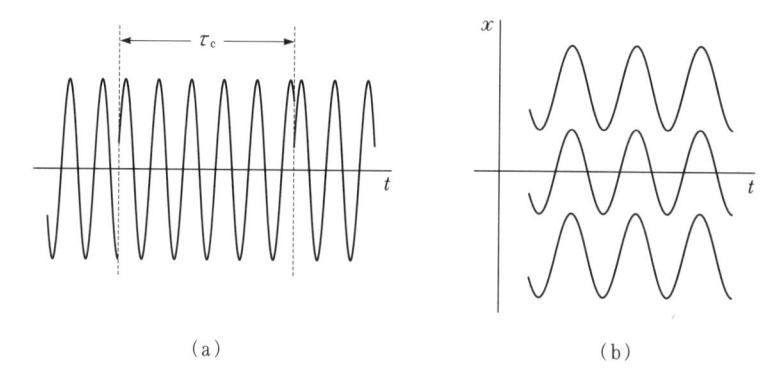

図 5.4 レーザー光の (a) 時間的コヒーレンスと (b) 空間的コヒーレンス

時間軸上の位相の連続性の良さを**時間的コヒーレンス**という．図 5.4(a) に示すように位相の連続する平均時間 τ_c を**コヒーレンス時間**という．これは $E(t)$ の相関関数を測定して決めることができる (§10.1)．レーザー光の場合はレーザー媒質の各原子は誘導放出をしながら，伝播に必要な位相遅れをともなって光を放出するから，時間的に位相の連続した光になる．普通の放電管中の気体原子からの蛍光のドップラー幅 $\Delta\nu = c\Delta(1/\lambda)$ は $\Delta(1/\lambda)$ で測って $10^{-2}\,\mathrm{cm}^{-1}$ 程度ある．一般に $\Delta\nu = \nu - \nu'$ の 2 つの波がそろっている時間 Δt は $1/\Delta\nu$ 程度であるから，このような幅をもつ光のコヒーレンス時間は $\tau_c = \Delta t = 1/[c\Delta(1/\lambda)]$ 程度である．したがって，この場合は $\tau_c = 3 \times 10^{-9}$ s 程度になる．これに対して機械的・温度的に安定化した気体の HeNe レーザーの $\lambda = 632.8\,\mathrm{nm}$ の線では線幅は $10^{-10}\,\mathrm{cm}^{-1}$，コヒーレンス時間 τ_c は長く 0.3 s になる．

光の進行方向に垂直な断面上の位相のそろい方を**空間的コヒーレンス**という．レーザー光の場合には横に並んだ各原子は同位相で放出するから，図 5.4(b) のように外部ではビーム断面全体にわたって位相のそろった光になる．厳密にいえば (2.24) の球面波の波面上の原子が同位相にそろう．半径方向の分布が単一横モードの光は指向性がよく，**回折による広がり**の半頂角

は (2.25) によって

$$\theta = \frac{\lambda}{\pi\omega_0} \quad (5.10)$$

である．$\lambda = 633$ nm，$\omega_0 = 1$ mm では $\theta = 0.2$ mrad で，10 m 離れた点のビーム半径 ω' は 2 mm に

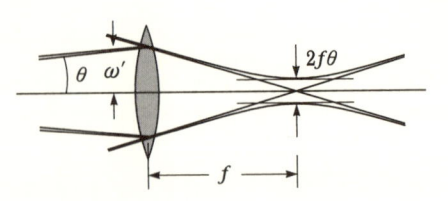

図 5.5　レーザー光の集光

しかならない．(半径方向の分布が単一のガウス関数でない高次の横モードの光では横方向の位相の並び方は複雑になり，広がりはもっと大きくなる．)

　焦点距離 f がレーザーのくびれ位置の z_{01} より十分短いレンズを用いると，この半径 ω' のビームは，$\theta = \lambda/\pi\omega'$ として，[問題 2.7] と同様に $f\theta$ の半径に集光される (図 5.5)．上記の半径 2 mm の光では $\theta = 0.1$ mrad であるから，$f = 1$ cm のレンズで集光すると直径 2 μm に集められる．

§5.3　レーザー光の強度と短パルス性，モード同期

　レーザー光は強いといわれるが，それはどういう意味だろうか．レーザー出力は当然入力電力より小さく，その効率は 1 % から 10 % のものが多い．その意味では決して強くはない．しかし，レーザー光は空間的コヒーレンスが良く，指向性が良いため，回折限界にレンズで集光できるので，そのエネルギー密度を極めて高くすることができる．前節の広がり角をもつパワー P の光を焦点距離 f のレンズで集光すると，単位断面積当りのパワーは

$$\frac{P}{\pi(f\theta)^2} \quad (5.11)$$

となる．たとえば，$P = 1$ W，$f = 1$ cm，$\theta = 0.2$ mrad では 8 MW/cm^2 になる．

　また，レーザー光はその時間的コヒーレンスが良いために，そのパルス波形を制御することができる．そのひとつの方法は多くのモードを規則的に重ね合わせるモード同期発振である．(4.28) のモード間隔を $\Delta\omega_m$ として，多モ

§5.3 レーザ光の強度と短パルス性，モード同期 73

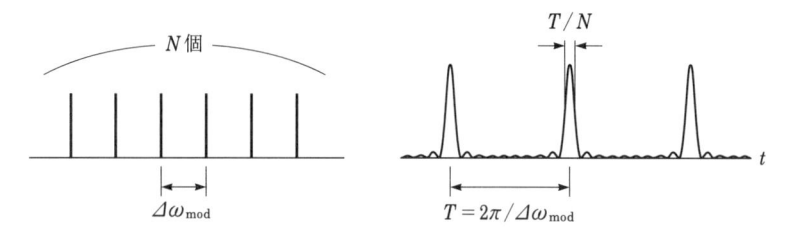

図5.6 モード同期発振

ードの電場を $E(t) = \sum_\nu E_\nu \exp\{-i[(\omega_0 + \nu\Delta\omega_m)t + \phi_\nu]\}$ ($\nu = 0$, $\pm 1, \pm 2, \cdots$) と表したとき，ϕ_ν が時間的に一定とすると，電場は周期 $T = 2\pi/\Delta\omega_m = 2L/c$ の周期的波形となる．これを**モード同期**という．もっとも有用な場合は ϕ_ν が ν によらない場合である．簡単のために $\phi_\nu = 0$, $E_\nu = 1$ とし，ν を $\pm(N-1)/2$ まで加えると，$E(t)$ およびそのパワー $P(t)$ は

$$E(t) = e^{-i\omega_0 t}\frac{\sin\left(\frac{N\Delta\omega_m t}{2}\right)}{\sin\left(\frac{\Delta\omega_m t}{2}\right)}, \quad P(t) \propto \frac{\sin^2\left(\frac{N\Delta\omega_m t}{2}\right)}{\sin^2\left(\frac{\Delta\omega_m t}{2}\right)} \quad (5.12)$$

となる．その結果，図5.6のように分母がゼロになる点で，鋭いピークが周期 $T = 2\pi/\Delta\omega_m$ で現れ，その振幅は一つのモードの振幅 E_ν の N 倍になる．そのピークの幅（パルス幅）は分子がゼロになる時間から，$N\Delta\omega_m t/2 = \pi$ で与えられる．このパルス幅 Δt はパルス間隔 T の $1/N$ になる．あるいはパルス幅と発振の全スペクトル幅 $\Delta\nu = N\Delta\omega_m/2\pi$ の間には

$$\Delta t \Delta \nu = 1 \quad (5.13)$$

の関係があるといってもよい．モード同期は共振器内で発振光に対する損失などを周期 T で変化させることによってできる．$N = 10^4$ から 10^6 個のモードが位相をそろえて重ね合わせられると，ピコ秒あるいはフェムト秒のパルスを発生する．

─ 例題 5.1 ─

モード同期波形のモデルとして $f_n = \sin[(10 + 0.125n)\pi t]$ ($n = 0$,

74 5. レーザー光の性質, 種々のレーザー

$1, 2\cdots$) の和, f_0, f_0+f_8, $f_0+f_4+f_8$, $f_0+f_2+f_4+f_6+f_8$, $f_0+f_1+f_2+\cdots+f_8$ の波形を計算機によって描け.

[解]

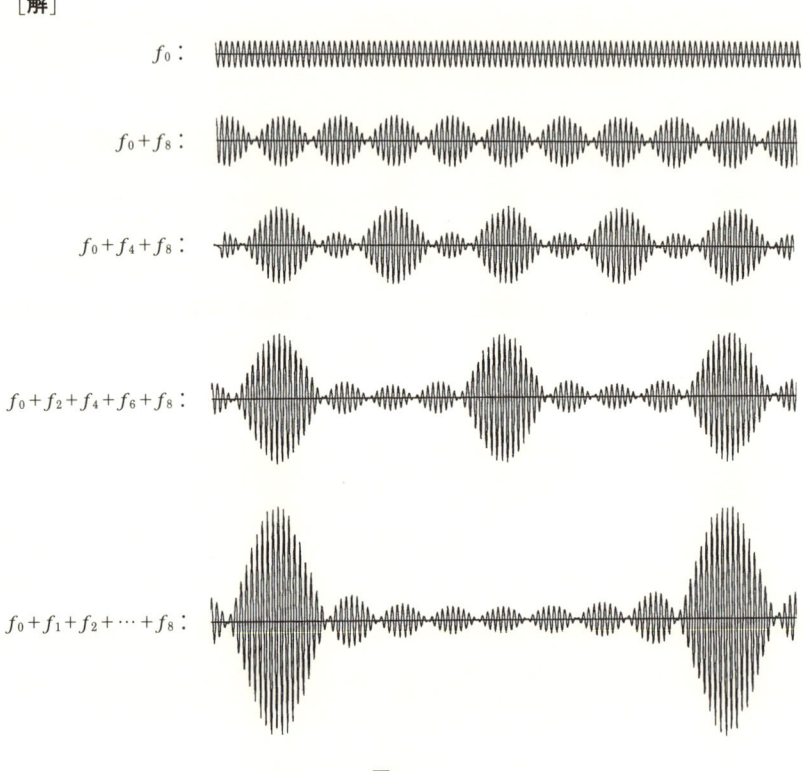

図 5.7

§5.4 3 準位レーザーと 4 準位レーザー

　光励起などによって基底状態にいる原子を励起して反転分布を作るレーザーには準位の構成によって 3 準位レーザーと 4 準位レーザーがある. **3 準位レーザー**は図 5.8(a) のように基底準位 1 とポンピングのための励起準位 2, およびレーザー遷移の上準位 3 によって構成される. レーザー遷移は準位 3

§5.4 3準位レーザーと4準位レーザー

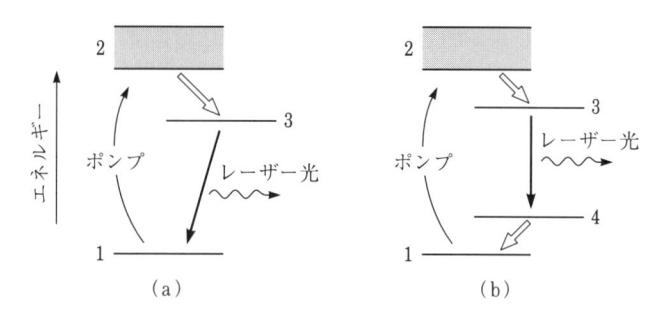

図5.8 3準位レーザー(a)と4準位レーザー(b)

と準位1の間で起こる．準位1は原子の基底状態あるいは熱平衡状態で十分に分布確率の大きい準位である．準位2には光励起や電子衝突あるいは原子衝突励起によって準位1からの強い遷移が起こる．固体の媒質の場合には強い吸収バンドが選ばれる．準位3は準位1との間で反転分布を作る．そのために，準位3は準位2からの速い緩和によって分布の供給を受けるが，これから準位1への緩和は遅いことが望ましい．これらの緩和には光を放出（自然放出）する輻射遷移あるいは原子分子間の衝突や，固体の中の分子運動や格子振動にエネルギーを渡して遷移する無輻射遷移がある．

この3準位レーザーの場合には準位3と準位1の間で反転分布を作るためには，準位1の分布の半分以上を準位2にポンプしなければならない．一般にこれは困難で，これを容易にするのが次の4準位レーザーである．

4準位レーザーでは図(b)のように第4の準位としてレーザー遷移の下準位4が加わる．初めに原子がこの準位にいなければ，準位3の分布がわずかでも準位3と4の間に反転分布ができる．そのためには準位4が準位1より十分高く，その差が媒質の温度のボルツマンエネルギー k_BT 以上であればよい．さらに発振が持続するためには，発振して準位4に落ちてきた分布は速やかに準位1にもどることが望ましい．多くのレーザーは4準位レーザーである．

§5.5 固体レーザー

1958年にレーザー（光メーザー）理論の論文が提出されて，最初に発振に成功したのが**ルビーレーザー**である（マイマン，1960年）．ルビーは無色透明なアルミナ Al_2O_3 の結晶（サファイヤ）に Cr^{3+} イオンを不純物として含み，ピンク色に着色している．この Cr^{3+} がルビーレーザーの活性イオンで，発振波長は 694.3 nm である．Cr^{3+} イオンのエネルギー準位を図 5.9(a) に示す．

使われるルビー結晶の大きさは直径 1 cm 程度，長さは 数 cm 程度である．そのポンピングは強力なキセノン放電ランプの白色光で行う．その光によって Cr^{3+} の電子は基底準位 $^4A_2$ から吸収帯 $^4F_2$ と $^4F_1$ の準位に励起される．この電子は約 5×10^{-8} s の短時間に，格子振動（フォノン）にエネルギーを放出して ^2E 準位に落ちる（これは無輻射遷移である）．その準位からの自然放出寿命は長く（約 3×10^{-3} s），多数の電子がそこに溜まることができる．そこで，基底準位との間で反転分布ができる．したがって，ルビーレーザーは

(a) ルビーレーザー　　(b) Nd YAGレーザー　　(c) Tiサファイヤレーザー

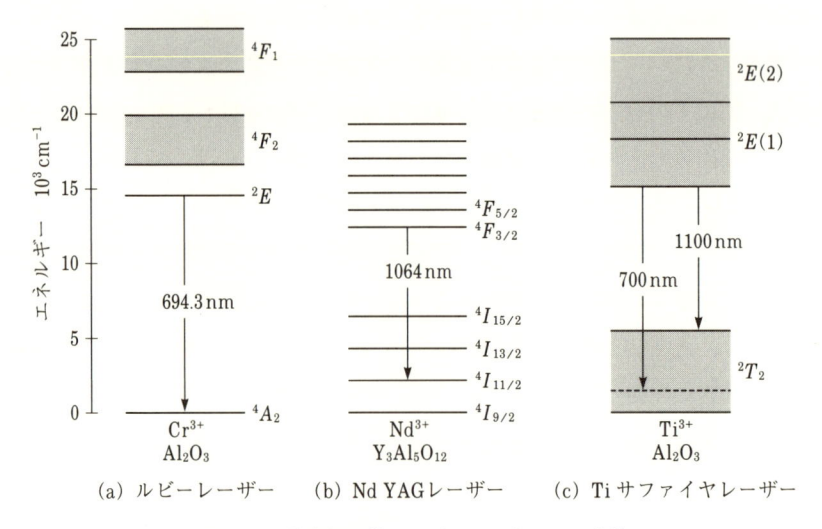

図 5.9 代表的固体レーザーのエネルギー準位

3準位レーザーである．瞬間的なフラッシュランプで励起するため，発振もパルス的に起こる．

これに対して4準位レーザーで，連続波(CW)発振の可能なレーザーとして，固体レーザーの中でこれまでもっとも広く用いられてきたのは**YAG(ヤグ)レーザー**である(ギューシック, 1964年)．これはイットリウム・アルミニウム・ガーネット($Y_3Al_5O_{12}$)結晶にNd^{3+}を活性イオンとして入れたもので，波長$1.064\,\mu m$の近赤外線で発振する．そのエネルギー準位を図5.9(b)に示す．ポンピングは13000と$25000\,cm^{-1}$の間の多数の吸収バンドで行う．レーザー遷移は$^4F_{3/2}$から$^4I_{11/2}$準位への遷移である．この下の準位は基底準位から$2111\,cm^{-1}$の高さにあるので，室温ではその分布は基底準位のe^{-10}倍しかない．そこで4準位レーザーとしてはたらく．この遷移の自然放出のスペクトル(蛍光スペクトル)は図5.10のようになっており，$1.064\,\mu m$線の寿命は$5.5\times11^{-4}\,s$である．そこでルビーに比べて利得定数は大きく，ポンピングは容易であり，連続放電のランプを用いてCW発振が可能になる．レーザーの構成を図5.11に示

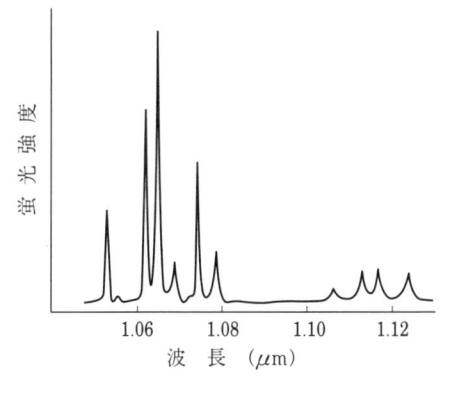

図5.10 Nd YAGレーザー結晶の蛍光スペクトル

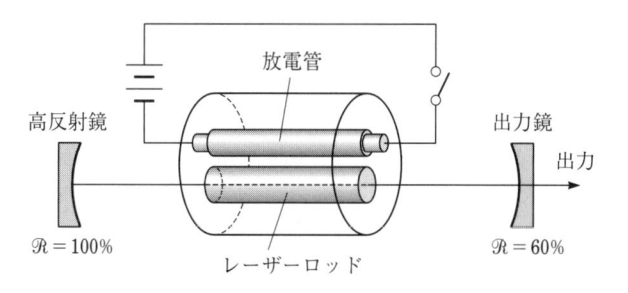

図5.11 放電管で励起する固体レーザーの構成

す.共振器のモード間隔に等しい周波数で屈折率変化をする変調器を共振器内に挿入することによって,連続波のモード同期発振も可能である.

この Nd^{3+} イオンをガラスに入れた**ガラスレーザー**が考えられた.その最大の特徴は結晶に比べて巨大な大きさのものができることである.イオンをとりまく原子の環境が YAG と異なっている上に,アモルファス状であるためレーザー遷移の波長は YAG レーザーと少しずれた $1.059\,\mu m$ で,放出光のスペクトル幅は 50 倍広い.大出力レーザーとして,直径 5 cm くらいの円柱状のもの,あるいは直径 20 cm 以上の円盤状のものも作られている.

広い範囲で波長可変の固体レーザーもある.Al_2O_3 中の Ti^{3+} イオンの基底状態は図 5.9(c) のように振動準位のために広がっている.**Ti サファイヤレーザー**(モールトン,1982)はその振動準位を終端とするもので,そのため広い波長範囲で発振が可能になる.図 5.12 にその蛍光スペクトルを示す.

励起は CW アルゴンレーザーの緑の光(488.0,514.5 nm)または CW 固体 Nd^{3+} YVO_4 レーザーの 2 倍波(532 nm)で行う.電子は広い吸収バンド ^2E のさまざまな準位に励起され,すぐにフォノンを放出してそのバンドの底に溜まる.そこから $^2T_2$ の任意の準位に遷移して,波長 700 nm から 1 μm で発振する.レーザー共振器内のプリズムなどで波長選択すれば波長可変となる.

また,スペクトル幅がこのように広いので,モード同期をさせるとフェムト秒の極めて短いパルスを作ることもできる.さらに,このレーザーでは自発的なモード同期発振が起こることが発見された.レーザー結晶中で起こる光誘起の屈折率変化(3 次の非線形効果で光カー効果という)によって,レーザー光が自分で収束し,そこで

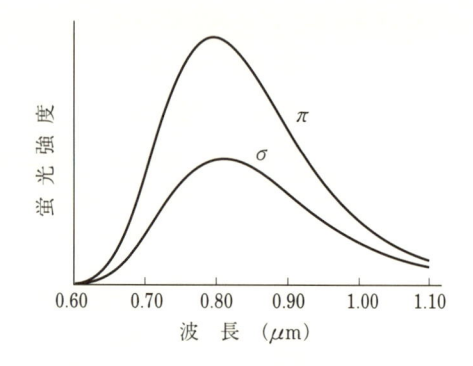

図 5.12 Ti サファイヤレーザー結晶の蛍光スペクトル.σ,π は結晶軸に垂直な偏光とそれに垂直な偏光.

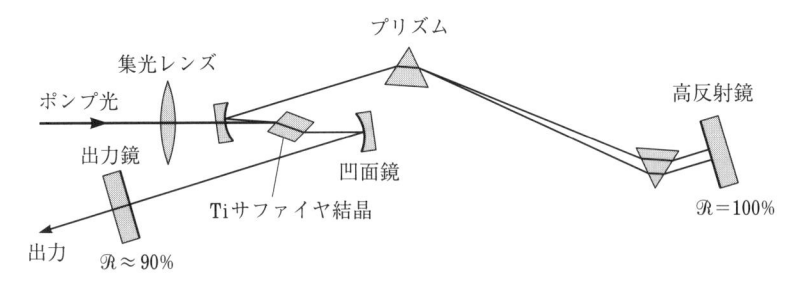

図 5.13 フェムト秒Tiサファイヤレーザーの構成

強くなった電場によって屈折率が時間的に周期的に強く変調される効果とされている．これは極めて簡便なモード同期法である．この発振で17 fsの超短パルスが得られている．図5.13にこの自己モード同期発振レーザーの配置図を示す．波長可変性と超短パルス性によってTiサファイヤレーザーは急速に利用されるようになった．

[**問題 5.1**] 共振器長1.8 mのTiサファイヤレーザーをモード同期させるとき，発生するパルス列の周期とパルスのくり返し周波数はいくらか．（結晶の長さは共振器全体の長さに比べて十分小さい．）縦モード間隔は何nmか．これは分解能0.1 nm程度の普通の回折光子分光器で分解できるか．発振が800 ± 20 nmの範囲で起き，この中に含まれるすべてのモードがモード同期発振に寄与すると仮定すると，一つのパルス幅はいくらになるか．

§5.6 気体レーザー

最初の気体レーザーとして成功したのが**He‐Neレーザー**である（ジャバンら，1961）．そのエネルギー準位図は図5.14のようになっている．He原子がまず励起され，そのエネルギーは準安定状態の$2\,^1S$と$2\,^3S$に溜まる．Ne原子との衝突によってそのエネルギーはNeに移り$3s_2$と$2s_2$準位を代りに励起する．これらを上準位にして，$2p_4$などを下準位として，632.8 nmや1.152 μm など数本の線で発振する．中でも632.8 nmの赤い連続光はもっともよく知られている．発振気体をガラス管に封入した気体レーザーの構成を

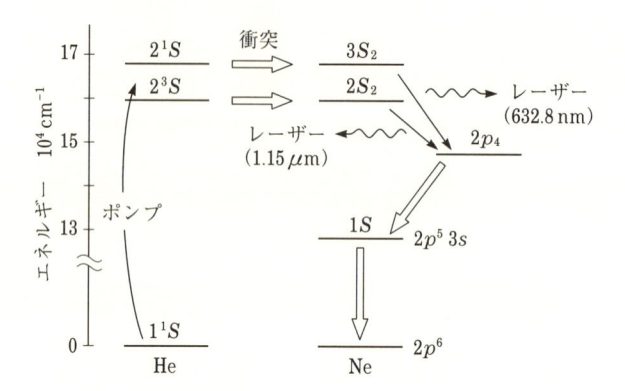

80   5. レーザー光の性質，種々のレーザー

図 5.14　He-Ne レーザーのエネルギー準位

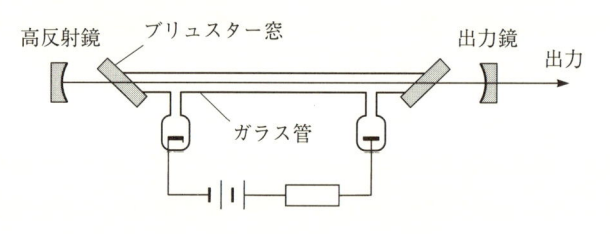

図 5.15　気体レーザーの構成

図 5.15 に示す．

[**問題 5.2**]　He-Ne レーザーの 632.8 nm 発振線の反転分布のしきい値を (4.45) によって求めよ．ただし，この遷移の自然寿命は $1/A = 10^{-7}$ s, 不均一広がりは $\Delta\omega$ を $g(\Omega_0)\Delta\omega = 1$ (Ω_0 は広がりの中心周波数) の関係によって定義すると, $\Delta\nu = \Delta\omega/2\pi = 10^9$ s^{-1} である．共振器内の損失は無視して $\Gamma_{\text{eff}} = 0$, 波長は $\lambda = 2\pi c/\omega = 632.8$ nm, 2 枚の鏡の反射率とその間隔は $\mathcal{R}_1 = 1$, $\mathcal{R}_2 = 0.98$, $l = L = 0.24$ m とせよ．

　強力で短波長の CW レーザーとしてよく用いられるのは**アルゴンレーザー**である (ブリッジズ, 1964)．アルゴンを封入した放電管に数 10 A の大きな電流を流してアルゴンイオンを作り, その多数の準位間で 20 本以上の線で発振を起こす．図 5.16 に示すように, 放電によって加速された電子が原子と

衝突して中性原子をイオン化させ,それからさらに高い準位へ励起する.このレーザーは短波長のためにラマン分光の光源として用いられるほかに,前節のように他のレーザーの励起にも盛んに用いられている.

§5.7 色素レーザー

液体を溶媒とするレーザーの中で唯一重要なのが色素レーザーである.可変波長レーザーとして広く用いられている.有機色素は可視光において強い吸収を示すが,逆にこれは効率の良い蛍光の発光をともなう.そしてこれは可視光付近で広い波長範囲におよぶ.10数種類の色素を用いれば,約 380 nm から 950

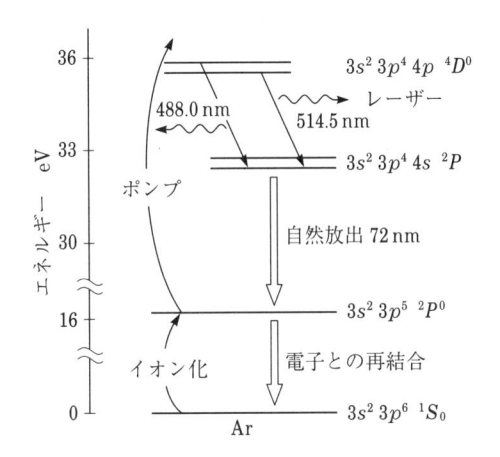

図 5.16 アルゴンレーザーのエネルギー準位

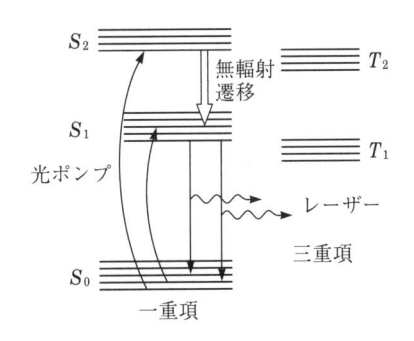

図 5.17 色素レーザーのエネルギー準位

nm の波長範囲を尽くすことができる.図 5.17 のように基底準位は S_0 と記され,励起軌道の準位は S_1, S_2 あるいは T_1, T_2 と記される.それぞれには横線で示される多数の分子振動の準位が付随している.S_1, S_2 は励起された磁気的スピンが残りの分子のスピンと反平行になっている一重項状態,T_1, T_2 は平行の三重項状態である.一重項状態と三重項状態の間の遷移はスピン反転が必要なので遷移確率は小さい.ポンピングは S_0 から S_1 あるいは S_2 にアルゴンレーザー (488 nm など) あるいは YAG レーザーの 2 倍波 (530 nm) などのレーザーを用いて行う.発振は S_1 の最低準位から S_0 の任意の準位へ

遷移して起こす．色素はエタノールやトリクロロエチレンなどに溶かして，容器に入れて循環させたり，リボン状のジェットにして空中を飛ばしたりする．パルス発振や CW 発振，フェムト秒の CW モード同期発振が用いられる．

§5.8 半導体レーザー

固体の絶縁体では図 5.18(a) のように結合にあずかる電子が入った価電子帯までが電子でちょうど一杯になっている．金属などの導体では図 (b) のようにそれより余分な電子があって，それらは伝導帯に入っている．価電子帯の電子は各原子に束縛されて電気伝導には寄与せず，伝導帯の電子は束縛されずに自由電子として伝導にあずかる．

半導体では禁制帯の幅（バンドギャップ）が熱励起によって飛び越えられる程度に小さい場合には温度に依存した伝導率をもつ．これを真性半導体という（図 (c)）．しかし，母体原子より大きな原子価をもつ不純物原子が入るとその電子が伝導帯に入り，伝導が生ずる（図 (d)）．また，母体原子より小さな原子価の不純物が入ると，価電子帯の電子を奪って価電子帯に正孔を作り，伝導率が出てくる（図 (e)）．前者は n 型半導体，後者は p 型半導体とよばれる．これら伝導にあずかる電子と正孔をキャリヤーという．

真性の GaAs や $Al_xGa_{1-x}As$ （Ga 原子の一部を x の割合だけ Al 原子で置

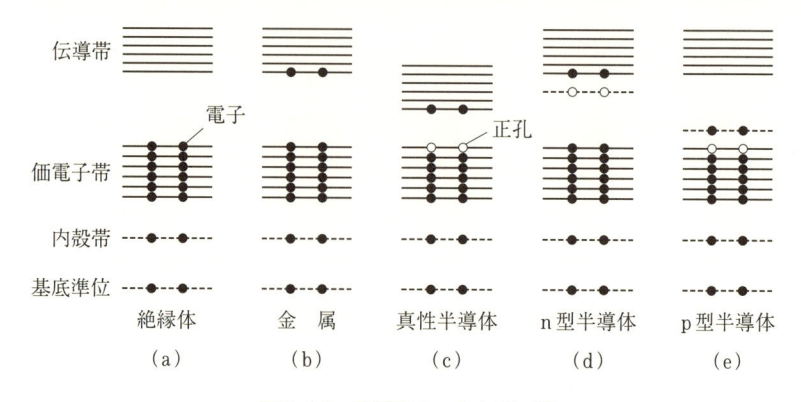

図 5.18 半導体のエネルギー帯

§5.8 半導体レーザー

き換えたもの）のいわゆるⅢ-Ⅴ族の半導体結晶に6価の不純物Teを入れるとn型半導体ができる．逆に，2価の不純物Znを入れるとp型半導体ができる．

n型半導体では電子は高いエネルギーの伝導帯にいるが，低い価電子帯には空席がないので落ちてくることができない．そこでレーザーを実現するために，n型半導体とp型半導体を接触させてつないだp-n接合を考える（図5.19）．n型半導体に負の電圧，p型半導体に正の電圧をかけると，電子と正孔は接合面を越えて互いに反対の領域に侵入する．このとき，侵入した領域では伝導帯に電子が，価電子帯に正孔ができることになる．そこで電子は価電子帯に遷移して光を放出する．これを電子と正孔の再結合という．

このような発光を用いた半導体レーザーの原理は日本で渡辺 寧と西沢潤一によって提案されたが（1957），ゼネラルエレクトリック研究所（Hall, 1962）などで初めて実験に成功した．その後，発光効率を飛躍的に向上させる努力を経て今日に至っている．その基本は**二重ヘテロ接合**とよばれるもので，図5.20のように接合面の中央にレーザー作用のあるGaAs（砒化ガリウム）の薄い活性層を置き両側からn

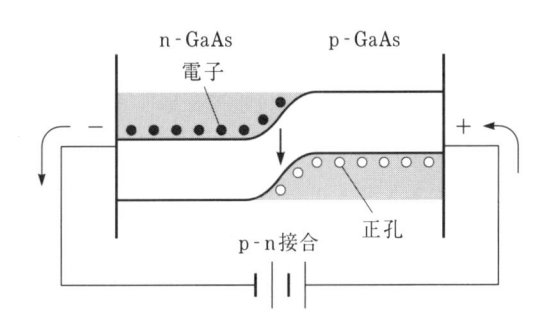

図5.19 p-n接合レーザー（レーザー光は紙面に垂直）

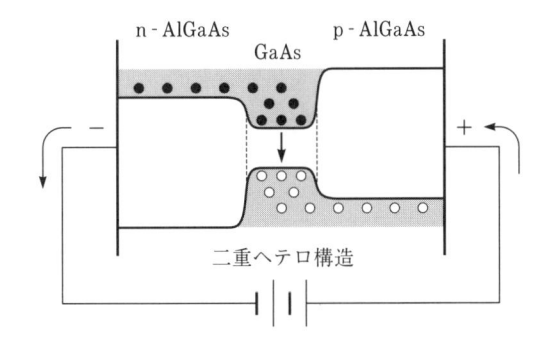

図5.20 二重ヘテロ接合レーザー

型 $Al_xGa_{1-x}As$ と p 型 $Al_xGa_{1-x}As$ の閉じ込め層（クラッド層）ではさむ．GaAs は $Al_xGa_{1-x}As$ より小さな禁制帯幅をもつから，伝導帯電子に対しても価電子帯の正孔に対してもポテンシャルエネルギーが低くなり，これらの電子と正孔は GaAs 層に集まる．また，GaAs は $Al_xGa_{1-x}As$ より大きな屈折率をもつので，放出された光は全反射によって GaAs 層に閉じ込められる．そのために光とキャリヤーの間の相互作用（誘導放出）が強く起こり，光とキャリヤーの無駄な損失も少なくなる．

半導体レーザーはこのような接合面に電流を流してポンピングを行う．活性層の厚さは 1 μm，幅は 10 μm，レーザー光の方向の長さは数100 μm の程度である．共振器には結晶の劈開面を用いる．p−n 接合では室温の発振に数 kA/cm^2 の電流を要するが，二重ヘテロ構造では発振のしきい値は小さく 1 kA/cm^2 以下である．波長は GaAs で 890 nm，活性層にも Al を少し混ぜた $Al_{0.3}Ga_{0.7}As$ は 680 nm 付近で発振する．活性層に $Ga_{1-x}In_xAs_{1-y}P_y$，閉じ込め層に InP を用いたレーザーは 1～1.7 μm で発振し，長距離光ファイバー通信の光源として重要である．

[**問題 5.3**] 波長 790 nm で発振する $Al_xGa_{1-x}As$ レーザーの縦モード間隔は何 nm か．ただし，屈折率は 3.5 であり，結晶の長さ（共振器長）は 300 μm とする．複数のモードが同時に発振したときこのモードは[問題5.2]と同じ分光器で分解できるか．

[**問題 5.4**] 半導体レーザーでは，温度 T が上がると(格子定数が大きくなってバンドギャップが小さくなり)屈折率 n が増加する．さらに，結晶の長さ L も伸びる．$Al_xGa_{1-x}As$ レーザーの場合に $\partial n/\partial T = 1 \times 10^{-4} K^{-1}$ および $(1/L)\partial L/\partial T = 5 \times 10^{-6} K^{-1}$ として，ある一つのモードの発振波長の温度変化率を求めよ．

最近は緑から青の領域で半導体レーザーの開発が競って行われた．活性層に ZnCdSe を，閉じ込め層に ZnMgSSe を用いたセレン化亜鉛系の青緑色レーザーが 1991 年に成功した．波長は 515～490 nm 付近である．さらに，活

性層に InGaN, 閉じ込め層に AlGaN を用いた窒化ガリウム系の青色レーザーが 1995 年に日亜化学(中村修二)によって成功した. 波長は 396 ~ 420 nm 付近である.

半導体レーザーでは放出光子を制御することによって強いスクイーズド状態の発生が可能で, 量子光学的にも重要である.

マクスウェルの電磁気学とエーテル

19 世紀の半ばに物理学者達は電気とは磁気とは一体何なのか, またそれらの関係はどうか, またエーテルとは何か, という三つの大きな問題に直面していた.

マクスウェルは 1861 年に電流がどのように磁場を作るかを説明する模型を考えた. まず, 電線は真っ直ぐなノコギリのようになっていて, 両側に歯がついている. その周りのエーテルの空間には多数の歯車が層状に詰まっていて, ノコギリが電流方向に動くと, その方向に向かって右側の 1 層目は時計方向に, 左側の 1 層目は反時計方向に回転する. すると, 次の 2 層目は反対方向に回転する. 以下奇数層と偶数層の歯層は次々に反対方向に回転する. このうち反時計方向に回転する歯車が空間の中に生じた磁場を表すと考えると, この模型はエルステッドの実験をよく説明する. (もちろん, 時計方向に回転する歯車は何なのかについてまでは, この模型は当てはまらない.) その後の研究でマクスウェルはいつもこの模型を頭に描いていた. (Oliver Lodge: *Modern Views of Electricity* (MacMillan, London, 1889))

ついに彼は彼の名前を冠した四つの方程式によって電気と磁気を結びつけることに成功した. そして振動電荷が電磁波を放出すること, その速度が光の速度に極めて近いことから光は電磁波であることを結論するに至った. 彼は 1873 年に 2 巻の "電気および磁気学" を出版した.

この本にはエーテルのことは述べられていない. (それは科学的著書として実験的に証明可能なこと以外は載せるべきではないと考えたからであろう.) しかし, 彼が書いたブリタニカ百科事典 (第 9 版) のエーテルの項の記述によって, 宇宙空間に満ちていると仮定されるエーテルの実在性について, 彼は全く疑いをもっていなかったとされている.

6 非線形光学

強いレーザー光が得られるようになって最初に生まれた分野が非線形光学である．1960 年のルビーレーザーの最初の発振の翌年にはその光の 2 倍周波数の紫外線発生が行われ，これは光領域の非線形性を強く印象づけた．非線形効果によって入射光と異なる新しい周波数や方向をもった光が発生し，これまで定数と考えられてきた屈折率や吸収率，透過率が変化すると考えなければならなくなった．その効果は非線形性の次数や入射光の周波数，方向などによって極めて多彩である．第 3 章と第 4 章に扱った線形感受率の飽和も非線形効果の一つであった．

本章ではもっとも一般的な非線形効果の基本として 2 次高調波発生についてくわしく述べ，さらに量子光学で重要なパラメトリック増幅と，レーザー分光でよく用いられる 4 光波混合について述べる．

§6.1 非線形分極

通常の電磁気学では，常誘電体や常磁性体の電気分極 P や磁気分極 M は

$$P = \varepsilon_0 \chi E, \quad M = \mu_0 \chi_m H \tag{6.1}$$

と表し，その係数の感受率 χ や χ_m は定数と考える．このように外部入力の電場や磁場に対して物質の応答が比例している場合を線形（線型，linear）応答という．これに対して，電場や磁場を強くしていくと物質の応答は外部入力の大きさに比例しなくなる．これを非線形（非線型，nonlinear）応答という．

光の電場に対してはレーザー以前には線形応答による線形分極のみが知られていた．ところが，強いレーザー光に対しては電場の 2 次，3 次に比例する

§6.1 非線形分極

非線形分極が起こることが見出された.これを

$$\begin{aligned}\boldsymbol{P} &= \boldsymbol{P}^{\mathrm{L}} + \boldsymbol{P}^{\mathrm{NL}} \\ &= \varepsilon_0\chi^{(1)}\cdot\boldsymbol{E} + \varepsilon_0\chi^{(2)}:\boldsymbol{EE} + \varepsilon_0\chi^{(3)}\vdots\boldsymbol{EEE} + \cdots\end{aligned} \tag{6.2}$$

と書く.ここで2行目の第1項が**線形分極** $\boldsymbol{P}^{\mathrm{L}}$,第2項以下が**非線形分極** $\boldsymbol{P}^{\mathrm{NL}}$ である.$\chi^{(1)}$ を**線形感受率**,$\chi^{(2)}$,$\chi^{(3)}$ を2次,3次の**非線形感受率**といい,一般に,電場の偏光方向の組合せに対応したテンソルである.添字と積記号の点の数に1を加えたものがテンソルの階数(ランク)である.次数が上がるほど非線形感受率は小さくなり観測するのが困難になる.しかし,逆に光が強くなると高次数のために非線形効果は急速に大きくなる.

非線形分極において著しいことは,入射光と異なる周波数の光が発生することである.物質は電場 E の各フーリエ成分の組合せごとに異なる応答をするから,本来 (6.2) はそれぞれ異なる係数を用いて書くべきものである.たとえば,入射光を

$$\boldsymbol{E}(\boldsymbol{r},t) = \boldsymbol{E}^{(\omega)}e^{-i(\omega t - \boldsymbol{k}\cdot\boldsymbol{r})} + \boldsymbol{E}^{(-\omega)}e^{i(\omega t - \boldsymbol{k}\cdot\boldsymbol{r})}, \quad \boldsymbol{E}^{(-\omega)} = \boldsymbol{E}^{(\omega)*} \tag{6.3}$$

とすると,(6.2) の2行目第1項と第2項は

$$\left.\begin{aligned}\boldsymbol{P}^{\mathrm{L}}(\boldsymbol{r},t) &= \varepsilon_0\chi^{(1)}(\omega,\boldsymbol{k})\cdot\boldsymbol{E}^{(\omega)}e^{-i(\omega t - \boldsymbol{k}\cdot\boldsymbol{r})} + \text{c.c.} \\ \boldsymbol{P}^{\mathrm{NL}}(\boldsymbol{r},t) &= \varepsilon_0\chi^{(2)}(2\omega=\omega+\omega,2\boldsymbol{k}=\boldsymbol{k}+\boldsymbol{k}):\boldsymbol{E}^{(\omega)}\boldsymbol{E}^{(\omega)}e^{-i[(\omega+\omega)t-(\boldsymbol{k}+\boldsymbol{k})\cdot\boldsymbol{r}]} \\ &\quad + \varepsilon_0\chi^{(2)}(0=\omega-\omega,0=\boldsymbol{k}-\boldsymbol{k}):\boldsymbol{E}^{(\omega)}\boldsymbol{E}^{(\omega)*} + \text{c.c.}\end{aligned}\right\} \tag{6.4}$$

となる.ここで2つの2次の感受率をその成立の起源 ($\omega\pm\omega$, $\boldsymbol{k}\pm\boldsymbol{k}$) も含めて生じた周波数と波数ベクトルによって区別した.この非線形分極からは,周波数については $\pm\omega$ の組合せによって 2ω と 0 の新しい周波数が生じたことがわかる.波数ベクトルについても同様である.

2ω の発生は簡単には,$E(t) \propto \cos\omega t$ とするとき,三角関数の公式から $E^2(t) \propto \cos^2\omega t = (1+\cos 2\omega t)/2$ によって 2ω と 0 の周波数がでてくる

88   6. 非線形光学

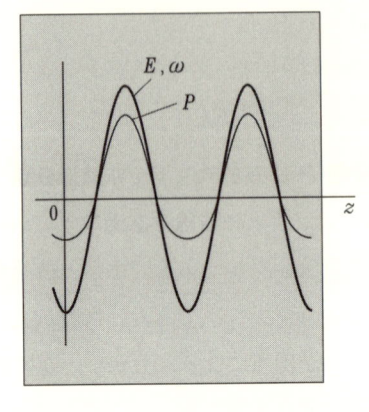

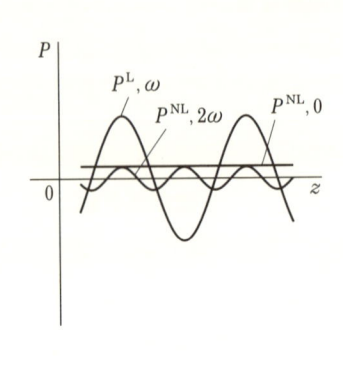

(a) 結晶内の入射光電場(周波数ω)と分極   (b) 分極のフーリエ分解

図 6.1 非線形分極とそのフーリエ分解

ことで説明できる．また，分極が電場に比例せずに，図 6.1 のように P の振動の下側がつぶれたとき，その振動には ω のほかに 2ω と 0 のフーリエ成分が含まれると説明してもよい．このときのつぶれ方で正負方向に非対称性が生じることが 2 次の非線形効果には必要である．これは次節に述べる媒質に中心対称性がないことに対応する．

もし入射光が ω_1 と ω_2 の 2 つの周波数の光の和

$$\boldsymbol{E}(\boldsymbol{r}, t) = \boldsymbol{E}_1(\boldsymbol{r}, t) + \boldsymbol{E}_2(\boldsymbol{r}, t)$$

$$\boldsymbol{E}_i(\boldsymbol{r}, t) = \boldsymbol{E}_i^{(\omega_i)} e^{-i(\omega_i t - k_i \cdot r)} + \boldsymbol{E}_i^{(-\omega_i)} e^{i(\omega_i t - k_i \cdot r)} \qquad (i = 1, 2)$$

であれば，$\omega_1 + \omega_1$，$\omega_2 + \omega_2$，0 のほかに $\omega_1 + \omega_2$ と $|\omega_1 - \omega_2|$ の 5 つの周波数の分極が生じる．$\omega + \omega = 2\omega$ の周波数の発生を 2 次高調波発生 (second-harmonic genaration, SHG)，$\omega - \omega = 0$ の発生を光整流，$\omega_1 + \omega_2$ の発生を和周波発生 (sum-frequency generation, SFG)，$|\omega_1 - \omega_2|$ の発生を差周波発生という．

進行方向についても波数ベクトルの和の方向に新しい分極が生ずる．

[**問題 6.1**] 3ω の発生の場合，図 6.1 はどうなるか．特に，P の形はどうなるか．

§6.2 非線形分極の対称性

非線形分極は媒質の対称性に依存する．もし媒質が中心対称性のある媒質（等方性媒質の空気，水，ガラスなど，立方晶系のうちダイヤモンド，NaClなど，三方晶系のうちカルサイトなど）であれば，電場を反転したら分極もそのまま反転して生ずるはずであるから，(6.2) の 2 次の感受率の項は

$$\boldsymbol{P}^{\mathrm{NL}} = \varepsilon_0 \chi^{(2)} : \boldsymbol{E}\boldsymbol{E} \rightarrow -\boldsymbol{P}^{\mathrm{NL}} = \varepsilon_0 \chi^{(2)} : (-\boldsymbol{E})(-\boldsymbol{E}) \quad (6.5)$$

となる．これらが両立するためには $\chi^{(2)} = 0$ でなければならない．ゆえに，2 次（一般に偶数次）の非線形分極は中心対称性のない媒質にのみできる．

さて，電場も分極も 3 次元ベクトルであるから，これらを結びつける感受率はテンソルになる．$i, j, k = x, y, z$ として (6.4) の各フーリエ成分の i 偏光成分は

$$P_i^{(\omega)} \equiv \varepsilon_0 \chi_{ij}^{(1)}(\omega) E_j^{(\omega)} \quad (6.6)$$

$$P_i^{(2\omega)} \equiv \varepsilon_0 \chi_{ijk}^{(2)}(2\omega = \omega + \omega) E_j^{(\omega)} E_k^{(\omega)} \quad (6.7)$$

$$P_i^{(\omega-\omega)} \equiv \varepsilon_0 \chi_{ijk}^{(2)}(0 = \omega - \omega) E_j^{(\omega)} E_k^{(\omega)*} \quad (6.8)$$

およびそれらの複素共役である．くり返して現れる添字については x, y, z について和をとるものとする．（以下 χ の中の $\boldsymbol{k}$ は省略する．）

この感受率テンソルの成分間の対称性は媒質の対称性によって決まる．(6.6) の線形感受率の場合それは 2 階のテンソルで，たとえば，等方的媒質と立方晶系では $\chi_{xx}^{(1)} = \chi_{yy}^{(1)} = \chi_{zz}^{(1)}$，かつ $\chi_{ij}^{(1)} = 0 \,(i \neq j)$ である．一軸性結晶（正方晶系，三方晶系，六方晶系）ではその軸方向を z 軸にとると $\chi_{xx}^{(1)} = \chi_{yy}^{(1)} \neq \chi_{zz}^{(1)}$，かつ $\chi_{ij}^{(1)} = 0 \,(i \neq j)$ である．

2 次の非線形感受率は 3 階テンソルである．そのうち (6.7) の 2 次高調波発生の x 成分について全部の項を書き並べると

$$\begin{aligned}
P_x^{(2\omega)} = \varepsilon_0 [&\chi_{xxx}^{(2)} E_x^{(\omega)} E_x^{(\omega)} + \chi_{xxy}^{(2)} E_x^{(\omega)} E_y^{(\omega)} + \chi_{xxz}^{(2)} E_x^{(\omega)} E_z^{(\omega)} \\
& + \chi_{xyx}^{(2)} E_y^{(\omega)} E_x^{(\omega)} + \chi_{xyy}^{(2)} E_y^{(\omega)} E_y^{(\omega)} + \chi_{xyz}^{(2)} E_y^{(\omega)} E_z^{(\omega)} \\
& + \chi_{xzx}^{(2)} E_z^{(\omega)} E_x^{(\omega)} + \chi_{xzy}^{(2)} E_z^{(\omega)} E_y^{(\omega)} + \chi_{xzz}^{(2)} E_z^{(\omega)} E_z^{(\omega)}] \quad (6.9)
\end{aligned}$$

となる．y, z 成分についても同様で全部で 27 個の係数になる．しかし，明らかなように，$E_x^{(\omega)}E_y^{(\omega)}$ と $E_y^{(\omega)}E_x^{(\omega)}$ は区別しなくてよいから，$\chi_{xxy}^{(2)} = \chi_{xyx}^{(2)}$ である．このように 2 次高調波発生の場合には後ろの 2 つの添字を交換したものは等しい（和周波発生 $E_x^{(\omega_1)}E_y^{(\omega_2)}$ の場合は等しくない）：

$$\chi_{ijk}^{(2)} = \chi_{ikj}^{(2)} \tag{6.10}$$

これによって，18 個の係数が独立な係数であることがわかる．

このほかにも個々の結晶の対称性によってテンソルの各要素間の関係が決まる．たとえば，正方晶系に属する KDP（リン酸二水素カリウム，KH_2PO_4）結晶の SHG を例にとってみる．この結晶の対称性は $\overline{4}2m$（または D_{2d}）とよばれる点群に属し，まず図 6.2(a) のように結晶軸（c 軸）の周りに 180° 回転する対称操作（記号 2_z）を行っても結晶構造は変らない．c 軸を z 軸にとると，x 方向の電場を $-x$ 方向に回転しても，x 方向の分極はそのまま $-x$ 方向に向くから

$$P_x^{(2\omega)} = \varepsilon_0 \chi_{xxx}^{(2)} E_x^{(\omega)} E_x^{(\omega)} \rightarrow -P_x^{(2\omega)} = \varepsilon_0 \chi_{xxx}^{(2)} (-E_x^{(\omega)})(-E_x^{(\omega)})$$

ゆえに，$P_x^{(2\omega)} = 0$，したがって $\chi_{xxx}^{(2)} = 0$ でなければならない．一般に，この z 軸周りの 180° 回転の対称操作は $(x \rightarrow -x, y \rightarrow -y, z \rightarrow z)$ と表せる．これらの操作から 10 個の係数が消える．$\chi_{ijk}^{(2)}$ の 3 つの添字の積の符号が変ればその $\chi_{ijk}^{(2)}$ は消えると言い換えることもできる．

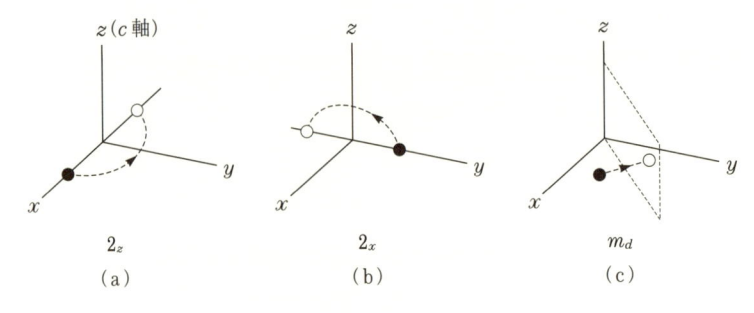

2_z (a) 2_x (b) m_d (c)

図 6.2 KDP 結晶の対称操作

また，図 (b) のように x 軸の周りの $180°$ 回転 (2_x) が許される．一般に，この対称操作は $(x \to x,\ y \to -y,\ z \to -z)$ と表せる．この操作で，さらに5個の係数が消える．

さらに，図 (c) のように $x = y$ の面を鏡映面とする反転 (m_d) も許される．この対称操作は $(x \to y,\ y \to x,\ z \to z)$ と表せる．この操作では

$$P_x^{(2\omega)} = \varepsilon_0 \chi^{(2)}_{xyz} E_y^{(\omega)} E_z^{(\omega)} \to P_y^{(2\omega)} = \varepsilon_0 \chi^{(2)}_{xyz} E_x^{(\omega)} E_z^{(\omega)}$$

となる．これはもともとの $P_y^{(2\omega)} = \varepsilon_0 \chi^{(2)}_{yxz} E_x^{(\omega)} E_z^{(\omega)}$ に等しいはずであるから $\chi^{(2)}_{xyz} = \chi^{(2)}_{yxz}$ であることがわかる．このようにして，KDP 結晶では2次高調波発生に対して

$$\chi^{(2)}_{xyz} = \chi^{(2)}_{yxz} \mp \chi^{(2)}_{zxy} \tag{6.11}$$

の2個の独立な係数だけが存在することがわかる．(後ろの2つの添字を交換したものもある．これらは (6.9) によってそれぞれ元のものに等しい．)

上のように結晶が変化しないような対称操作の集合を点群という．結晶も含めたすべての媒質には，その対称性によって対称操作の点群が決まっている．したがって，これによってその非線形感受率の対称性も決まってくる．

§6.3 非線形分極からの2次高調波の発生

非線形結晶に光が入射して非線形分極ができると，これから新しい周波数の波が発生する．その成長過程はマクスウェルの波動方程式によって記述される．最も基本的な2次高調波発生を (4.47) によって考えよう．(4.47) の右辺の $\boldsymbol{P}$ には入射光 ω に対する (6.4) の線形分極 $\boldsymbol{P}_1^{\mathrm{L}} = \boldsymbol{P}^{\mathrm{L}}$ と非線形分極 $\boldsymbol{P}^{\mathrm{NL}}$ のほかに，もし 2ω の高調波電場が発生したとすると，それに対する線形分極 $\boldsymbol{P}_2^{\mathrm{L}}$ も加える必要がある．(4.47) の左辺の電場は入射波(基本波という) $\boldsymbol{E}_1$ と出力の高調波 $\boldsymbol{E}_2$ の和である．このような(4.47)を ω の項と 2ω の項に分離すると，2つの波動方程式

6. 非線形光学

$$\left.\begin{aligned}\frac{\partial^2 \boldsymbol{E}_1}{\partial z^2} - \frac{1}{c^2}\frac{\partial^2 \boldsymbol{E}_1}{\partial t^2} &= \mu_0 \frac{\partial^2 \boldsymbol{P}_1^{\mathrm{L}}}{\partial t^2} \\ \frac{\partial^2 \boldsymbol{E}_2}{\partial z^2} - \frac{1}{c^2}\frac{\partial^2 \boldsymbol{E}_2}{\partial t^2} &= \mu_0 \frac{\partial^2 (\boldsymbol{P}_2^{\mathrm{L}} + \boldsymbol{P}^{\mathrm{NL}})}{\partial t^2}\end{aligned}\right\} \quad (6.12)$$

を得る.ただし,$\sigma = 0$とし,$\varepsilon_0 \mu_0 = 1/c^2$の関係を用いた.$c$は真空中の光速である.この第1式は$\omega$に関する普通の波動方程式であるが,第2式は$2\omega$に対する線形分極と$\omega$から作られた非線形分極を含む波動方程式である.線形分極の項を左辺に移すと

$$\left.\begin{aligned}\frac{\partial^2 \boldsymbol{E}_1}{\partial z^2} - \frac{1}{c^2}\frac{\partial^2 \left(\boldsymbol{E}_1 + \dfrac{\boldsymbol{P}_1^{\mathrm{L}}}{\varepsilon_0}\right)}{\partial t^2} &= 0 \\ \frac{\partial^2 \boldsymbol{E}_2}{\partial z^2} - \frac{1}{c^2}\frac{\partial^2 \left(\boldsymbol{E}_2 + \dfrac{\boldsymbol{P}_2^{\mathrm{L}}}{\varepsilon_0}\right)}{\partial t^2} &= \mu_0 \frac{\partial^2 \boldsymbol{P}^{\mathrm{NL}}}{\partial t^2}\end{aligned}\right\} \quad (6.13)$$

が得られる.この第1式は入射光の自由伝播を表す同次微分方程式である.第2式は右辺によって強制振動を受ける非同次微分方程式である.$\boldsymbol{P}_{1,2}^{\mathrm{L}}$と$\boldsymbol{P}^{\mathrm{NL}}$の振動方向は感受率テンソル$\chi^{(1)}$,$\chi^{(2)}$によって決まる方向を向くが,電場$\boldsymbol{E}_{1,2}$の方向の射影成分をとったものとする.そうすると$\boldsymbol{P}_1^{\mathrm{L}}$は$\boldsymbol{E}_1$に,$\boldsymbol{P}_2^{\mathrm{L}}$と$\boldsymbol{P}^{\mathrm{NL}}$は$\boldsymbol{E}_2$に平行になるから以下では電場も分極もスカラー量として扱うことにする.

z方向に進み,ある偏光をもつ入射光電場とそれによって誘起される線形分極を

$$\left.\begin{aligned}E_1 &= E_1^{(\omega_1)} e^{-i(\omega_1 t - k_1 z)} + E_1^{(-\omega_1)} e^{i(\omega_1 t - k_1 z)} \\ E_1 + \frac{P_1^{\mathrm{L}}}{\varepsilon_0} &= (1 + \chi_1^{(1)}) E_1^{(\omega_1)} e^{-i(\omega_1 t - k_1 z)} + \text{c.c.} \\ &= \frac{\varepsilon_1}{\varepsilon_0} E_1^{(\omega_1)} e^{-i(\omega_1 t - k_1 z)} + \text{c.c.}\end{aligned}\right\} \quad (6.14)$$

と表す.ε_1はω_1に対する誘電率である.その屈折率は$\sqrt{\varepsilon_1/\varepsilon_0} \equiv n_1$であるから,(6.13)の第1式は屈折率$n_1$の中を光速$c/n_1$で進む光を表すことになる((2.5) 参照).この電場によって作られる非線形分極は (6.7) を用いて

§6.3 非線形分極からの2次高調波の発生　93

$$\left.\begin{array}{l} P^{\text{NL}} = P^{(2\omega_1)} e^{-2i(\omega_1 t - k_1 z)} + P^{(-2\omega_1)} e^{2i(\omega_1 t - k_1 z)} \\ P^{(2\omega_1)} = \varepsilon_0 \chi^{(2)} (2\omega_1 = \omega_1 + \omega_1) E_1^{(\omega_1)} E_1^{(\omega_1)} \end{array}\right\} \quad (6.15)$$

と表される.さらにこの P^{NL} から発生し,それによって決まる偏光成分(図6.8参照)をもつ高調波出力光とその線形分極を

$$\left.\begin{array}{l} E_2 = E_2^{(\omega_2)}(z, t) e^{-i(\omega_2 t - k_2 z)} + E_2^{(-\omega_2)}(z, t) e^{i(\omega_2 t - k_2 z)} \\ E_2 + \dfrac{P_2^{\text{L}}}{\varepsilon_0} = (1 + \chi_2^{(1)}) E_2^{(\omega_2)}(z, t) e^{-i(\omega_2 t - k_2 z)} + \text{c.c.} \\ \phantom{E_2 + \dfrac{P_2^{\text{L}}}{\varepsilon_0}} = \dfrac{\varepsilon_2}{\varepsilon_0} E_2^{(\omega_2)}(z, t) e^{-i(\omega_2 t - k_2 z)} + \text{c.c.} \end{array}\right\} \quad (6.16)$$

とする.ε_2 は ω_2 に対する誘電率である.その屈折率を $\sqrt{\varepsilon_2/\varepsilon_0} \equiv n_2$ とすると,(6.13)の第2式の右辺をゼロとした同次式は屈折率 n_2 の中を光速 c/n_2 で進む波を表す.ω_1 に対する波数 k_1 は(6.13)の第1式に(6.14)を代入して $k_1 = n_1 \omega_1 / c$ と求められる.ω_2 についても同様に(6.13)の第2式の同次式に(6.16)を代入して $k_2 = n_2 \omega_2 / c$ と求められる.

さて,高調波が成長すると入射光のエネルギーはそこに流れ,入射光は減衰する.しかし,その成長がまだ小さく入射光があまり減衰していないときには,(6.14)と(6.15)の $E_1^{(\omega_1)}$ は一定としてよい.その条件下で(6.13)の第2式によって(6.16)の $E_2^{(\omega_2)}(z, t)$ の成長を求める.すなわち,2次高調波発生の基本式は

$$\frac{\partial^2 E_2}{\partial z^2} - \frac{n_2^2}{c^2} \frac{\partial^2 E_2}{\partial t^2} = \mu_0 \frac{\partial^2 P^{\text{NL}}}{\partial t^2} \quad (6.17)$$

となる.これに(6.16)と(6.15)を代入する.まず,$E_2^{(\omega_2)}$ の成長は波長より十分長い z の距離でゆっくり起こると仮定すると,その2階微分係数の項は1階微分係数の項に比べて省略できる.また,$P^{(2\omega_1)}$ は一定であるからその微分係数はすべてゼロとする.$k_2 = n_2 \omega_2 / c$ を考慮すると,(6.17)から

$$2 i k_2 \frac{\partial E^{(\omega_2)}}{\partial z} + \frac{n_2^2}{c^2} \times 2 i \omega_2 \frac{\partial E^{(\omega_2)}}{\partial t} = -\mu_0 \times 4 \omega_1^2 P^{(2\omega_1)} e^{-i \Delta k z}$$

$$(6.18)$$

94   6. 非線形光学

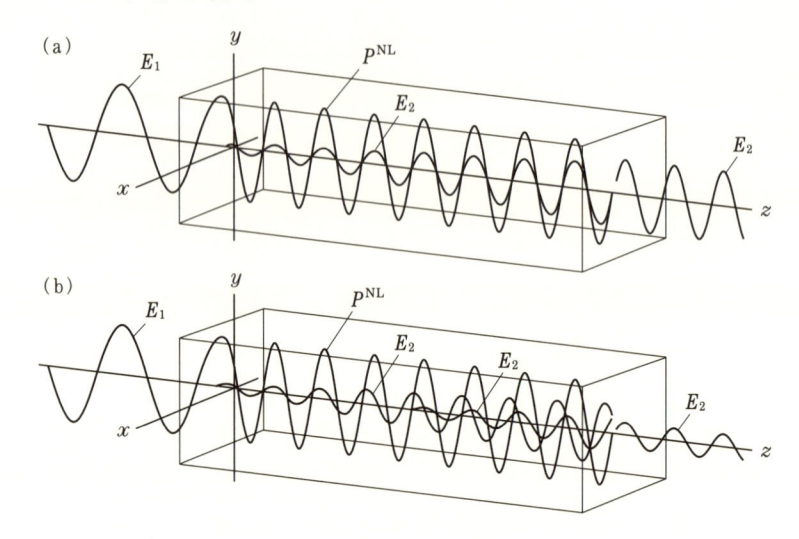

図 6.3 分極波と電場の自由伝搬波の位相整合
結晶の左端から周波数 ω の光が入射し，右端から 2ω の光が出力される．
(a) 位相整合した場合，結晶中で 2ω の非線形分極とそれから発生した 2ω の光は位相がそろい，伝播とともに成長する．
(b) 不整合の場合，結晶の途中で発生した 2ω の光はそれより前から来た光とは位相が合わず，打ち消し合う．

が得られる．その複素共役の式も同様である．ここで，$\Delta k \equiv k_2 - 2k_1$ は (6.17) の E_2 の自由伝搬波（左辺）がもつ波数 k_2 と P^{NL} の分極波（右辺）がもつ波数 $2k_1$ の不一致によるものである．すなわち，(6.16) と (6.15) の z 依存性の違いによるものである．前者が $k_2 = n_2 \times (2\omega_1)/c$ で進むのに対して，後者は $2k_1 = 2 \times n_1\omega_1/c$ で進む．もし $n_1 = n_2$ であれば $k_2 = 2k_1$ であり，図 6.3(a) のように分極 P^{NL} と電場 E_2 は位相をそろえて伝播する．したがって，z の各点で生じる E_2 はその前の各点で生じた電場に加算されていく．これを**位相整合**という．しかし，もし $k_2 \neq 2k_1$ であれば図 (b) のように，ある z で生じた電場 E_2 はその前で生じた電場に加算されず打ち消す．$\Delta k = 0$ を**位相整合条件**という．(6.18) は整理して

§6.3 非線形分極からの2次高調波の発生

$$\frac{\partial E^{(\omega_2)}}{\partial z} + \frac{n_2}{c}\frac{\partial E^{(\omega_2)}}{\partial t} = \frac{i\omega_2}{2\varepsilon_0 n_2 c} P^{(2\omega_1)} e^{-i\Delta k z} \tag{6.19}$$

となる.

定常的な入射光の場合には,時間微分はゼロになるから,出力光の空間的成長はzの微分方程式

$$\frac{\partial E^{(\omega_2)}}{\partial z} = \frac{i\omega_2}{2\varepsilon_0 n_2 c} P^{(2\omega_1)} e^{-i\Delta k z} \tag{6.20}$$

で表される.これを結晶の入射面$z=0$から出射面のzまで積分すると,出力光電場は

$$E^{(\omega_2)} = \frac{i\omega_2}{2\varepsilon_0 n_2 c} P^{(2\omega_1)} \int_0^z e^{-i\Delta k z'}\, dz' = \frac{i\omega_2}{2\varepsilon_0 n_2 c} P^{(2\omega_1)} \frac{e^{-i\Delta k z} - 1}{-i\Delta k}$$

となる.ゆえに

$$|E^{(\omega_2)}|^2 = \frac{\omega_2^2}{4\varepsilon_0^2 n_2^2 c^2} |P^{(2\omega_1)}|^2 \frac{\sin^2\left(\dfrac{\Delta k z}{2}\right)}{\left(\dfrac{\Delta k z}{2}\right)^2} z^2 \tag{6.21}$$

が得られる.これに$\varepsilon_0 c$を掛けたものが最終的な単位面積当りの出力光強度(パワー)である.$\Delta k = 0$の場合,後ろの分数の関数は1になるから,パワーはz^2に比例して成長する.しかし,$\Delta k \neq 0$ではzの周期関数になり成長が制限される.$|E^{(\omega_2)}|$の成長の様子を図6.4に示す.$\Delta k = 0$すなわち$k_1 + k_1 = k_2$の位相整合した状態が非線形光学効果のために極めて重要であることがわかる.

2次高調波発生用の結晶には$\chi^{(2)}$が大きく,次節に

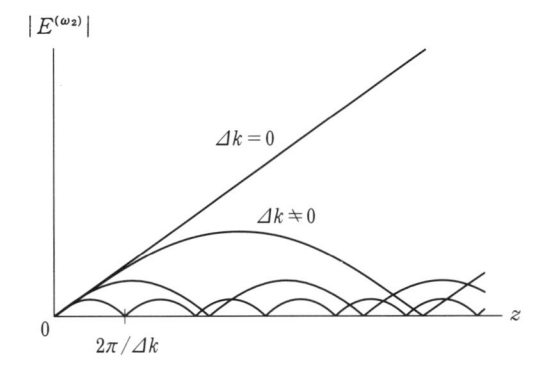

図6.4 2次高調波の成長

述べるように位相整合がとれ，入射する基本波と2倍波に対して透明で，光強度に対する損傷に強いことなどが要求される．

§6.4 結晶における位相整合

一つの入射光による2次高調波発生では位相整合条件

$$k_1 + k_1 = k_2 \tag{6.22}$$

が必要であることを述べた．これは $n_1\omega_1 + n_1\omega_1 = n_2\omega_2$ とも書ける．$\omega_2 = 2\omega_1$ であるから，そのためには $n_1 = n_2$ でなければならない．

ところが，一般に透明媒質の屈折率は第3章に述べたように正常分散を示し，$\omega_1 < \omega_2$ に対しては $n_1 < n_2$ である．そこで $n_1 = n_2$ を得るために結晶の**複屈折**を使用する．複屈折結晶では，図6.5のようにこれを通して見た像は二重に見える．これは各周波数に対して偏光によって2つの屈折率があるためで，結晶軸に垂直な偏光の光に対する屈折率 n_o とその偏光方向に垂直な偏光の光の屈折率 n_e が異なる．それぞれ**常光線**と**異常光線**という．n_e は図6.6のように結晶の光学軸に対する入射角 θ の関数として変化する楕円で表される．正の一軸結晶では $n_e \geq n_o$，負の一軸結晶では $n_e \leq n_o$ である．そのため適当な角度を選ぶことによって，図6.7のように前者では $n_e(\omega_1) = n_o(\omega_2)$，後者では $n_o(\omega_1) = n_e(\omega_2)$ に選ぶことができる．

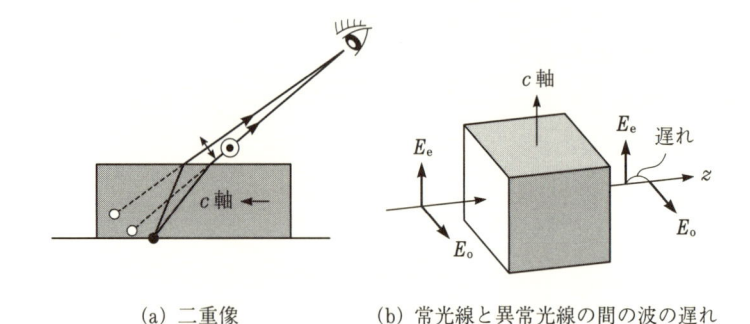

(a) 二重像　　　(b) 常光線と異常光線の間の波の遅れ

図6.5 複屈折現象

§6.4 結晶における位相整合　97

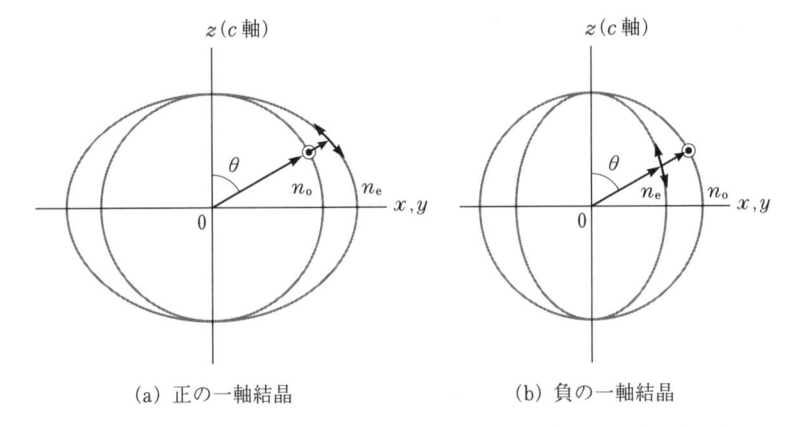

(a) 正の一軸結晶　　　　　(b) 負の一軸結晶

図6.6 一軸結晶の屈折率面．原点からの矢印は波数ベクトルを示す．短い矢印(接線)と⊙印はそれぞれ異常光線と常光線の電場ベクトルの方向．光線方向(エネルギーの流れ)はポインティングベクトル $S = E \times H$ で表されるから，常光線では波数ベクトルに平行であるが，異常光線では平行ではない．

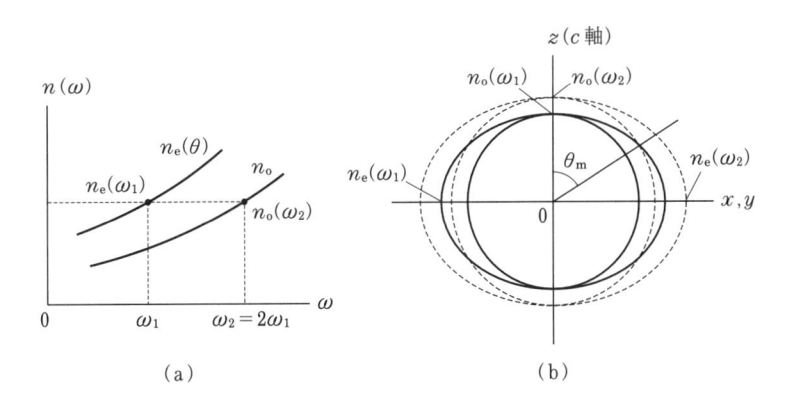

図6.7 複屈折結晶の位相整合．正の一軸結晶のタイプIの場合．

そこで (6.22) が成り立ち，2つの異常光線の入射によって常光線の高調波出力 $n_e(\omega_1)\omega_1 + n_e(\omega_1)\omega_1 = n_o(\omega_2)\omega_2$ が，または逆に $n_o(\omega_1)\omega_1 + n_o(\omega_1)\omega_1 = n_e(\omega_2)\omega_2$ が得られる．これを (e, e, o)，または (o, o, e) と表し，タイプIの位相整合という．また，入射光の一方を常光線，他方を異常光線

に選んで, $n_e(\omega_1) + n_o(\omega_1) = 2n_o(\omega_2)$,
あるいは $n_e(\omega_1) + n_o(\omega_1) = 2n_e(\omega_2)$
とすることもできる. (e, o, o) あるいは (e, o, e) と表され, タイプIIの位相整合という. KDPは負の一軸結晶で $P_z = \chi^{(2)}_{zxy} E_x E_y$ の分極を用いたタイプIの (o, o, e) の場合, 入出力光とその偏光の配置は図6.8のようになる.

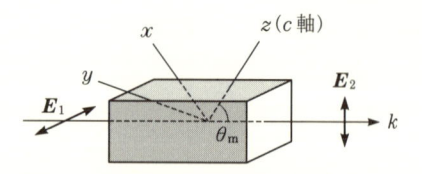

図6.8 KDP結晶のタイプI位相整合配置

最も古くから知られてきたSHG結晶はKDP (potassium dihydrogen phosphate, KH_2PO_4) および水素の一部を重水素に置換したKD*Pである. 透過波長範囲は 180 nm〜1.5 μm であり, この範囲の基本波と高調波に対して用いられる. また, 大きな非線形性をもつものに $LiNbO_3$ 結晶 (lithium niobate, 400 nm〜4.5 μm), KTP結晶 (potassium titanyl phosphate, $KTiOPO_4$, 350 nm〜4.5 μm) などがある. 中国で開発された光損傷に強い優れた結晶にBBO結晶 (beta-balium borate, $\beta\text{-}BaB_2O_4$, 190 nm〜2.6 μm) やLBO結晶 (lithium triborate, LiB_3O_5, 155 nm〜3.2 μm) がある.

例題 6.1

KD*P結晶のタイプI位相整合 (o, o, e) による基本波 800 nm (ω) から2次高調波 400 nm (2ω) へのSHGにおける位相整合角 (図6.7 (b)) を以下の屈折率を用いて計算せよ.

KD*P : $n_o(2\omega) = 1.518$, $n_e(2\omega) = 1.477$, $n_o(\omega) = 1.498$

[**解**] 半径 $n_o(\omega)$ の円は極座標で $r^2 = n_o^2(\omega)$ と表される. 同じく長半径 $n_o(2\omega)$, 短半径 $n_e(2\omega)$ の楕円は

$$\frac{r^2 \sin^2 \theta}{n_e^2(2\omega)} + \frac{r^2 \cos^2 \theta}{n_o^2(2\omega)} = 1$$

と表される. ゆえに, これらの交点は

$$\frac{\sin^2 \theta}{n_e^2(2\omega)} + \frac{\cos^2 \theta}{n_o^2(2\omega)} = \frac{1}{n_o^2(\omega)}$$

で与えられる．上記の値を代入して，θ について解くと $\theta = 43.8°$ を得る．

[**問題 6.2**] BBO 結晶のタイプ I 位相整合 (o, o, e) SHG についても同様な計算を行なえ．基本波を 800 nm とするときの屈折率は次の通りである．

BBO : $n_o(2\omega) = 1.693$, $n_e(2\omega) = 1.568$, $n_o(\omega) = 1.661$

§6.5 パラメトリック増幅

和周波発生の逆過程として，高い周波数 ω_3 の光子を，$\omega_1 + \omega_2 = \omega_3$ の関係にある2つの周波数 ω_1 と ω_2 の光子に分解して増幅する過程を**パラメトリック増幅**という．強い ω_3 の光をポンプ光として入射した状態で，さらに ω_1 の振動をパラメーターとして加えると $\omega_2 = \omega_3 - \omega_1$ の周波数の光が発生し，ω_1 も ω_2 も増幅される．ω_1 の光が**シグナル**として増幅されるときに，ω_2 を増幅器内で"遊び車"のようにして増幅するのでこれを**アイドラー**という．これらの空間的発展は (6.19) にならって

$$\frac{\partial E^{(\omega_1)}}{\partial z} = \frac{i\omega_1}{2n_1 c}\chi^{(2)}(\omega_1 = \omega_3 - \omega_2) E^{(\omega_3)} E^{(\omega_2)*} e^{i\Delta k z}$$
$$\frac{\partial E^{(\omega_2)}}{\partial z} = \frac{i\omega_2}{2n_2 c}\chi^{(2)}(\omega_2 = \omega_3 - \omega_1) E^{(\omega_3)} E^{(\omega_1)*} e^{i\Delta k z} \quad (6.23)$$
$$\frac{\partial E^{(\omega_3)}}{\partial z} = \frac{i\omega_3}{2n_3 c}\chi^{(2)}(\omega_3 = \omega_1 + \omega_2) E^{(\omega_1)} E^{(\omega_2)} e^{-i\Delta k z}$$

となる．ただし，$\Delta k \equiv k_3 - k_1 - k_2$ は位相整合からのずれを表す．第3式は和周波発生であり，第1, 2式がシグナルとアイドラーの発生を表す．$\chi^{(2)}_{ijk}(\omega_1 = \omega_3 - \omega_2)$ は偏光と周波数の順序を同時に入れ替えても変らないので，(6.23) の3つの $\chi^{(2)}$ は互いに等しい．

シグナル光とアイドラー光の成長がまだ小さく，入射光があまり減衰していないときは，前節と同様に $E^{(\omega_3)} = |E^{(\omega_3)}|e^{i\varphi_3} = \mathrm{const.}$ として第1, 2式を解くことができる．$\Delta k = 0$ とすると，解は

$$E^{(\omega_1)}(z) = E^{(\omega_1)}(0)\cosh\frac{gz}{2} + ie^{i\varphi_3}\sqrt{\frac{n_2\omega_1}{n_1\omega_2}}E^{(\omega_2)*}(0)\sinh\frac{gz}{2}$$

$$E^{(\omega_2)}(z) = E^{(\omega_2)}(0)\cosh\frac{gz}{2} + ie^{i\varphi_3}\sqrt{\frac{n_1\omega_2}{n_2\omega_1}}E^{(\omega_1)*}(0)\sinh\frac{gz}{2}$$

(6.24)

$$g \equiv \frac{1}{c}\sqrt{\frac{\omega_1\omega_2}{n_1 n_2}}\chi^{(2)}|E^{(\omega_3)}| \qquad (6.25)$$

となる.この結果を見ると,入力として $E^{(\omega_2)}(0) = 0$ であっても $E^{(\omega_1)}(0) \neq 0$ であれば,出力として両方の波が出てくることがわかる.この様子を図6.9に示す.この過程をパラメトリック増幅,その装置をパラメトリック増幅器 (optical parametric amplifier, OPA) という.これは ω_1 または ω_2 の光を増幅する低雑音増幅器として用いられる.

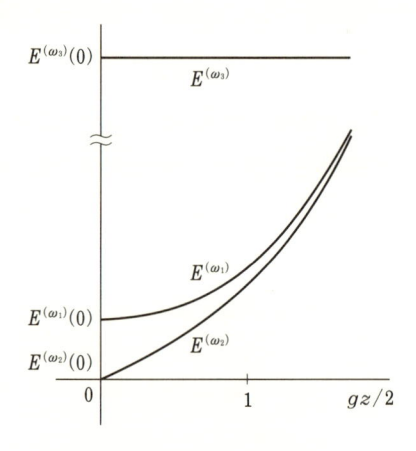

図 **6.9** パラメトリック増幅におけるシグナルとアイドラーの成長

自然放出があると入射光をわざわざ入れなくても $E^{(\omega_1)}(0) \neq 0$, $E^{(\omega_2)}(0) \neq 0$ となるから,これが増幅される.これをパラメトリック蛍光という.このときポンプ光が低い周波数の2つの光に変換されるので**パラメトリック(下方)変換器** (parametric down converter, PDC) という.分解された2つの光子は同時に放出され,周波数や波長,波数ベクトル,偏光に相関がある.そのためこの双子の光子は第11章に述べるスクイーズド状態の発生や,第12章の量子力学的"もつれた状態"の研究に盛んに用いられている.

さらにこれに共振器をつけると**光パラメトリック発振器** (OPO) ができる. $\omega_3 = \omega_1 + \omega_2$ の関係の下で ω_1 と ω_2 を広範囲に変えられるので,連続波長

§6.5 パラメトリック増幅

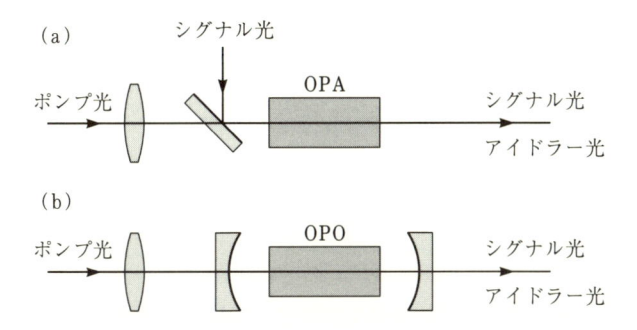

(a)
ポンプ光　シグナル光　OPA　シグナル光／アイドラー光

(b)
ポンプ光　OPO　シグナル光／アイドラー光

図 6.10 パラメトリック増幅器 (a) と発振器 (b)

の光源として用いられる．パラメトリック増幅器などの配置を図 6.10 に示す．

パラメトリック増幅器は位相に敏感な増幅器である．特に縮退したシグナルとアイドラー光の場合，(6.24) の第 1, 2 式を $\omega_2 = \omega_1$ としてまとめると，

$$E^{(\omega_1)}(z) = E^{(\omega_1)}(0) \cosh \frac{gz}{2} + i e^{i\varphi_3} E^{(\omega_1)*}(0) \sinh \frac{gz}{2} \quad (6.26)$$

となる．シグナル光が複素数で $E^{(\omega_1)}(0) = E_1 + iE_2$, $E^{(-\omega_1)}(0) = E_1 - iE_2$ と表されるとすると，$\varphi_3 = -\pi/2$ の場合

$$E^{(\omega_1)}(z) = E_1 e^{gz/2} + iE_2 e^{-gz/2} \quad (6.27)$$

となり，E_1 と E_2 の一方は増幅され，他方は減衰する．$\varphi_3 = \pi/2$ の場合には逆になる．あるいは，同じことを次のように説明してもよい．シグナル光の位相を φ_1 によって表して $E^{(\omega_1)} = |E^{(\omega_1)}| e^{i\varphi_1}$ と置くと

$$|E^{(\omega_1)}(z)| = |E^{(\omega_1)}(0)| \left[\cosh \frac{gz}{2} + i e^{i(\varphi_3 - 2\varphi_1)} \sinh \frac{gz}{2} \right] \quad (6.28)$$

となる．これは $\varphi_3 - 2\varphi_1 = \mp \pi/2$ のとき

$$|E^{(\omega_1)}(z)| = |E^{(\omega_1)}(0)| \exp\left(\pm \frac{gz}{2}\right) \quad (6.29)$$

となるから，この増幅器は入射光と励起光の位相関係によって，実際には増幅器として働いたり，"減衰器"として働いたりする．しかし，縮退していない入力の場合や，種々の位相の入力が入るパラメトリック蛍光や発振器の場

合には，常に増幅される位相成分があるから，それが増幅され，主な成分になる．g がパワーの増幅定数である．

パラメトリック増幅におけるタイプ I の位相整合は，たとえば励起光を異常光線，変換光を常光線にとるもので，$n_e(\omega_3)\omega_3 = n_o(\omega_1)\omega_1 + n_o(\omega_2)\omega_2$ である．タイプ II の位相整合は，変換光の一方を常光線，他方を異常光線にとるもので，$n_e(\omega_3)\omega_3 = n_o(\omega_1)\omega_1 + n_e(\omega_2)\omega_2$ である．

最近の実験例では，KD*P 結晶をパルス YAG レーザーの 3 倍波 (355 nm) やアルゴンレーザーの紫外連続波 (351 nm) で励起したり，BBO 結晶や LBO 結晶をパルス Ti サファイヤレーザーの基本波 ($\sim$ 800 nm) や 2 倍波 ($\sim$ 400 nm) で励起した例がある．

§6.6 3次の非線形光学効果，縮退4光波混合

3次の非線形性はさらに多くの現象をもたらす．3次の非線形現象は中心対称性のある固体や気体，液体でも可能な非線形過程である．まず，波長変換として 3 次高調波発生がある．その非線形分極は (6.15) にならって

$$\left.\begin{array}{l} P^{\mathrm{NL}} = P^{(3\omega)} e^{-3i(\omega t - \mathbf{k}\cdot\mathbf{r})} + \text{c.c.} \\ P^{(3\omega)} = \varepsilon_0 \chi^{(3)}(3\omega = \omega + \omega + \omega) E^{(\omega)} E^{(\omega)} E^{(\omega)} \end{array}\right\} \quad (6.30)$$

と表される．これは短波長を発生させる方法として用いられる．

さて，(6.30) では光の進行方向をこれまでのように z 方向にとらず，波数ベクトル $\mathbf{k} = (k_x, k_y, k_z)$ を用いた．$|\mathbf{k}| = k$ が波数である．3 次の効果の場合には波長変換ばかりでなく，波数ベクトルの変換も興味深い．同じ周波数 ω をもった波数ベクトル $\mathbf{k}_1$，$\mathbf{k}_2$ の光の入射を考える．(6.3) の第 1 項 2 つと第 2 項 1 つの積による $\omega + \omega - \omega = \omega$ の組合せをみると，出力周波数は変らないが，新しく $\mathbf{k}_2 + \mathbf{k}_2 - \mathbf{k}_1$ 方向の光が発生する．すなわち，非線形分極

$$\left.\begin{array}{l} P^{\mathrm{NL}} = P^{(3)} e^{-i[\omega t - (2\mathbf{k}_2 - \mathbf{k}_1)\cdot\mathbf{r}]} + \text{c.c.} \\ P^{(3)} = \varepsilon_0 \chi^{(3)}(\omega = \omega + \omega - \omega) E_2^{(\omega)} E_2^{(\omega)} E_1^{(\omega)*} \end{array}\right\} \quad (6.31)$$

§6.6 3次の非線形光学効果,縮退4光波混合

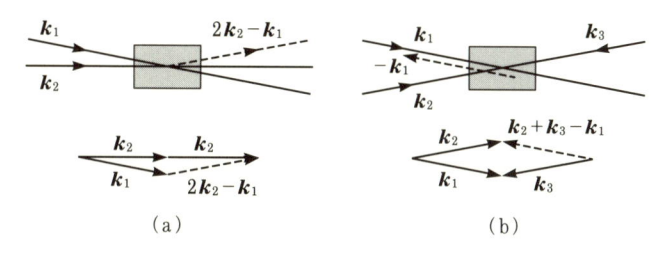

図6.11 縮退3光波混合(a),および位相共役波発生(b)

ができる($P^{(\omega+\omega-\omega)}$を$P^{(3)}$と記した).分極波$P^{\mathrm{NL}}$の波数ベクトルは$2\boldsymbol{k}_2 - \boldsymbol{k}_1$である.これに対して発生した電磁波の波数ベクトル$\boldsymbol{k}_3$は図6.11(a)に示すように$|2\boldsymbol{k}_2 - \boldsymbol{k}_1|$と異なる($\because\ k_3 = k_2 = k_1$).位相整合条件は$\varDelta\boldsymbol{k} = \boldsymbol{k}_3 - 2\boldsymbol{k}_2 + \boldsymbol{k}_1 = 0$であるが(三角形が閉じる),$\boldsymbol{k}_1$と$\boldsymbol{k}_2$の間の角が小さいときは近似的に位相整合がとれる.これは気体や液体を含む透明な媒質で容易に満足される.

3つの同じ周波数の光を入射するときには,それらの波数ベクトルを$\boldsymbol{k}_1$, $\boldsymbol{k}_2$および$\boldsymbol{k}_3$とすると,$\boldsymbol{k}_2 + \boldsymbol{k}_3 - \boldsymbol{k}_1$の方向の光の発生が可能である:

$$\left.\begin{array}{l}P^{\mathrm{NL}} = P^{(3)}\, e^{-i[\omega t - (\boldsymbol{k}_2+\boldsymbol{k}_3-\boldsymbol{k}_1)\cdot\boldsymbol{r}]} + \mathrm{c.c.}\\ P^{(3)} = \varepsilon_0\chi^{(3)}(\omega = \omega + \omega - \omega)E_2^{(\omega)}E_3^{(\omega)}E_1^{(\omega)*}\end{array}\right\} \quad (6.32)$$

これは方向の異なる4つの波の間の相互作用となるので,**縮退4光波混合**という.この場合,$\boldsymbol{k}_3$を$\boldsymbol{k}_2$の逆方向,すなわち$\boldsymbol{k}_3 = -\boldsymbol{k}_2$にとると,

$$\left.\begin{array}{l}P^{\mathrm{NL}} = P^{(3)}\, e^{-i(\omega t + \boldsymbol{k}_1\cdot\boldsymbol{r})} + \mathrm{c.c.}\\ P^{(3)} = \varepsilon_0\chi^{(3)}(\omega = \omega + \omega - \omega)E_2^{(\omega)}E_3^{(\omega)}E_1^{(\omega)*}\end{array}\right\} \quad (6.33)$$

となり,入射光$\boldsymbol{k}_1$に対して逆方向にもどってくる光が得られる.それを図(b)に示す.これを後方散乱波あるいは**後進波**(backward wave)という.また,位相$i\boldsymbol{k}_1\cdot\boldsymbol{r}$がその共役の$-i\boldsymbol{k}_1\cdot\boldsymbol{r}$になったので,これを**位相共役波**(phase conjugated wave)という.

この縮退した光の混合をパルス光によって行うと,時間的に遅れたパルス

の発生も可能になり,フォトンエコーが実現される.これらについては第8章で述べる.

[**問題 6.3**] 3方向から入射する光の波数ベクトルを $k_1 = k(x, y, z)$, $k_2 = k(x, -y, z)$, $k_3 = k(-x, y, z)$ とするとき,3次の非線形過程によって波数ベクトル $k_4 = k(-x, -y, z)$ をもつ波が発生しうることを示せ.(ただし,$k = n\omega/c$, $x^2 + y^2 + z^2 = 1$ である.) $x, y \ll z$ の場合 $k_1 \sim k_4$ はそれぞれどういう方向を向いているか.

非線形光学の誕生まで

非線形光学の理論的基礎を確立した論文は 1962 年に出た有名なブレンバーゲンらによる ABDP の論文（J. A. Armstrong, N. Bloembergen, J. Ducuing and P. S. Pershan : Phys. Rev. **127** (1962) 1918) である．ブレンバーゲンは核磁気共鳴法の発見においてもいわゆる BPP の論文によって重要な寄与をなしていた．彼は常磁性体や強磁性体の磁気共鳴における緩和現象の研究から非線形光学の研究に移ったが，この ABDP の論文が出たのはレーザーによる最初の二次高調波発生のわずか1年後のことであった．その間のグループの緊迫した状況について，共著者のアームストロングによる回想から引用したい．

「これまでに私のもっとも興奮した経験は 1960 年の終りに非線形媒質の中の波の伝播の完全な理論を作ったときのことである．ミシガンから送られてきた，水晶からの二次高調波発生についての Physical Review Letters のプレプリントを見て，私は『やあ，変った話だ』といったのを覚えている．しかし，そのときその論文が Physical Review Letters に値すると思う人がいるとは思わなかった．（中略）その日の午後実験室に現れたブレンバーゲンにこれを見せたところ，彼はその場でこれを読み，その重要性を直ちに把握した．それ以来ずっと，私は彼が私の目の前でその研究の方向を変えたと思っている．スピン共鳴は後ろに追いやられ，そののち非線形光学となるところの分野に，また，彼の物理学の全く新しい一章に彼は強く歩み出したのであった．

その後の彼とパーシャン，デュカン，それに私がともに"ABDP"のために働いた4カ月ほど興奮した期間はなかった．来る日も来る日も，朝われわれ4人はブレンバーゲンのオフィスに集まり，前日の午後や夕方にしてきた仕事を持ち寄った．（中略）日ごろ先生の物理の議論における熱烈さは過酷といってもよいほどで，いつも学生の気力をくじいていたのであった．しかし，ABDP を書いていたこの時ばかりは，他の3人の結果がどうなっているか，われわれがどんなことを見つけたかをよく聞いてもらえた．実際，ときには，われわれが説明した以上に聞いてもらえたのである．」

(J. A. Armstrong : *"Nico Bloembergen as Mentor in the Golden Age of University Research"*, in *"Resonances"* (World Scientific, 1990)

7 非線形相互作用と分光学

分光学は物質に関する豊かな知識をもたらした．今日ではそれをレーザー無しに考えることはできない．レーザーの特徴は，まず時間的および空間的なコヒーレンスが良いこと，そして単位周波数，単位立体角当りのエネルギーが大きいことである．それによって，単色性が良いこと，指向性が良いこと，集光性が良いこと，短いパルスが得られること，強い光が得られること，などの性質がでてくる．これらの性質はそれぞれ周波数 ω，波数ベクトル k，空間座標 r，時間 t，振幅 E の領域の特性である．

これらの特徴は従来からの分光学における分解能，感度を飛躍的に向上させたが，そればかりではなく，それまで不可能であった非線形過程や，コヒーレント過程，超高速過程による分光学の研究を可能にした．この章と次の章ではこれらの新しい分光学の一端を物質の多準位間の遷移の問題と関連させて述べる．

§7.1 飽和吸収分光

不均一広がり（§3.4）をもった吸収体に狭いスペクトル幅の単色光を当てると，その周波数に共鳴する特定の吸収体のみが励起される．その結果，光が強ければ図7.1のようにその吸収体の基底準位の分布が減り，その分だけ励起状態の分布が増える．そのため光の吸収率が減少する．これを吸収の飽和という．そのとき吸収スペクトルにはほぼ均一幅の幅をもった凹みができる．これを**ホールバーニング**（焼け焦げ穴をあける）という．この現象は初め磁気共鳴で見出された．光学領域で不均一広がりをもつ媒質には，ドップ

ラー広がりをもつ気体のほか不純物イオンや色中心などを含む固体がある．

このホールバーニングを精密に測定すると，不均一広がりの中に埋もれている均一幅の広がりを知ることができ，気体の場合にはドップラー広がりの中心周波数の決定や，そこに埋もれた超微細構造を

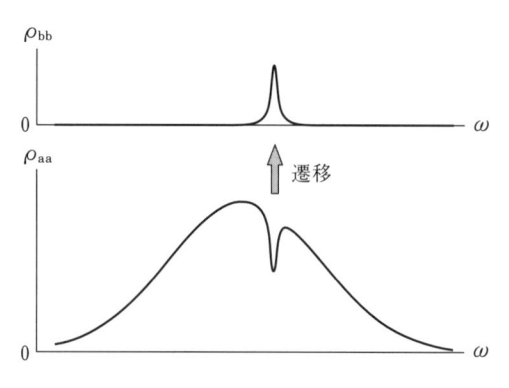

図7.1 飽和吸収分光における基底準位と励起準位の分布

分離することなどができる．このような分光法を**飽和吸収分光**という．

測定には強弱2つのレーザー光を用いる．まず固体試料の場合には，強いポンプ光は特定の周波数 ω_1 に固定してホールバーニングを起こし，プローブ光 ω は吸収の飽和を起こさないように弱くして周波数を掃引し，図7.1のスペクトルの形を測定する．原子系の共鳴周波数 Ω が不均一広がりによって広がっていて，その分布関数が $g(\Omega)$ であると仮定する．共鳴周波数が Ω の原子が，a 準位と b 準位に存在する確率を ρ_{aa}, ρ_{bb} とすると，ポンプによってその分布数差 $\rho_{bb} - \rho_{aa}$ が変化する．この様子はすでに (3.52) で計算した．これを飽和した分布数差の意味で $(\rho_{bb} - \rho_{aa})_{\text{sat}}$ と書くことにすると，原子全体に対してこの分布数差は

$$g(\Omega)(\rho_{bb} - \rho_{aa})_{\text{sat}} = -g(\Omega)\frac{(\Omega - \omega_1)^2 + \gamma^2}{(\Omega - \omega_1)^2 + \gamma^2 + \frac{\gamma}{\Gamma}\left|\frac{2p_{ba}E^{(\omega_1)}}{\hbar}\right|^2} \tag{7.1}$$

の割合となる．ただし，ポンプ光の周波数を ω_1 とした．

この状態にプローブ光を入射する．周波数 ω のプローブ光に対する線形感受率を求めるために，飽和した分布を初期条件として (3.32) の計算をする

と

$$\rho_{ba}{}^{(\omega)} = -\frac{\dfrac{p_{ba}E^{(\omega)}e^{ikz}}{\hbar}}{\Omega - \omega - i\gamma} g(\Omega)(\rho_{bb} - \rho_{aa})_{\text{sat}} \quad (7.2)$$

が得られる.† (7.2) の関数は $\Omega = \omega$ のところで鋭い共鳴 (幅 γ) になっている. これに対して $E^{(\omega_1)}$ が十分大きいと, (7.1) の共鳴幅はこれよりずっと広い. (7.2) に (7.1) を代入し, すべての原子からの寄与を加えるために, Ω について積分する. その簡単な見積りをするには, (7.2) のうち (7.1) の部分の Ω を ω に置き換えて積分の外に出して積分すればよい. このようにして

$$\int_{-\infty}^{\infty} \rho_{ba}{}^{(\omega)} d\Omega = i\pi g(\omega) \frac{(\omega - \omega_1)^2 + \gamma^2}{(\omega - \omega_1)^2 + \gamma^2 + \dfrac{\gamma}{\Gamma}\left|\dfrac{2p_{ba}E^{(\omega_1)}}{\hbar}\right|^2} \frac{p_{ba}E^{(\omega)}e^{ikz}}{\hbar} \quad (7.3)$$

を得る. これはゆるやかな $g(\omega)$ のピークの上に $\omega = \omega_1$ における幅 $\sqrt{\gamma^2 + (\gamma/\Gamma)|2p_{ba}E^{(\omega_1)}/\hbar|^2}$ の凹みができていることを示す.

気体の場合には, 図 7.2 のように対向して入射する同一周波数の強いポンプ光と弱いプローブ光を用いる. 静止した原子の遷移周波数を Ω_0, 光の周波数を ω とすると, この原子が光の進行方向に速度 v で飛んでいるときは,

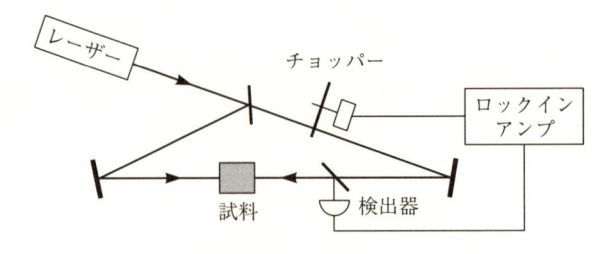

図 7.2 気体の飽和吸収分光実験の配置

---

† (3.31) では $\rho_{bb} = 0$, $\rho_{aa} = 1$ としていた.

$\Omega_0 = \omega(1 - v/c) = \omega - kv$ を満足する ω で共鳴を起こす.しかし,そのとき反対方向から来る光には $\Omega_0 \neq \omega(1 + v/c) = \omega + kv$ であるから共鳴しない.唯一 $v = 0$ の原子が両方向から来る $\omega = \Omega_0$ の光に共鳴する.そこで吸収が飽和した原子をプローブ光は見ることができる.周波数と波数を ω, $\pm k$ として,(7.1) と (7.2) で $\Omega \to \Omega_0$, $\omega_1 \to \omega - kv$, $\omega \to \omega + kv$ という置き換えをし,$g(\Omega)$ をマクスウェルの速度分布関数 $g(v)$ で置き換えればよい.原子全体の応答としては光の進行方向の速度 v で積分する.

図 7.3 はナトリウム原子の $^3S_{1/2} - {}^3P_{3/2}$ 遷移の飽和分光の例である[1].この遷移は波長 589 nm 付近にあって,**超微細構造**によって図 (a) のように $F = 1$ から $F' = 0, 1, 2$ への遷移と $F = 2$ から $F' = 1, 2, 3$ への 6 本からなる.図 (b) の全体の広い吸収曲線はこの 6 本の吸収線がそれぞれドップラー効果で広がって重なったものである.この広い吸収曲線の中の 2 本の凹みが飽和吸

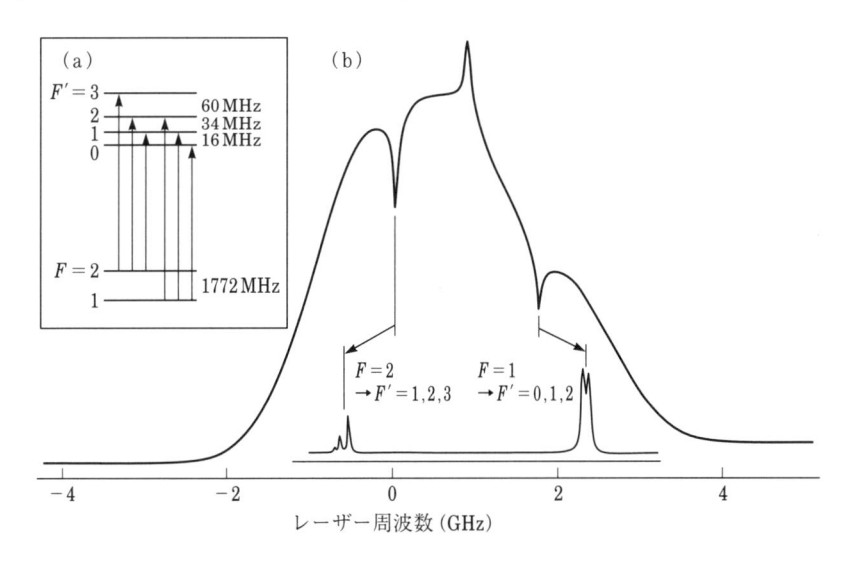

図 7.3 ナトリウム原子の飽和吸収スペクトル[1]
(a) $^2S_{1/2} - {}^2P_{3/2}$ 遷移の微細構造と選択則
(b) ドップラー広がりによる広い吸収曲線の中にできた 2 本の凹みの信号.(中央の鋭いピークはクロスオーバー共鳴.)下の曲線は,最近のレーザー冷却法によって得られた静止原子の吸収を対応させたもの.(測定,資料提供:光永正治)

110   7. 非線形相互作用と分光学

収信号で，$v=0$ の原子の $F=1$ から $F'=0,1,2$ への3つの遷移が重なったもの（これを Ω_1 とする．図の横軸では 1.7 GHz）と $F=2$ から $F'=1,2,3$ への3つの遷移が重なったもの（同じく Ω_2, 0 GHz）である．それぞれ3つの遷移が重なったのは，この場合の測定器の調整などのため分解能が十分でないためである．参考のために図 (b) ではこの2本の凹みの下に，最近のレーザー冷却法と磁気光学トラップ法によって原子を静止させた場合の吸収スペクトルを示す．なお，中央（0.85 GHz）の尖った山はクロスオーバー共鳴とよばれるもので，2本の吸収線が両方向から来る光に同時に共鳴するために起こったものである．

[**問題 7.1**] 周波数 ω のポンプ光とプローブ光が入射して，速度 v の原子の Ω_1 遷移が対向して来るプローブ光に，Ω_2 遷移が並行するポンプ光に同時に共鳴するための条件を求めよ．

§7.2 2次高調波発生の非線形感受率

前節の2準位原子系の吸収の飽和も非線形効果の一つであるが，そのほか，一般の非線形効果では3準位以上の準位が関与する．ここではもっとも簡単な2次高調波発生の感受率を **3準位原子系** について求める．

線形感受率の場合には，図 3.3 のように2準位 a と b に対して光電場が入射すると，遷移行列要素 $p_{ba}E/\hbar$ (3.23) を介して b 準位の振幅 c_b ができた．その結果，(3.35) のように，共鳴周波数 Ω_0 と光周波数 ω の差を分母にもつ線形感受率が得られた．そのとき，ω が Ω_0 に一致（共鳴）すれば，分母は最小になり大きな振幅 c_b が得られ，大きな感受率となった．

2次高調波発生の場合には，図 7.4 のように3準位 a, b, c に対して光電場 E が入射すると，遷移行列要素 $p_{ba}E/\hbar$ を介して b 準位に振幅 c_b ができ，さらに $p_{cb}E/\hbar$ を介して c 準位に振幅 c_c ができる．ω が $\Omega_b - \Omega_a$ に近いほど大きな c_b が得られ，さらに 2ω が $\Omega_c - \Omega_a$ に近いほど大きな c_c が得られる．

§7.2　2次高調波発生の非線形感受率　111

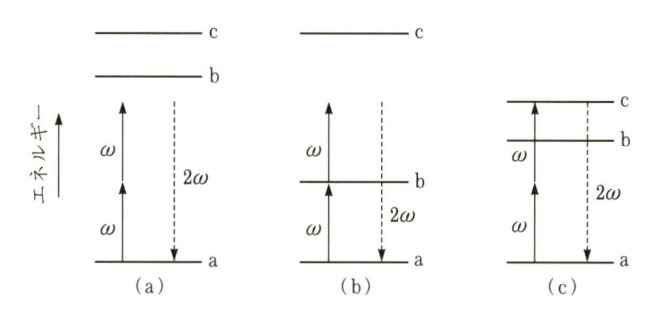

図7.4　2次高調波発生における光の周波数と原子準位の関係の3つの場合

第3章の場合と同様に ρ_{mn} (m, n = a, b, c) の方程式を立てて，回転波近似を用いて $\rho_{ca}^{(2\omega)}$ の定常解を求めると，2次高調波発生の非線形分極は，計算は省略するが，

$$P_i^{(2)}(2\omega) = \varepsilon_0 \chi_{ijk}^{(2)}(2\omega = \omega + \omega) E_j^{(\omega)} E_k^{(\omega)} \tag{7.4}$$

$$\chi_{ijk}^{(2)}(2\omega = \omega + \omega) = \frac{N}{\varepsilon_0 \hbar^2} \frac{(p_i)_{ac}(p_j)_{cb}(p_k)_{ba}}{(\Omega_{ca} - 2\omega - i\gamma_{ca})(\Omega_{ba} - \omega - i\gamma_{ba})} \tag{7.5}$$

となる．§3.1で述べたように双極子モーメント $(p_k)_{ba}$ は中心対称性をもつ媒質ではa, b準位の対称性が異なるときにゼロでなくなる．しかし，b, c準位の対称性も反対で，同時にc, a準位も反対にすることはできない．このことから§6.2に述べた，中心対称性のある媒質では2次の非線形分極は生じないことが導かれる．図 (b) のように ω が Ω_{ba} に共鳴すると，入射光がa-b遷移で吸収されてしまう．また，図 (c) のように 2ω が Ω_{ca} に共鳴すると，$P_i^{(2)}(2\omega)$ から発生する 2ω の光が吸収されてしまう．そこで，2次高調波発生のためには (7.5) の分母では何れの共鳴もしないのが普通である．実際的な透明物質における2次高調波発生の場合には，図 (a) のようにb準位もc準位も 2ω よりずっと高いところにあることになる．

§7.3 2光子吸収

周波数 ω の光が入射するとき，2ω の周波数が図 7.4(c) のように a - c 間の遷移に共鳴すると，ω の周波数に対して共鳴がなくても吸収が起こる．これを 2 光子吸収という．これは 1935 年にゲッペルト－マイヤーによって予測されたもので，光領域ではレーザー光によって初めて実現した．

第 3 章で逐次近似を (3.30) と (3.31) から (3.47) と (3.48) に進めたように，さらに電場の 4 次まで計算を進めて $d\rho_{\rm cb}/dt$，$d\rho_{\rm ca}/dt$ などを求め，c 準位への遷移確率を求めると，計算は省略するが，

$$\frac{d\rho_{\rm cc}}{dt} = -i\frac{\frac{|p_{\rm cb}E^{(\omega)}|^2}{\hbar^2}}{\Omega_{\rm cb} - \omega - i\gamma_{\rm cb}} \frac{\frac{|p_{\rm ba}E^{(\omega)}|^2}{\hbar^2}}{\Gamma_{\rm ba}} \frac{2\gamma_{\rm ba}}{(\Omega_{\rm ba} - \omega)^2 + \gamma_{\rm ba}^2} + {\rm c.c.}$$
$$+ i\frac{\frac{|p_{\rm cb}p_{\rm ba}|^2|E^{(\omega)}|^4}{\hbar^4}}{(\Omega_{\rm ca} - 2\omega - i\gamma_{\rm ca})(\Omega_{\rm cb} - \omega - i\gamma_{\rm cb})(\Omega_{\rm ba} - \omega - i\gamma_{\rm ba})} + {\rm c.c.}$$
(7.6)

が得られる．ここで第 1, 2 項は図 7.5(a) のように b 準位へいったん励起され，b 準位の分布 $\rho_{\rm bb}$ ができてから ((3.50) 参照)，そこからもう一度 c 準位へ励起される過程である．$\Gamma_{\rm ba}$ は b 準位の分布が a 準位に緩和するときの減衰定数である．第 3, 4 項は (7.4) で求めた $\rho_{\rm ca}$ ができてから，$\rho_{\rm cc}$ が作られる項で，図 (b) のように b 準位への分布がほとんどなくても a - c 間の遷移に 2ω が共鳴すると強く起こる項である．これは第 1, 2 項の分母には $(\Omega_{\rm ba} - \omega)$ が 1 つ多い代りに，第 3, 4 項には $(\Omega_{\rm ca} - 2\omega - i\gamma_{\rm ca})$ が 1 つ多いことからわかる．通常，後者を **2 光子吸収**といい，前者の 2

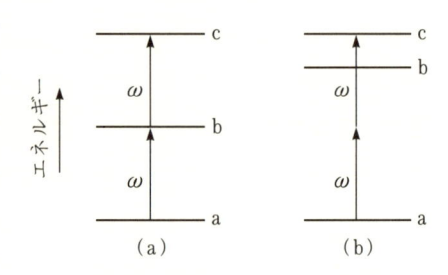

図 7.5 2 光子吸収．通常 (a) の場合を 2 段励起，(b) の場合を 2 光子吸収という．(b) の場合に中間準位 b は終状態 c より上にあってもよい．

段励起と区別する.

(7.6) の 2 光子吸収は, 2 つの双極子モーメント p_{ba}, p_{cb} を使って a から b, b から c を結ぶので, 中心対称的な媒質においては a と c は等しい対称性でなければならない. すなわち, 2 光子吸収は 1 光子吸収とは異なる選択律にしたがう. これを利用して 2 光子吸収は原子の準位を選択的に励起したり, 固体のバンドの対称性を決定したりすることにも利用される.

[**問題 7.2**] $\Omega_{ca} - 2\omega = 0$ のときは $\Omega_{cb} - \omega = -(\Omega_{ba} - \omega)$ である. このとき (7.6) の第 1 項と第 3 項にそれぞれの複素共役項を加えて c 準位への実数の遷移確率を求めよ.

§7.4 コヒーレントラマン分光

3 準位が関与するもう一つの過程にラマン過程がある. このうちラマン散乱は古くから知られ, 図 7.6 に示すように, 周波数 ω_1 の入射光を入射すると, 物質がある固有の振動数 Ω_{rg} をもっているとき, Ω_{rg} だけ異なる $\omega_1 \pm \Omega_{rg}$ の光が散乱されて出てくる. 散乱光強度は入射光強度に比例するので, ラマン散乱は入射光強度に関しては線形の過程である. しかし, 電場の次数からすると前節の 2 光子吸収と同じ次数の非線形過程で, 第 2 の遷移が折り返したものになっている. ω_1 は g‐i 間の遷移に共鳴しないのが普通であるが, 共鳴させて強い遷移を起こさせることもある. 静止して基底準位 g にいる原子系があるとすると, ω_1 の入射によって生ずる線形分極は (3.34) のように

$$P = \varepsilon_0 \chi^{(1)} E^{(\omega_1)} e^{-i(\omega_1 t - kz)} + \text{c.c.} \tag{7.7}$$

で表される. もしそのとき振動数 Ω_{rg} で分子振動や結晶の格子振動が起こると, 線形感受率 $\chi^{(1)}$ が Ω_{rg} で変調を受

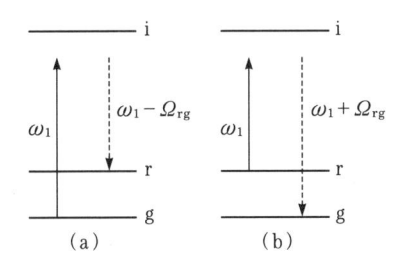

図 7.6 ラマン散乱. (a) ストークス - ラマン散乱と (b) アンチストークス - ラマン散乱.

ける. そこで, 分極には $\omega_1 \pm \Omega_{rg}$ の振動数が現れ, その周波数の光を放出する. これが**ラマン散乱**である. これを微視的に見るためには一つ一つの分子の双極子モーメントを考える. それは光の電場に比例して生じ,

$$p = \varepsilon_0 \alpha [E^{(\omega_1)} e^{-i(\omega_1 t - kz)} + \text{c.c.}] \tag{7.8}$$

のように表される. ここで比例係数 α を分極率という. 簡単のために α を実数とする. 分子振動などがあると原子間隔が変化し, α は

$$\alpha = \alpha_0 + \left(\frac{\partial \alpha}{\partial x}\right) x, \qquad x = x_0 \cos \Omega_{rg} t \tag{7.9}$$

のように変化する. x は振動座標で x_0 はその振幅である. これを (7.8) に代入し, 単位体積の分子全体について加えると (7.7) の P として $\exp\{-i[(\omega_1 \pm \Omega_{rg})t - kz]\}$ に比例した項が得られる. この分極からの周波数 $\omega_1 \pm \Omega_{rg}$ の光の放出は自然放出である. その確率は (4.1) で与えられるので, 短波長ほどラマン散乱確率は大きくなる. Ω_{rg} の分子振動は一般には多数の分子の自発的振動であるからインコヒーレントである.

この様子を量子準位間の遷移で見ると, $\omega_1 - \Omega_{rg}$ の光の放出は図 7.6(a) のような基底状態から ω_1 を吸収して振動励起準位 r にいく遷移に対応し, $\omega_1 + \Omega_{rg}$ の放出は同 (b) のように振動励起準位から逆に基底準位にいたる遷移である. 前者をストークス-ラマン遷移, 後者をアンチストークス-ラマン遷移という. 通常, 準位 r の分布は基底準位 g に比べて小さいので, 後者の強度は前者に比べて小さい.

ラマン散乱に関与する固有振動では, 分子振動や固体物理学における結晶の光学モードの格子振動が代表的であるが, このほかに音響モードの格子振動の場合もあって, 特に**ブリュアン散乱**という. 電子遷移の準位によるものは電子ラマン散乱という. (7.9) の α が有限の大きさの固有振動数をもたないゆらぎ (揺動) の場合は**レイリー散乱**という. これらの散乱においては光は一般に周波数とともにその進行方向も変え, 文字どおり四方に散乱される.

通常のラマン散乱の散乱強度は一般に極めて弱いものである. ところで,

§7.4 コヒーレントラマン分光　115

ラマン散乱は入射光と散乱光の2つの光子が関与する非線形過程とみることもできる．そこで，ω_1 と $\omega_2 = \omega_1 - \Omega_{rg}$ の2波長のレーザーを使って，Ω_{rg} の固有振動をコヒーレントに強く励起すると強いラマン光を観測することができる．これを**コヒーレントラマン分光**という．その代表的なものは図7.7(a)のコヒーレントアンチストークス-ラマン分光(CARS)と同(b)のコヒーレントストークス-ラマン分光(CSRS)である．前者では2つの光 ω_1 と ω_2 のビートによって Ω_{rg} の振動がコヒーレントに励起され，これと ω_1 を組み合わせた和周波発生 ω_{AS}（図7.6(b)の過程）によって基底準位にもどる．後者は ω_1 と ω_2 による Ω_{rg} の生成に図7.6(a)の差周波発生 ω_S の過程が組み合わされたものである．この場合には Ω_{rg} の振動がコヒーレントであるため，放出光の方向が決まった方向に向き，偏光も決まる．その結果，ラマン光の強度は 10^9 倍も強くなることが計算される．CARS と CSRS の放出光の方向を図7.8に示す．希薄な窒素分子やメタンなどの CARS が高い感度で測定されている．

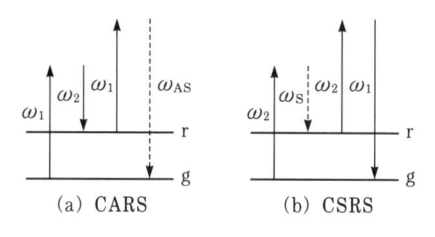

なお，一つの ω_1 の入射のみでもそれが強いときには，ω_2 と分子振動 x の結合がコヒーレントに生じて強め合い，指向性をもったコヒーレントな強い ω_2 の光が発生する．これは**誘導ラマン散乱**とよばれ，非線形光学に特徴的な効果の一つである．

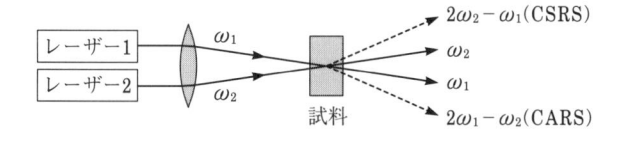

図7.7　コヒーレントラマン分光

図7.8　CARS と CSRS の放出光の方向

8 コヒーレント過渡現象

原子にできた分極は遷移周波数と同じ周波数で振動する．多数の原子の分極がその位相をそろえて振動するとき，その原子系はコヒーレントな状態にあるという．したがって，原子が 100 % 基底準位あるいは励起準位にいる場合には分極自体がないからこのコヒーレンスは考えられない．

原子系全体の分極は，準位間の遷移によって個々の原子の分極が失われても，分極があっても相互の位相が乱れれば減衰するから，位相緩和時間は一般に励起準位の寿命より短い．原子系のコヒーレンスは励起された直後にしか存在しない過渡的なものである．コヒーレント過渡現象は，各準位の分布の時間変化のほか，分極の位相のそろい方も含めた原子系の運動の詳細を反映する．本章ではその多彩な現象の一端を述べる．

§8.1 光学的ブロッホ方程式

光による原子の励起と減衰は (3.30) および (3.31)，(3.50) によって表された．(4.56) を導いたときと同様に (3.50) を $(\rho_{bb} - \rho_{aa})_0$ が熱平衡値になるように書き直し，これらをもう一度まとめると

$$\frac{d\rho_{ba}{}^{(\omega)}}{dt} = -i(\Omega_0 - \omega)\rho_{ba}{}^{(\omega)} - \gamma\rho_{ba}{}^{(\omega)} - i\frac{p_{ba}E^{(\omega)}e^{ikz}}{\hbar}(\rho_{bb} - \rho_{aa}) \tag{8.1}$$

$$\frac{d\rho_{ab}{}^{(-\omega)}}{dt} = i(\Omega_0 - \omega)\rho_{ab}{}^{(-\omega)} - \gamma\rho_{ab}{}^{(-\omega)} + i\frac{p_{ab}E^{(-\omega)}e^{-ikz}}{\hbar}(\rho_{bb} - \rho_{aa}) \tag{8.2}$$

$$\frac{d(\rho_{bb} - \rho_{aa})}{dt} = -\Gamma[\rho_{bb} - \rho_{aa} - (\rho_{bb} - \rho_{aa})_0]$$
$$- \frac{2i}{\hbar}(\rho_{ba}{}^{(\omega)} p_{ab} E^{(-\omega)} e^{-ikz} - p_{ba} E^{(\omega)} e^{ikz} \rho_{ab}{}^{(-\omega)}) \tag{8.3}$$

となる．第3章ではこれらの方程式を定常的な場合で考え，左辺をゼロと置いた．ここでは時間に依存した現象を考えるので，左辺の時間微分は残しておく．第3章と同様に進行波を記述するために $e^{\pm ikz}$ という位相因子が入っている．しかし，波長よりずっと小さい範囲に限って考えるときには $e^{\pm ikz}$ を定数と置いてよい．

この方程式を直感的に理解しやすくするために，次のような $u(t)$, $v(t)$, $w(t)$ の3つの実変数を用いて書き直す：

$$\left. \begin{array}{l} u = \rho_{ba}{}^{(\omega)} + \rho_{ab}{}^{(-\omega)} = 2\,\mathrm{Re}[\rho_{ba}{}^{(\omega)}] \\ v = -i(\rho_{ba}{}^{(\omega)} - \rho_{ab}{}^{(-\omega)}) = 2\,\mathrm{Im}[\rho_{ba}{}^{(\omega)}] \\ w = \rho_{bb} - \rho_{aa}, \quad w_0 = (\rho_{bb} - \rho_{aa})_0 \end{array} \right\} \tag{8.4}$$

さらに，簡単のために，$E^{(\omega)} e^{ikz} = E$（実数）となるような適当な z のところで考えることにし，また第3章で述べたように，$p_{ba} = p_{ab} = p$（実数）ととると，$p_{ba} E^{(\omega)} e^{ikz}$ は実数になる．これを pE と書いて (8.1) と (8.2) の和と差および (8.3) から

$$\begin{aligned} \frac{du}{dt} &= (\Omega_0 - \omega)v - \gamma u \\ \frac{dv}{dt} &= -(\Omega_0 - \omega)u - \gamma v - \frac{2pE}{\hbar}w \\ \frac{dw}{dt} &= -\Gamma(w - w_0) + \frac{2pE}{\hbar}v \end{aligned} \tag{8.5}$$

を得る．この3個の方程式を**（光学的）ブロッホ方程式**という．これはもとは核磁気共鳴の磁気モーメントに関する方程式であった．(8.1)，(8.2) の $\rho_{ba}{}^{(\omega)}$, $\rho_{ab}{}^{(-\omega)}$ や (8.5) の u, v は周波数 $\Omega_0 - \omega$ で振動する解をもつ．ゆえ

に，この方程式は原子系の周波数 Ω_0 の運動を角速度 ω で回転する回転座標に乗って見ていることになっている．

これを用いて，光の入射直後の短時間内で，まだ緩和の影響が大きくなる前の状態について考えてみる．すなわち，(8.5) において $E \neq 0, \gamma = \Gamma = 0$ とする．ここで原子系の状態を表すベクトル $\boldsymbol{R}$ と入射光と原子系の相互作用を表すベクトル $\boldsymbol{\Omega}$ を

$$\left.\begin{array}{l} \boldsymbol{R} \equiv (u, v, w) \\ \boldsymbol{\Omega} \equiv \left(\dfrac{2pE}{\hbar}, 0, \omega - \Omega_0\right) \end{array}\right\} \tag{8.6}$$

と定義すると，方程式 (8.5) は，

$$\dfrac{d\boldsymbol{R}}{dt} = \boldsymbol{\Omega} \times \boldsymbol{R} \tag{8.7}$$

と表される．これは u, v, w の仮想的 3 次元空間において図 8.1(a) のようにベクトル $\boldsymbol{R}$ がベクトル $\boldsymbol{\Omega}$ を軸として角速度 $|\boldsymbol{\Omega}| = \sqrt{(2pE/\hbar)^2 + (\omega - \Omega_0)^2}$ で回転することを示す．あるいは，擬電場ベクトルとして $\boldsymbol{\varepsilon} \equiv (2E, 0, \hbar(\omega - \Omega_0)/p)$ を定義すると

$$\dfrac{d\boldsymbol{R}}{dt} = \dfrac{p}{\hbar} \boldsymbol{\varepsilon} \times \boldsymbol{R} \tag{8.8}$$

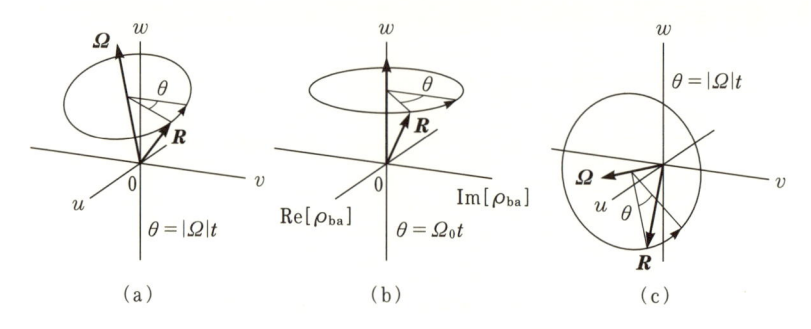

(a) (b) (c)

図 8.1 ブロッホベクトル $\boldsymbol{R}$ の歳差運動と章動
(a) 回転座標系で見た $\boldsymbol{R}$ の運動
(b) 静止座標系で見た $\boldsymbol{R}$ の歳差運動 ($\omega = 0, E = 0$)
(c) 回転座標系で見た $\boldsymbol{R}$ の章動 ($\omega \approx \Omega_0$)

とすることもできる．このように原子の励起状態は半径1の球面上の R の運動として図示することができる．R を**ブロッホベクトル**とよぶ．

(8.8) は磁場 H の中の磁気モーメント M の歳差運動

$$\frac{dM}{dt} = \gamma_g H \times M \tag{8.9}$$

に対比できる．(γ_g は磁気回転比で，電子や陽子の磁気モーメントと角運動量の比を表す．)

(8.7) と (8.8) は $\omega = 0$ とすると，静止座標から見たブロッホベクトルの運動を表す．このとき $E = 0$ では R は図 (b) のように遷移周波数 Ω_0 の早い首振り運動となる．これを**歳差運動**(precession)という．$\omega \approx \Omega_0$ では Ω_0 の早い運動を打ち消す ω の回転座標で見るから，R は図 (c) のように u 軸に近い Ω の周りでゆっくりした回転運動をする．これを**章動**(nutation)という．

[**問題 8.1**] $E^{(\omega)}e^{ikz}$ を実数とするような点 z で考えず，任意の位置 z で考えるときブロッホ方程式 (8.5) と Ω はどうなるか．ただし，簡単のため $E^{(\omega)}$ を実数として E と置く．

§8.2 光章動

入射光が共鳴条件 $\omega = \Omega_0$ にあって，緩和がまだ小さい短時間内を考えると，R は (8.7) によって u 軸の周りを角速度 $2pE/\hbar$ で回転する．初期条件を基底準位 $R = (0, 0, -1)$，すなわち $\rho_{ba}{}^{(\omega)} = \rho_{ab}{}^{(-\omega)} = \rho_{bb} = 0, \rho_{aa} = 1$ とすると図 8.2 のように R は半径1の円の最下点から出発して大円を描く．この運動を**ラビの章動**という．その周波数 $2pE/\hbar$ を**ラビ周波数**という．途中 v が最大の点では $R = (0, 1, 0), \rho_{ba}{}^{(\omega)} = -\rho_{ab}{}^{(-\omega)} = i/2, \rho_{bb} = \rho_{aa} = 1/2$ となる．頂点 $R = (0, 0, 1)$ では

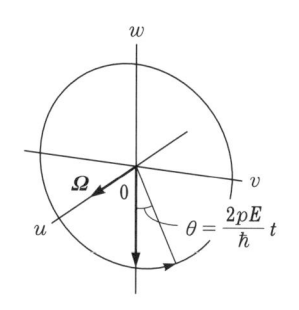

図 8.2 ラビの章動

$\rho_{ba}{}^{(\omega)} = \rho_{ab}{}^{(-\omega)} = \rho_{aa} = 0$, $\rho_{bb} = 1$ となり，原子系は完全に励起準位に上がる．これが光を原子に共鳴させたときの励起過程の詳細な様子である．

時間 t の間光を入射すると，ブロッホベクトルは角度 $\theta = 2pEt/\hbar$ だけ回転する．$\theta = 90°$ の光パルスを **90° パルス**（または $\pi/2$ パルス），$\theta = 180°$ のパルスを **180° パルス**（または π パルス）という．θ のことを**パルス面積**という．

図 8.2 の R の運動の結果を u, v, w で表すことも簡単である．共鳴パルスが t_1 から t まで加わると $\theta = 2pE(t-t_1)/\hbar$ となる．パルス幅は緩和時間より短いとしてその間の緩和は無視する ($\gamma = \Gamma = 0$)．そうすると，はじめ $u(t_1), v(t_1), w(t_1)$ にあったブロッホベクトルは u 軸の周りの回転によって時刻 t には

$$u(t) = u(t_1) \tag{8.10}$$
$$v(t) = \cos\theta\, v(t_1) - \sin\theta\, w(t_1) \tag{8.11}$$
$$w(t) = \cos\theta\, w(t_1) + \sin\theta\, v(t_1) \tag{8.12}$$

に変換される．

§8.3 自由歳差減衰

ある時刻 t_1 でそれまで入射していた光が切れたとする．そのとき $u(t_1), v(t_1), w(t_1)$ にあった原子はどのように平衡状態に向かって緩和していくかを考えよう．(8.5) で $E = 0$ とし，u と v を組み合わせて解くと，直ちに

$$u(t) + iv(t) = [u(t_1) + iv(t_1)]e^{-i(\Omega_0-\omega)(t-t_1)}e^{-\gamma(t-t_1)} \tag{8.13}$$
$$w(t) = [w(t_1) - w_0]e^{-\Gamma(t-t_1)} + w_0 \tag{8.14}$$

が得られる．これらを図示すると図 8.3 のように R は回転座標系内で差周波数 $\Omega_0 - \omega$ で回転しながら減衰することがわかる．静止座標系では $\omega = 0$ とすればわかるように，Ω_0 で回転しながら減衰する．

分布確率の差を表す w を R の縦成分といい，それに対して分極の互いに 90° の位相成分を表す u, v をその横成分という．(8.14) によって w の緩和

は Γ で表され，**縦緩和**という．(8.13) によって u, v の緩和は γ によって表され，**横緩和**あるいは**位相緩和**という．しかし，§3.4 で述べたように，実際の物質では共鳴線には不均一広がりがあり，周波数 Ω_0 が分布する．そのため (8.13) をいろいろな Ω_0 について加え合わせると，u, v には γ のほかに余分な減衰が生ずる．これを不均一横（位相）緩和といい，γ だけによる緩和

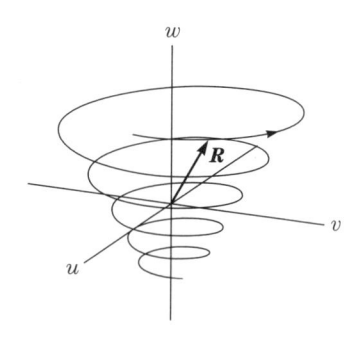

図 **8.3** 自由歳差減衰（$\boldsymbol{R}$ の歳差）

を均一横（位相）緩和という．（これらの緩和については次節で考察する．）

この不均一横緩和を具体的に調べるには，(8.13) の Ω_0 に分布を与えて，それについて積分すればよい．たとえば，Ω_0 が $\bar{\Omega}_0$ を中心として幅 $\Delta\Omega$ のガウス分布 $g(\Omega_0) = \dfrac{1}{\sqrt{\pi}\Delta\Omega} e^{-(\Omega_0-\bar{\Omega}_0)^2/\Delta\Omega^2}$ をしていると仮定すると，(8.13) の指数関数部分から

$$\int_{-\infty}^{\infty} g(\Omega_0) e^{-i(\Omega_0-\omega)(t-t_1)} d\Omega_0 = e^{-i(\bar{\Omega}_0-\omega)(t-t_1)} e^{-\Delta\Omega^2(t-t_1)^2/4} \quad (8.15)$$

が得られる．このように (8.13) の右辺の Ω_0 は分布の中心周波数 $\bar{\Omega}_0$ に置き換えられ，かつガウス型の減衰が加わる．

分極は (3.33) に (8.4) と (8.13) を用いると

$$P(t) = Np[\rho_{\text{ba}}(t) + \rho_{\text{ab}}(t)]$$
$$= \frac{Np}{2}\{[u(t_1) + iv(t_1)]e^{-i\Omega_0(t-t_1)}e^{-\gamma(t-t_1)} + \text{c.c.}\} \quad (8.16)$$

となる．これを Ω_0 の分布に対して平均すると

$$\bar{P}(t) = Np\sqrt{u^2(t_1) + v^2(t_1)} \cos[\bar{\Omega}_0(t-t_1) - \varphi]e^{-\Delta\Omega^2(t-t_1)^2/4} e^{-\gamma(t-t_1)} \quad (8.17)$$

となって，図 8.4 のような $t = t_1$ から始まる減衰振動が得られる．ただし，$\varphi = \tan^{-1}[v(t_1)/u(t_1)]$ である．このように光の入射しない自由な場では，

原子系は中心周波数 $\bar{\Omega}_0$ で振動しながら光を放出して減衰する．これを**自由歳差減衰**という．磁気共鳴ではスピンが検出器のコイルに電圧を誘導するので自由誘導減衰 (free induction decay, FID) という．光の場合には (8.1) に因子 e^{ikz} があったから，この $\rho_{ba}(t)$ や $\rho_{ab}(t)$ によってできた分極は励起光と同じ方向に進む光を放射する．

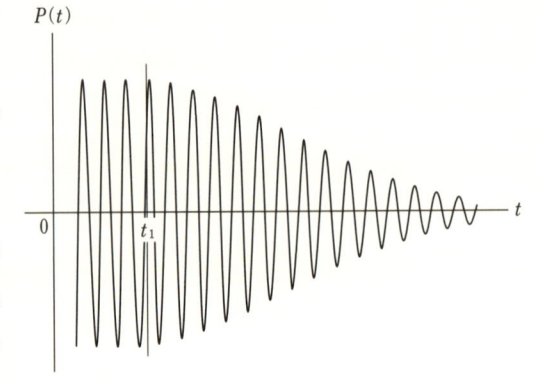

図 8.4 自由歳差減衰（分極の減衰振動）

[**問題 8.2**] 前問と同様に任意の点 z で考えるとき，(8.17) の $P(t)$ はどうなるか．（ヒント： (8.1) の両辺に e^{-ikz} を掛けると，これまでわれわれは $\rho_{ba}{}^{(w)}e^{-ikz}$ について解いてきたことがわかる．）

§8.4 縦緩和と横緩和，不均一横緩和

さて，これまでに現れた種々の緩和についてここでまとめて考察しよう．横緩和定数あるいは位相緩和定数 γ は (3.26) において導入された．(8.17) の分極 $\bar{P}(t)$ は個々の原子あるいは分子がもっている振動双極子が集合した巨視的分極である．これは (8.16) あるいは (8.17) によって ρ_{ba} と ρ_{ab} あるいは u と v によって表される．これらが緩和して減衰すると $\bar{P}(t)$ も減衰する．その本質的減衰を示す定数が γ である．この緩和には 2 つの異なる原因がある．その 1 つは，(A) 初め位相をそろえていた多数の双極子が位相を乱してそろわなくなってしまうことである．もう 1 つは，(B) 双極子を作っている 2 準位の分布が変化し，双極子自体が消失してしまうことである．

(A) では (3.9) と (3.13) における c_{ia}, c_{ib} の大きさ $|c_{ia}|$, $|c_{ib}|$ を変えないで，それらの間の位相差が原子ごとにランダムになるため，双極子の集

合としての ρ_{ba} と ρ_{ab} の減衰が起こる．具体的には気体中では原子間の衝突の瞬間に，相手の原子の作る電場によるエネルギー準位の変化（シュタルク効果という）が生ずるときに位相変化が起こる．また，衝突によって原子の進行方向が曲げられたときにも試料全体では双極子の位相の空間分布が変化し ρ_{ba} は減衰する．このような（準位間遷移をともなわない）衝突による散乱を**弾性散乱**という．固体中では，各原子やイオンがそれぞれの平衡位置の周りで熱振動しているから，注目する双極子の位置には時間的にゆらぐ電場ができてやはり位相変化が生じ，分極全体としての減衰が起こる．（格子振動を量子化して，粒子すなわちフォノンと考えるときには，双極子とフォノンとの衝突という．）横緩和定数 γ のうちの (A) の成分を γ_{ph} と書き減衰は $e^{-\gamma_{ph} t}$ となる．

(B) では c_{ia}, c_{ib} の大きさ自体が変化したり失われたりするため，ρ_{ba} と ρ_{ab} の減衰が起こる．そこでは双極子を作っている準位 a, b 間に遷移が起きたり，a, b から他の第 3 の準位 c への遷移が起こったり，エネルギーが気体内では他の原子に，固体内では格子振動に移ったりする．このような準位間遷移によるエネルギー変化をともなう散乱を**非弾性散乱**という．遷移によって失われるエネルギーは最終的には熱となる．この (B) による緩和では，準位 a, b の分布 ρ_{aa} や ρ_{bb} が変化するから，これは (3.47) において導入した縦緩和 Γ である．すなわち，γ のもう一つの成分は Γ である．そこで，横成分の減衰は $e^{-\gamma_{ph} t}$ と $e^{-\Gamma t}$ の積になるから，

$$\gamma = \gamma_{ph} + \Gamma \tag{8.18}$$

の関係があることがわかる．

緩和定数の逆数は緩和時間である．縦緩和時間を $T_1 (= 1/\Gamma)$，横緩和時間あるいは位相緩和時間を $T_2 (= 1/\gamma)$ と記す．後者のうち (A) のエネルギー変化をともなわない散乱による緩和時間を $T_2' (= 1/\gamma_{ph})$ とすると

$$\frac{1}{T_2} = \frac{1}{T_2'} + \frac{1}{T_1} \tag{8.19}$$

の関係がある．共鳴線の幅の広がりで考えると，分極は (A) の散乱によって平均寿命 T_2' をもつから，それによって共鳴線は $1/T_2'$ の幅をもつ．同様に分極は (B) の散乱によって寿命 T_1 をもつから，それによって共鳴線は $1/T_1$ の幅をもつ．2 つのベル形広がりの重なった共鳴線の幅はほぼそれぞれの広がりの和になる．(8.19) はこのような和を示している．(この式は扱う準位の構造や状況によって変るが，おおよその関係式としては正しい．) 以上の横緩和（位相緩和）は次のものと区別して**均一横緩和**（均一位相緩和）という．

不均一横緩和は上記のエネルギー準位が時間的に固定され，個々の原子があたかも異なったエネルギー準位をもつように見なされる場合に生ずる．気体の場合には異なる速度をもつ原子はドップラー効果によって異なる共鳴周波数をもつ．固体では低温で熱振動が小さくなると各原子はそれぞれの位置において異なったシュタルク電場によって異なった共鳴周波数をもつ．衝突の激しくない低圧の気体や，熱振動の激しくない低温の固体ではこの不均一横緩和が前述の均一横緩和にまさる（§7.1 参照）．

不均一横緩和は (8.17) の $-\Delta\Omega^2 t^2$ の入った因子のようになって，時間の指数関数的減衰にならない場合が多いが，指数関数的減衰で近似した不均一横緩和時間 T_2^* を目安として e^{-t/T_2^*} とすることもある．不均一横緩和は次節に述べるように物理的過程として均一横緩和と明らかに区別される．

§8.5 フォトンエコー

均一横緩和は不可逆過程であるが，不均一横緩和は可逆過程であって，その減衰は回復することができる．これを実現するのが**フォトンエコー**（光エコーともいう）である．

基底状態 ($u_0 = v_0 = 0$, $w_0 = -1$) にある原子系にパルス面積 θ_1 の光パ

ルスが図 8.5 のように t_1 から t_1' まで入ったとすると, $\boldsymbol{R}$ は図 8.2 のように u 軸の周りに θ_1 だけ回転する. t_1 における $w_0 = -1$ などは (8.10)～(8.12) によって変換され, t_1' までに

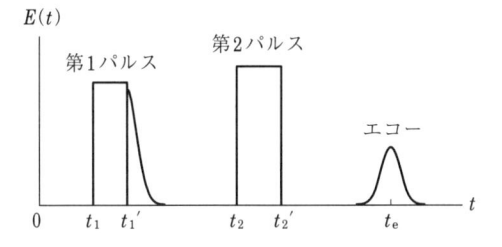

図 8.5 2 パルスによるフォトンエコー
第 1 パルスの後の自由歳差減衰と t_e におけるエコー

$$v(t_1') = \sin\theta_1, \qquad w(t_1') = -\cos\theta_1 \tag{8.20}$$

となる. これはその後図 8.3 のように t_1' から t_2 まで自由歳差減衰する. t_2 では (8.13) と (8.14) によって

$$u(t_2) + iv(t_2) = i\sin\theta_1\, e^{-i(\Omega_0-\omega)(t_2-t_1')} e^{-\gamma(t_2-t_1')} \tag{8.21}$$

$$w(t_2) = [-\cos\theta_1 + 1]e^{-\Gamma(t_2-t_1')} - 1 \tag{8.22}$$

となる. ここで第 2 パルス θ_2 を t_2 から t_2' まで入射すると, (8.10) と (8.11) によって

$$u(t_2') = u(t_2) \tag{8.23}$$

$$v(t_2') = \cos\theta_2\, v(t_2) - \sin\theta_2\, w(t_2) \tag{8.24}$$

に変換される. これは図 8.2 と同様な u 軸の周りの回転になっている. ここで w はエコーに効く項にならないので (8.24) の右辺第 2 項は以下では省略する. 次に, t_2' から t までの自由歳差減衰は, (8.13) で $t_1 \to t_2'$ とし, これに (8.23) と (8.24) を代入し, さらに $u(t_2)$ と $v(t_2)$ を (8.21) によって表すと,

$$\begin{aligned}
u(t) + iv(t) &= [u(t_2') + iv(t_2')]e^{-i(\Omega_0-\omega)(t-t_2')}e^{-\gamma(t-t_2')} \\
&= -\frac{i}{2}\sin\theta_1\bigl[(1-\cos\theta_2)e^{-i(\Omega_0-\omega)(t-2t_2+t_1)} \\
&\quad - (1+\cos\theta_2)e^{-i(\Omega_0-\omega)(t-t_1)}\bigr]e^{-\gamma(t-t_1)} \tag{8.25}
\end{aligned}$$

を与える. この計算の最後でパルス幅は自由歳差減衰の時間より十分短いと仮定して, $t_1' = t_1$ および $t_2' = t_2$ と近似した.

さて，この第1項の $e^{-i(\Omega_0-\omega)(t-2t_2+t_1)}$ の因子は (8.15) の積分を行うと，

$$e^{-\Delta\Omega^2(t-2t_2+t_1)^2/4}$$

を与える．これは $t = 2t_2 - t_1$，すなわち $t - t_2 = t_2 - t_1$ の時刻で指数がゼロとなり，不均一位相緩和が回復したことを示している．これが図 8.5 の **2 パルスによるエコー**である．(8.25) の第1項は前半の時間 $(t_2 - t_1)$ で位相は $+i(\Omega_0 - \omega)(t_2 - t_1)$ だけ変化し，後半の同じ時間 $(t_e - t_2)$ で $-i(\Omega_0 - \omega)(t_e - t_2)$ だけ変化したために，Ω_0 が異なったとしてもすべての項の位相が元にもどったのである．しかし，その間に不可逆過程の方は進行していて，$e^{-\gamma(t_e-t_1)} = e^{-2\gamma(t_2-t_1)}$ だけの減衰が起こっている．エコー強度は (8.25) の第1項を最大にする $\theta_1 = \pi/2, \theta_2 = \pi$ のところで最大になる．

このエコーの形成はブロッホベクトルの運動で完全に図示される．その過程をまとめると図 8.6 のようになる．図では簡単のために $\theta_1 = \pi/2$，$\theta_2 = \pi$ としてある．第1パルス θ_1 によって $v = 1$ に向いたベクトルは，(b) では $\Omega_0 > \omega$ の原子は（w 軸のプラス側から見て）右回りに，$\Omega_0 < \omega$ のものは左回りに回転し始める．円周上に一様に分布すると，放出光は打

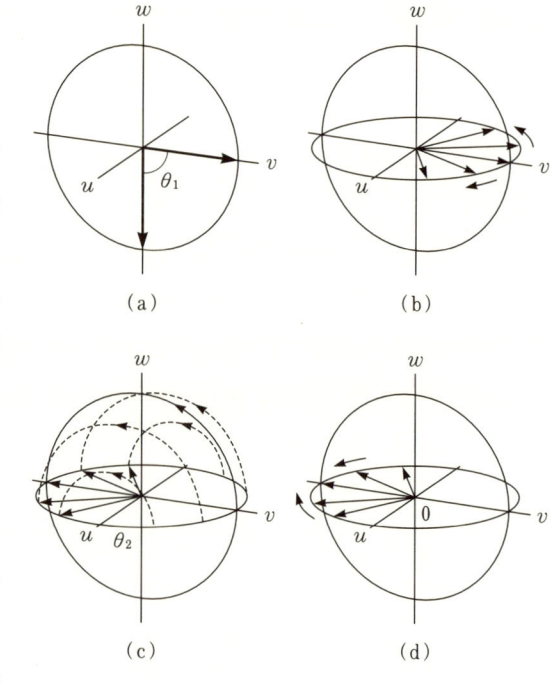

図 8.6 フォトンエコーの形成
(a) 第1パルスによる励起
(b) 自由歳差によるベクトルの扇状の広がり
(c) 第2パルスによるベクトルの反転
(d) 自由歳差によるベクトルの集合，エコーの生成

ち消し合ってゼロとなる．(c)では第 2 パルス θ_2 によって u 軸の周りに 180°回転が起こる．(d) では各原子は同じ方向に回転し続けるので，すべての原子が $v = -1$ を向き，大きなエコーの放出となる．

パルス間隔 $t_2 - t_1$ を変えてエコー強度を測定すると，均一横緩和時間 $1/\gamma$ が測定できる．フォトンエコーの重要な点はこの不均一広がりの中に埋もれた均一広がりの緩和時間が測定できることである．測定された個々の物質について均一横緩和時間などを説明することが分光学の研究課題になる．

[**問題 8.3**] フォトンエコーにおいて第 2 パルスの直後にはどんな信号がでるか．

スピンエコー と フォトンエコー

　ある新しい現象の発見には二つの方法がある．磁気共鳴におけるスピンエコーは1950年にE.L.ハーンによって見出された．このときハーンは常磁性体試料に二つの高周波パルスを当てたところ，おかしな小さなパルスがその後ろに出ているのに気づいた．彼は家に帰って一晩その理由を考え，それが新しい現象であることを知り，スピンエコーと名づけた．これは磁気共鳴における横緩和時間の測定に欠かすことのできない方法となり，今日でも盛んに用いられている．これは偶然予期しない新しい現象を注意深い観察によって発見した場合である．なお，ハーンはその後も，彼の学生に共鳴媒質の中を伝搬する光パルスの計算を電子計算機でさせているときに，光が減衰しないで透過する自己誘導透過現象を偶然見つけている．

　それに対して，ハーンの学生であったS. R. ハートマンは，新しい職を大学に得て，発明されたばかりのルビーレーザーを用いて，光によるエコーを実現しようと意気込んだ．光に共鳴する原子の2準位は磁場中のスピンの2準位と同等の振舞をするからである．ここでは試料としてルビー結晶を選び，その中のクロムイオンの2準位にそのレーザー光を当てて共鳴させた．ところが，この計画された実験はなかなか成功しなかった．その原因は，ルビーの母体結晶を構成するアルミニウム原子核のスピンが歳差運動をして，これがクロムイオンの位置にランダムな磁場を作るためと考えられた．そこで彼は以前磁気共鳴で培った知識を用いて，試料に外部磁場をかけてようやくエコーの観測に成功した(1964)．キャッチフレーズとしての良さもあって，彼はこれをフォトンエコーと名づけた．光を量子化しなくても理解できるので，光学的スピンエコーといってもよい．日本語では単に光エコーということもある．このフォトンエコーは上述の自己誘導透過なども含む広くコヒーレント過渡現象とよばれる分野の始まりとなった．これはあらかじめ十分に計画された実験によって新しい現象を見つけた場合に相当する．

9 電磁場の量子化

光の二重性を正しく扱うには光の場を量子化して扱わなければならない．そこでこの章では電磁場の量子化を行い，本格的な量子光学を始めることにしたい．まず，よく知られた調和振動子の量子化にならって量子化を行う．そうすると電磁場は生成および消滅演算子と光子数状態によって表されることになる．この光子数状態は光の一般の状態を表す基底となる重要なものである．これによって電磁場の種々の量の期待値やそのゆらぎも表される．

§9.1 マクスウェルの電磁波

マクスウェル方程式から得られる平面電磁波は，電場の方向，磁束密度の方向および進行方向が右手系をなす．たとえば，それぞれを x, y, z 方向にとると

$$\left. \begin{array}{l} E_x(\boldsymbol{r}, t) = E_0\, e^{i\boldsymbol{k}\cdot\boldsymbol{r}-i\omega t} + E_0^*\, e^{-i\boldsymbol{k}\cdot\boldsymbol{r}+i\omega t} \\ B_y(\boldsymbol{r}, t) = B_0\, e^{i\boldsymbol{k}\cdot\boldsymbol{r}-i\omega t} + B_0^*\, e^{-i\boldsymbol{k}\cdot\boldsymbol{r}+i\omega t} \end{array} \right\} \quad (9.1)$$

と表され，$\boldsymbol{k} = (0, 0, k_z)$ は z 方向に向かう波数ベクトルである（図 9.1）．電場と磁束密度の大きさの間には $B_0 = \sqrt{\varepsilon_0 \mu_0}\, E_0 = E_0/c$ という関係がある．

ある体積 $V = L_x L_y L_z$ の中でこの電磁場のエネルギーを考える．そのために E_0 および B_0 を，電場および磁束密度の次元を表す係数 $\mathcal{E} = \sqrt{\hbar\omega/2\varepsilon_0 V}$ および $\mathcal{E}/c$ と，振幅の大きさを表す無次元の複素数 a, a^* に分けて (9.1) を

130   9. 電磁場の量子化

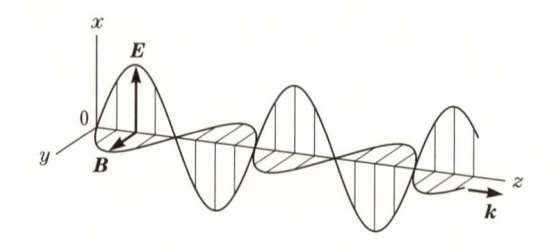

図 9.1 伝播する電磁波（直線偏光の場合）

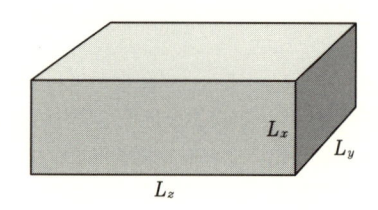

図 9.2 量子化を考える直方体

$$\left.\begin{aligned} E_x(\boldsymbol{r}, t) &= i\mathcal{E}\left[a\, e^{i\boldsymbol{k}\cdot\boldsymbol{r}-i\omega t} - a^*\, e^{-i\boldsymbol{k}\cdot\boldsymbol{r}+i\omega t}\right] \\ B_y(\boldsymbol{r}, t) &= i\frac{\mathcal{E}}{c}\left[a\, e^{i\boldsymbol{k}\cdot\boldsymbol{r}-i\omega t} - a^*\, e^{-i\boldsymbol{k}\cdot\boldsymbol{r}+i\omega t}\right] \end{aligned}\right\} \quad (9.2)$$

と表そう．ただし，E_x と B_y は実数である．ここで $\hbar$ はプランクの定数 $h = 6.68 \times 10^{-34}$ J·s を 2π で割った量で，$\hbar\omega$ はエネルギーの次元をもつ．これは量子化したあとで光子1個のエネルギーであることがわかる．図 9.2 のような体積 V の直方体の中のエネルギー $\mathcal{H}$ は $\boldsymbol{r} = (x, y, z)$ についての体積積分によって

$$\mathcal{H} = \frac{1}{2}\int_V \left[\varepsilon_0 E_x^{\,2}(\boldsymbol{r}, t) + \frac{1}{\mu_0} B_y^{\,2}(\boldsymbol{r}, t)\right] d^3r \quad (9.3)$$

と表される．ここで z 方向の箱の長さを L_z として，その方向の波数がある整数 l に対して $k_z = 2\pi l/L_z$，波長が $\lambda_z = L_z/l$ という波を考える．（z 方向以外の方向に進む光も含めるときは k_x, k_y も z 方向と同様に考える．しかし，z 方向に進むガウスビーム（第2章）のように周辺で減衰する光の場合には，

k_x, k_y は任意にとってよい.）そのようにして (9.2) を (9.3) に代入すると

$$\mathcal{H} = \frac{1}{2}\hbar\omega[a^*a + aa^*] \tag{9.4}$$

が得られる．この計算において (9.2) から出る $aa\,e^{2i\mathbf{k}\cdot\mathbf{r}}$ と $a^*a^*e^{-2i\mathbf{k}\cdot\mathbf{r}}$ の項は k_z を上のようにとったので，ちょうど平均化されて消え aa^* と a^*a の項のみが残った．

[**問題 9.1**]　(9.4) を証明せよ．異なるモード l と l' の電磁場がある場合にはどうなるか．

　電磁場は正弦波振動をしていることに関しては力学的振動と同等である．そこで，**調和振動子**を量子力学において量子化した手続きを真似ることができる．そのために $a\,e^{-i\omega t}$, $a^*e^{i\omega t}$ を実部と虚部に分け

$$\left.\begin{array}{l} a\,e^{-i\omega t} \equiv \dfrac{1}{\sqrt{2\hbar\omega}}(\omega q + ip) \\[6pt] a^*\,e^{i\omega t} \equiv \dfrac{1}{\sqrt{2\hbar\omega}}(\omega q - ip) \end{array}\right\} \tag{9.5}$$

とする．p は運動量，q は位置座標に対応する．これを用いると (9.4) は

$$\mathcal{H} = \frac{1}{2}(p^2 + \omega^2 q^2) \tag{9.6}$$

となる．これは座標を x，運動量を $p = m\dot{x}$ とする調和振動子のエネルギーの式

$$\mathcal{H} = \frac{1}{2m}p^2 + \frac{1}{2}m\omega^2 x^2$$

において $m = 1$ としたものと同じ形をしている．このように古典力学において体系のエネルギーを位置座標と運動量で表したものをハミルトン関数あるいはハミルトニアンという．

§9.2　電磁波の量子化，演算子の導入

　そこで，調和振動子の量子化でやったように，電磁場も量子化できる．

(9.5) と (9.6) において運動量 p を**運動量演算子** $\hat{p}$ で,位置座標 q を**位置座標演算子** $\hat{q}$ で置き換える.同様に振幅 a, a^* は演算子 $\hat{a}$, $\hat{a}^\dagger$ に置き換える.演算子は通常の数量ではなく,演算の規則を与えるものである.量子力学では運動量演算子は $(\hbar/i)\partial/\partial x$ という微分演算子に置き換えることから,調和振動子においては

$$[\hat{q}, \hat{p}] = \hat{q}\hat{p} - \hat{p}\hat{q} = i\hbar \tag{9.7}$$

という**交換関係**が導かれる.ここでもこれを仮定する.これを**量子化条件**という.この $\hat{p}$ と $\hat{q}$ で (9.6) の p と q を置き換えて

$$\hat{\mathcal{H}} = \frac{1}{2}(\hat{p}^2 + \omega^2 \hat{q}^2) \tag{9.8}$$

としたものを量子力学的**ハミルトニアン**とする.同様に $\hat{a}$, $\hat{a}^\dagger$ については,(9.5) を $\hat{q}$, $\hat{p}$ について解いて (9.7) に代入して得られる式

$$[\hat{a}, \hat{a}^\dagger] = \hat{a}\hat{a}^\dagger - \hat{a}^\dagger \hat{a} = 1 \tag{9.9}$$

を仮定する.(9.7),(9.9) の関係があるとき 2 つの演算子は交換しないという.ただし,同じ演算子同士は交換して

$$[\hat{a}, \hat{a}] = 0, \quad [\hat{a}^\dagger, \hat{a}^\dagger] = 0 \tag{9.10}$$

である.a, a^* をこれらの演算子に置き換えると (9.2) の電場と磁束密度は次のような演算子 $\hat{E}_x$ と $\hat{B}_y$ になる:

$$\begin{aligned}\hat{E}_x(\bm{r}, t) &= i\mathcal{E}\left[\hat{a}\,e^{-i(\omega t - \bm{k}\cdot\bm{r})} - \hat{a}^\dagger e^{i(\omega t - \bm{k}\cdot\bm{r})}\right] \\ \hat{B}_y(\bm{r}, t) &= i\frac{\mathcal{E}}{c}\left[\hat{a}\,e^{-i(\omega t - \bm{k}\cdot\bm{r})} - \hat{a}^\dagger e^{i(\omega t - \bm{k}\cdot\bm{r})}\right]\end{aligned} \tag{9.11}$$

そうすると,(9.3) と (9.4) によって (9.8) のハミルトニアンは

$$\hat{\mathcal{H}} = \frac{1}{2}\int_V \left[\varepsilon_0 \hat{E}_x^{\,2}(\bm{r}, t) + \frac{1}{\mu_0}\hat{B}_y^{\,2}(\bm{r}, t)\right]d^3r = \frac{1}{2}\hbar\omega(\hat{a}^\dagger \hat{a} + \hat{a}\hat{a}^\dagger) \tag{9.12}$$

とも表される.(9.9) を書き換えると

$$\hat{a}\hat{a}^\dagger = \hat{a}^\dagger\hat{a} + 1 \tag{9.13}$$

が得られるから，(9.12) はさらに

$$\mathscr{H} = \hbar\omega\left(\hat{a}^\dagger\hat{a} + \frac{1}{2}\right) \tag{9.14}$$

とすることができる．

[**問題 9.2**] (9.11) を用いて (9.12) を導くことが [問題 9.1] と同様に可能である．これを確かめよ．

§9.3　エネルギー固有状態と光子数状態

ハミルトニアン $\mathscr{H}$ の固有値を E，それに対する固有関数を $|\psi\rangle$ とすると

$$\mathscr{H}|\psi\rangle = E|\psi\rangle \tag{9.15}$$

という関係式が成り立つ．この $|\psi\rangle$ が光のハミルトニアンの固有状態を表す．そこで $|\psi\rangle$ はエネルギー固有状態とよばれる．あらゆる可能な E の値に対する $|\psi\rangle$ の全体は，E の値の数だけの次元の空間を作り，$|\psi\rangle$ はその空間での基本ベクトルとなる．固有状態を表すベクトルの意味で $|\psi\rangle$ を**状態ベクトル**ともいう．

以下で E と $|\psi\rangle$ を求めていく．まず，エネルギーには最低値があるはずである．これを $E = E_0$ として，その状態を $|\psi_0\rangle$ と表す．それより高い固有値と固有状態を E_n と $|\psi_n\rangle$ とする．ここで n は自然数で，固有値の順番を示す．この固有状態に演算子 $\hat{a}$ と $\hat{a}^\dagger$ を演算したとき

$$\hat{a}|\psi_n\rangle = \sqrt{n}\,|\psi_{n-1}\rangle \tag{9.16}$$

$$\hat{a}^\dagger|\psi_n\rangle = \sqrt{n+1}\,|\psi_{n+1}\rangle \tag{9.17}$$

という規則が成り立つと仮定してみる．そうすると，これから

$$\hat{a}\hat{a}^\dagger|\psi_n\rangle = \hat{a}\sqrt{n+1}\,|\psi_{n+1}\rangle = \sqrt{n+1}\,\hat{a}|\psi_{n+1}\rangle = (n+1)|\psi_n\rangle \tag{9.18}$$

$$\hat{a}^\dagger\hat{a}|\psi_n\rangle = \hat{a}^\dagger\sqrt{n}\,|\psi_{n-1}\rangle = \sqrt{n}\,\hat{a}^\dagger|\psi_{n-1}\rangle = n|\psi_n\rangle \tag{9.19}$$

が得られる．これから
$$(\hat{a}\hat{a}^\dagger - \hat{a}^\dagger\hat{a})|\psi_n\rangle = |\psi_n\rangle \quad (9.20)$$
が得られるから，(9.9) が満足されることがわかる．さらに，
$$\hat{\mathcal{H}}|\psi_n\rangle = \hbar\omega\left(\hat{a}^\dagger\hat{a} + \frac{1}{2}\right)|\psi_n\rangle$$
$$= \hbar\omega\left(n + \frac{1}{2}\right)|\psi_n\rangle \quad (9.21)$$

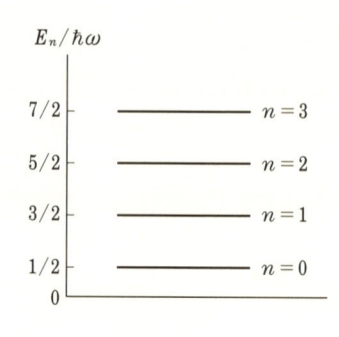

図 9.3 光子数状態のエネルギー

を得る．ゆえに，最低エネルギーから n 番目のエネルギーは

$$E_n = \hbar\omega\left(n + \frac{1}{2}\right) \quad (9.22)$$

であることになる．したがって $E_0 = \frac{1}{2}\hbar\omega$ で，エネルギーは $n = 0, 1, 2, \cdots$ に応じて $\hbar\omega$ ずつの階段状になっている（図 9.3）．そこで，このエネルギーのステップ $\hbar\omega$ を 1 個の光子のもつエネルギーと考え，$|\psi_n\rangle$ を体積 V の中に n 個の光子がある状態とする．これを n 光子状態とよび，$|n\rangle$ と書くことにする．一般に $|n\rangle$ を**光子数状態**という．$|0\rangle$ を**真空状態**または**真空**という．今後は (9.16)〜(9.21) の $|\psi_n\rangle$ も $|n\rangle$ と記すことにする．また，(9.19) や (9.21) の関係が成り立つから，$\hat{a}^\dagger\hat{a}$ の固有値は光子数を与える．そこで

$$\hat{n} \equiv \hat{a}^\dagger\hat{a} \quad (9.23)$$

を**光子数演算子**という．この $\hat{n}$ を使うと (9.14) は

$$\hat{\mathcal{H}} = \hbar\omega\left(\hat{n} + \frac{1}{2}\right) \quad (9.24)$$

となる．$|n\rangle$ を使ってもう一度 (9.16) と (9.17) を書いておくと

$$\hat{a}|n\rangle = \sqrt{n}|n-1\rangle \quad (9.25)$$

$$\hat{a}^\dagger |n\rangle = \sqrt{n+1}\,|n+1\rangle \tag{9.26}$$

である．$\hat{a}$ は (9.25) のように $|n\rangle$ を $|n-1\rangle$ に下げるはたらきをするから光子の**消滅演算子**，逆に $\hat{a}^\dagger$ は (9.26) のように $|n+1\rangle$ に上げるから**生成演算子**という．さらに

$$\hat{n}|n\rangle = n|n\rangle \tag{9.27}$$

が成り立つ．

状態ベクトル $|n\rangle$ に掛けて内積を作るベクトルをその共役ベクトルといい，$\langle n|$ と書く．$\langle n|$ と $|n'\rangle$ の内積を $\langle n|n'\rangle$ と書く．これはスカラーである．この表記法をディラックのブラケット記法といい，$\langle\ |$ をブラ，$|\ \rangle$ をケットという．(9.14) のハミルトニアンはエルミート演算子であるから，その異なる固有状態は直交する．ゆえに，各状態を規格化したとすると，その内積について

$$\langle n|n'\rangle = \delta_{n,n'} \tag{9.28}$$

が成り立つ．

固有状態 $|n\rangle$ がベクトル性をもつから，生成，消滅演算子 $\hat{a}^\dagger$, $\hat{a}$ はそれらのベクトルを変換する変換行列と考えることができる．そのように表してみると，状態とそれが作る空間の意味がはっきりする．すなわち，$|n\rangle$ と $\langle n|$ を，$n+1$ 番目の要素のみが 1 で他はゼロの無限次元の縦ベクトルと横ベクトル

$$|n\rangle = \begin{pmatrix} 0 \\ \vdots \\ 0 \\ 1 \\ 0 \\ \vdots \end{pmatrix}, \quad \langle n| = (0, \cdots, 0, 1, 0, \cdots) \tag{9.29}$$

で表す．そのとき，消滅演算子および生成演算子は

$$\hat{a} = \begin{pmatrix} 0 & 1 & 0 & 0 & \cdots \\ 0 & 0 & \sqrt{2} & 0 & \cdots \\ 0 & 0 & 0 & \sqrt{3} & \cdots \\ \cdot & \cdot & \cdot & \cdot & \cdots \end{pmatrix}, \quad \hat{a}^\dagger = \begin{pmatrix} 0 & 0 & 0 & \cdots \\ 1 & 0 & 0 & \cdots \\ 0 & \sqrt{2} & 0 & \cdots \\ 0 & 0 & \sqrt{3} & \cdots \\ \cdot & \cdot & \cdot & \cdots \end{pmatrix}$$

(9.30)

と表される．これらを用いると (9.25) と (9.26) は通常の行列の演算規則を用いて確かめられる．また，(9.30) を用いて (9.23) を計算すると，光子数演算子は

$$\hat{n} = \begin{pmatrix} 0 & 0 & 0 & 0 & \cdots \\ 0 & 1 & 0 & 0 & \cdots \\ 0 & 0 & 2 & 0 & \cdots \\ 0 & 0 & 0 & 3 & \cdots \\ \cdot & \cdot & \cdot & \cdot & \cdots \end{pmatrix} \quad (9.31)$$

と表されることがわかる．

これらのことから，(9.16) 以下において $|\psi_n\rangle = |n\rangle$ ($n = 0, 1, 2, \cdots$) としていたものは，(9.29) のような無限次元の空間の基底ベクトルという意味であったことがわかる．これはちょうど図9.4のような3次元空間の位置ベクトル $\boldsymbol{r} = (x, y, z)$ の基底ベクトルが

$$\hat{\boldsymbol{i}} = (1, 0, 0), \quad \hat{\boldsymbol{j}} = (0, 1, 0), \quad \hat{\boldsymbol{k}} = (0, 0, 1)$$

という単位ベクトルであることに対比できる．すると光子数状態 $|0\rangle, |1\rangle, |2\rangle, \cdots$ は $\hat{\boldsymbol{i}}, \hat{\boldsymbol{j}}, \hat{\boldsymbol{k}}$ の座標軸の向きの単位ベクトルに対応する．そのとき $\hat{a}, \hat{a}^\dagger$ は座標軸を変換して，$\hat{\boldsymbol{i}}$ を $\hat{\boldsymbol{j}}$ に，あるいは $\hat{\boldsymbol{j}}$ を $\hat{\boldsymbol{i}}$ にし，大きさを変えるなどの役割をする．

そこで，この類推を進めると，任意の位置ベクトル $\boldsymbol{r} = (x, y, z)$ が

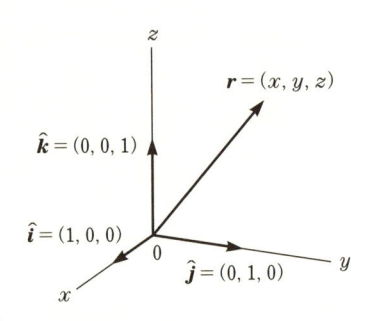

図9.4 3次元空間の基底ベクトルと位置ベクトル

$$r = x\hat{i} + y\hat{j} + z\hat{k}$$

と表されるように，任意の光の状態は，

$$|\phi\rangle = c_0|0\rangle + c_1|1\rangle + c_2|2\rangle + \cdots = \sum_{n=0}^{\infty} c_n|n\rangle \tag{9.32}$$

によって表されることになる．光の場合，係数 c_n は複素数である．通常，$\langle\phi|\phi\rangle = 1$ のように規格化するために c_n は $\sum_{n=0}^{\infty}|c_n|^2 = 1$ を満足するように選ばれる．

ところで，ケットとブラの積 $|n\rangle\langle n|$ は演算子として機能する．なぜなら，その左側にも右側にも内積を作りうるからである．この演算子はある状態 $|\phi\rangle$ に対して，その内のどれだけの部分が $|n\rangle$ の状態にいるかという確率を表す．すなわち，$|n\rangle\langle n|$ の左右から(9.32)を掛けると $\langle\phi|n\rangle\langle n|\phi\rangle = |c_n|^2$ となるからである．したがって，n について和をとって

$$\sum_{n=0}^{\infty} |n\rangle\langle n| = \hat{1} \tag{9.33}$$

と書くことができる．$\hat{1}$ はどんな演算子に掛けても同じ演算子を与える恒等演算子である．(9.33)の関係にあることを，$|n\rangle$ が完全系をなしているという．上のように，ある演算子の左右から状態 $|\phi\rangle$ を掛けることを期待値をとるという．

§9.4 エネルギーの期待値

それでは，光を量子化したとき，そのエネルギーや電場などの実際の値はどうなるのか．一般に量子力学では，物理量は演算子によって表され，その測定値は演算子の固有値である．それは期待値を計算することによって得られる((3.1)，(3.3)参照)．すなわち，その測定の物理量に対応する演算子を $\hat{O}$ とし，そのときの状態が状態ベクトル $|\phi\rangle$ を使って表されると，**期待値**は

$$\langle\phi|\hat{O}|\phi\rangle \tag{9.34}$$

によって計算される。これは $|\psi\rangle$ における $\hat{O}$ の平均値ともよばれる。また状態 $|\psi\rangle$ を使って計算していることが明白な場合には、単に $\langle\hat{O}\rangle$ とも記す。

まず、$|\psi\rangle = |n\rangle$ という状態におけるエネルギーの期待値を求めてみよう。エネルギーを与える演算子は $\hat{\mathcal{H}}$ であり、その状態における期待値は (9.24) と (9.27) を用いて

$$\langle n|\hat{\mathcal{H}}|n\rangle = \hbar\omega\left(n + \frac{1}{2}\right) \tag{9.35}$$

となる。これは真空状態 $n=0$ でも $\langle\hat{\mathcal{H}}\rangle = \frac{1}{2}\hbar\omega$ であってゼロではない。これをゼロ点エネルギーという。$\hbar\omega$ という単位の光子が測定できない空間においても、$\frac{1}{2}\hbar\omega$ というエネルギーが残されているということである。これは明らかに (9.9) あるいは (9.13) の交換関係を仮定したことに由来する。すなわち、量子化によって出てきた効果である。

ところで、後述するように $|n\rangle$ だけが存在する $|\psi\rangle = |n\rangle$ という状態は実際には得にくく、一般には (9.32) の形の状態になる。そのときエネルギーの期待値は

$$\langle\psi|\hat{\mathcal{H}}|\psi\rangle = \hbar\omega\sum_{n=0}^{\infty}\left(n + \frac{1}{2}\right)|c_n|^2 \tag{9.36}$$

となる。このように係数 c_n が実際の測定値を決めることになる。

演算子を導入した量子力学の計算では、演算子は計算の枠組を決めるものであり、実際の測定値を決めるのは $|\psi\rangle$ の展開係数 c_n である。その枠組に量子効果が出てくる素地が入っている。

§9.5 電場の期待値とゆらぎ

電場の期待値は (9.11) を用いると

$$\langle n|\hat{E}_x|n\rangle = i\mathcal{E}\left[\langle n|\hat{a}|n\rangle e^{-i(\omega t - k\cdot r)} - \langle n|\hat{a}^\dagger|n\rangle e^{i(\omega t - k\cdot r)}\right] \tag{9.37}$$

となる。(9.25), (9.26) によると消滅演算子と生成演算子は n を 1 つ変化さ

§9.5 電場の期待値とゆらぎ

せてしまうので $\langle n|\hat{a}|n\rangle = \langle n|\hat{a}^\dagger|n\rangle = 0$ となり，

$$\langle n|\hat{E}_x|n\rangle = 0 \tag{9.38}$$

である．しかし，これは電場の振幅がゼロであることを意味するのではなく，量子力学的期待値がゼロということである．すなわち，複素数 $\hat{a}$ あるいは $\hat{a}^\dagger$ が乱雑な位相であるために，その平均がゼロになると解釈すべきものである．その証拠に $\hat{E}_x^2$ の期待値を求めるとゼロではない．すなわち，(9.11) を 2 乗した

$$\hat{E}_x^2 = -\mathcal{E}^2[\hat{a}^2 e^{-2i(\omega t - \mathbf{k}\cdot\mathbf{r})} + \hat{a}^{\dagger 2} e^{2i(\omega t - \mathbf{k}\cdot\mathbf{r})} - \hat{a}\hat{a}^\dagger - \hat{a}^\dagger\hat{a}] \tag{9.39}$$

について

$$\langle n|\hat{a}^2|n\rangle = \sqrt{n}\,\langle n|\hat{a}|n-1\rangle = \sqrt{n(n-1)}\,\langle n|n-2\rangle = 0$$

および (9.13) などを用いると

$$\langle n|\hat{E}_x^2|n\rangle = \mathcal{E}^2\langle n|2\hat{a}^\dagger\hat{a} + 1|n\rangle = \mathcal{E}^2(2n+1) = 2\,\mathcal{E}^2\left(n+\frac{1}{2}\right) \tag{9.40}$$

となり，ゼロでない．

ここで，ある演算子 $\hat{x}$ の期待値に関する**平均二乗偏差**の平方根を

$$\varDelta x = \sqrt{\langle \hat{x}^2 \rangle - \langle \hat{x} \rangle^2} \tag{9.41}$$

と定義する．ただし，$\langle \hat{x} \rangle$ は $|n\rangle$ に関する $\hat{x}$ の期待値である．$\hat{E}_x$ については $\langle \hat{E}_x \rangle = 0$ であるから，(9.40) からすぐに

$$\varDelta E = \mathcal{E}\sqrt{2n+1} \tag{9.42}$$

が得られる．これは**電場のゆらぎ**によるものである．これは n とともに大きくなるが，$n=0$ であっても $\varDelta E = \mathcal{E}$ だけ残る．これを**真空のゆらぎ**という．これも電磁場を量子化したために出てきた効果である．そこにはあらゆる周波数と偏光，位相の振動が存在する．

10 干渉と相関における量子効果

前章の量子化によってゼロ点エネルギーと真空場のゆらぎという量子効果が得られた．このほかどんな効果があるだろうか．干渉は波動に特徴的な効果であるが，そこに粒子性の効果が現れる．ヤングの干渉では1光子でも干渉が起こるのかという問題が生ずる．また，2光子干渉や光子のアンチバンチングでは，光が光子を単位とする粒子であることを反映した強い量子効果が現れる．

干渉やアンチバンチングの現象は，空間や時間の異なる2点間の相関関数で表される．光のコヒーレンスもこれによって記述できる．

§10.1 ヤングの干渉

この節では，よく知られているヤングの干渉をとりあげ，光が古典的な場合と量子的な光子数状態の場合の違いをみてみよう．

ヤングの干渉は図10.1のように，2つのスリットまたは小孔AとBから入射した光が，ABに平行な平面上のx方向に光の強弱の縞を作る現象である．光子が検出器に入射して光電子を放出する確率を求める．光子は点r，時刻tにおいて吸収されて初期状態$|\phi_i\rangle$から終状態$|\phi_f\rangle$に変化し，原子は基底準位$|g\rangle$から励起準位$|e_j\rangle$に励起されたとする．その単位時間当りの遷移確率は量子力学の摂動論によって

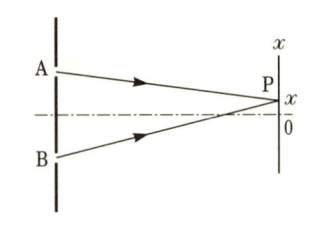

図10.1 ヤングの干渉実験

§10.1 ヤングの干渉   141

$$\frac{2\pi}{\hbar^2}\sum_{e_j}\sum_{\psi_f}|\langle e_j|e\hat{r}|g\rangle\langle\psi_f|\widehat{E}^{(+)}(\boldsymbol{r},t)|\psi_i\rangle|^2$$

に比例する．ここですべての遷移可能な e_j と ψ_f について和をとる．ただし，$\widehat{E}^{(+)}(\boldsymbol{r},t)$ は (9.11) の電場の第1項で，通常，正周波数部分とよばれる．また，第2項は負周波数部分といい $\widehat{E}^{(-)}(\boldsymbol{r},t)$ で表す．したがって，光電子検出の確率 $P(\boldsymbol{r},t)$ は光強度に比例することになる：

$$\begin{aligned}P(\boldsymbol{r},t) &= K\sum_{\psi_f}|\langle\psi_f|\widehat{E}^{(+)}(\boldsymbol{r},t)|\psi_i\rangle|^2\\ &= K\sum_{\psi_f}\langle\psi_i|\widehat{E}^{(-)}(\boldsymbol{r},t)|\psi_f\rangle\langle\psi_f|\widehat{E}^{(+)}(\boldsymbol{r},t)|\psi_i\rangle\\ &= K\langle\psi_i|\widehat{E}^{(-)}(\boldsymbol{r},t)\widehat{E}^{(+)}(\boldsymbol{r},t)|\psi_i\rangle\end{aligned}$$

$$\therefore\quad P(\boldsymbol{r},t) = K\langle\widehat{E}^{(-)}(\boldsymbol{r},t)\widehat{E}^{(+)}(\boldsymbol{r},t)\rangle \tag{10.1}$$

K は原子の側の遷移と光電子放出の確率などによる比例定数である．$\langle\ \rangle$ は光の状態 ψ_i について期待値をとることを意味する．図 10.1 の場合には $\widehat{E}^{(\pm)}(\boldsymbol{r},t)$ は A からきた光と B からの光の電場の和である．決まった時刻 t における確率の空間分布だけを考えるので，t を省略してこれらを

$$\left.\begin{aligned}\widehat{E}^{(+)}(\boldsymbol{r}) &= i\mathcal{E}\,(\hat{a}_A\,e^{i\boldsymbol{k}_A\cdot\boldsymbol{r}} + \hat{a}_B\,e^{i\boldsymbol{k}_B\cdot\boldsymbol{r}})\\ \widehat{E}^{(-)}(\boldsymbol{r}) &= -i\mathcal{E}\,(\hat{a}_A^\dagger\,e^{-i\boldsymbol{k}_A\cdot\boldsymbol{r}} + \hat{a}_B^\dagger\,e^{-i\boldsymbol{k}_B\cdot\boldsymbol{r}})\end{aligned}\right\} \tag{10.2}$$

と表す．ただし，A, B からの光はそれぞれ単一モード $\hat{a}_A$, $\hat{a}_B$ で表されるとする．$\boldsymbol{k}_A$, $\boldsymbol{k}_B$ は A, B から x の点へ向かう波数ベクトルである．(10.1) 式に (10.2) 式を代入すると

$$P(\boldsymbol{r}) = \mathcal{E}^2 K\{\langle\hat{a}_A^\dagger\hat{a}_A\rangle + \langle\hat{a}_B^\dagger\hat{a}_B\rangle + \langle\hat{a}_A^\dagger\hat{a}_B\rangle e^{-i(\boldsymbol{k}_B-\boldsymbol{k}_A)\cdot\boldsymbol{r}} + \text{h.c.}\} \tag{10.3}$$

が得られる．$\boldsymbol{r}$ を x 軸上の 0 から測った点 x の位置ベクトル，$\angle \text{A}x\text{B}$ を θ，λ/θ を L とすると，$|\boldsymbol{k}_A| = |\boldsymbol{k}_B| = k = 2\pi/\lambda$ を用いて

$$(\boldsymbol{k}_B - \boldsymbol{k}_A)\cdot\boldsymbol{r} \cong kx\theta \cong \frac{2\pi}{\lambda}x\theta = \frac{2\pi x}{L} \tag{10.4}$$

の関係が得られる．これを用いると (10.3) 式は測定点の x 軸上で

142   10. 干渉と相関における量子効果

$$P(x) = \mathcal{E}^2 K\{\langle \hat{a}_A^\dagger \hat{a}_A \rangle + \langle \hat{a}_B^\dagger \hat{a}_B \rangle + \langle \hat{a}_A^\dagger \hat{a}_B \rangle e^{-2\pi i x/L} + \text{h.c.}\} \tag{10.5}$$

となる．h.c. は第3項の複素共役である．第1項はAから来る光だけによる項で，たとえBの光路を遮っても存在する非干渉項である．第3, 4項はA, B両方の光路からの光による干渉項である．この項はいずれの一方の光路を遮っても消えてしまうので，どちらの光路から来た光によるのかを言うことができない．すなわち，光路を決定することができない．光を古典的に表す場合と，量子的な光子数状態で表す場合についてこの式を計算してみよう．

古典的な光

この場合には，演算子を普通の古典論の変数（c数）に置き換える．これを大きさと位相因子に分けて $\hat{a}_{A,B} \to a_{A,B} = |a_{A,B}|e^{i\varphi_{A,B}}$, $\hat{a}_{A,B}^\dagger \to a_{A,B}^* = |a_{A,B}|e^{-i\varphi_{A,B}}$ と書く．コヒーレントな光の場合には (10.5) 式は

$$P(x) = \mathcal{E}^2 K\{|a_A|^2 + |a_B|^2 + |a_A a_B|e^{-i(\varphi_A - \varphi_B) - 2\pi i x/L} + \text{c.c.}\} \tag{10.6}$$

と表される．コヒーレントな場合にはA, Bで光の相対的位相が決まっている．簡単のために $\varphi_A - \varphi_B = \text{const.} = 0$ とすれば，$|a_A| = |a_B| = |a|$ のとき

$$P(x) = 2\mathcal{E}^2 K |a|^2 \left[1 + \cos\left(\frac{2\pi x}{L}\right)\right] \tag{10.7}$$

が得られる．これは図10.2のように $x = 0, \pm L, \pm 2L, \cdots$ に周期 L のピークを示す．この場合，平均値と等しい振幅で振動するので，**明瞭度1**あるいは**変調度100％の干渉縞**という．

インコヒーレント光の場合には φ_A, φ_B をそれぞれ $0 \sim 2\pi$ の間で平均化することになるので干渉項は消え，干渉縞は現れない．

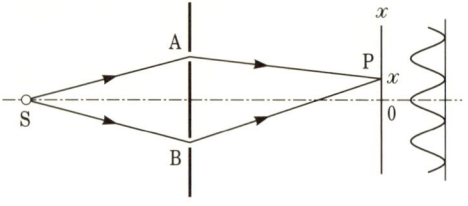

図10.2 ヤングの干渉（古典的な光の場合）

量子的な光

まず,光子が1個だけあって,図10.3(a)のようにスリットAとBを通って干渉する場合を考える.この場合は光子がAを通ってBを通らないか,あるいはその逆である.そこで,光子がスリットを通った後の状態は

$$|\psi\rangle = c_A |1_A, 0_B\rangle + c_B |0_A, 1_B\rangle \tag{10.8}$$

と表される.ここで $|1_A, 0_B\rangle$ は $|1\rangle_A |0\rangle_B$ と書いてもよい.Aという点を通るモードに1個,Bという点を通るモードに0個いることが同時に起こっていることを示す.この「同時に起こる」事象は積で表される.$|1_A, 0_B\rangle$ あるいは逆の $|0_A, 1_B\rangle$ の状態が生ずるが,この「あるいは」ということは和の記号で表される.それらは複素数 c_A, c_B の絶対値の2乗の確率で現れる.ここで $|c_A|^2 + |c_B|^2 = 1$ とする.係数が複素数になるのは量子力学の特徴である.一般に $c_A = |c_A|e^{i\varphi_A}$ などと表されるが,ここでは簡単のために $|c_A| = |c_B| = 1/\sqrt{2}$, $\varphi_A - \varphi_B = 0$ とする.$\langle \hat{a}_A^\dagger \hat{a}_B \rangle$ などは(10.8)の状態における平均 $\langle \psi | \hat{a}_A^\dagger \hat{a}_B | \psi \rangle$ などと考え,(9.25),(9.19)などを用いると,(10.5)から

$$P(x) = 2\mathcal{E}^2 K \left[1 + \cos\left(\frac{2\pi x}{L}\right) \right] \tag{10.9}$$

が得られる.これは古典場の場合の(10.7)と同様に100%変調の干渉縞になっている.この場合1個の光子しかないから,光子は自分自身と干渉したといわざるをえない.1個の光子であっても,どちらか片方の光路を通ったわけではない.なぜならば,この光子がたとえばAを通ったことを確認したと

(a) 1光子の場合 $|1_A, 0_B\rangle + |0_A, 1_B\rangle$

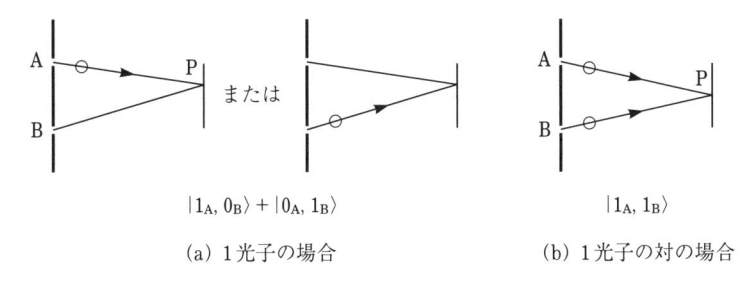

(b) 1光子の対の場合 $|1_A, 1_B\rangle$

図 10.3 ヤングの干渉

すれば，ここで光子は吸収されて干渉縞は生じなくなるからである．つまり，1光子2モード状態の場合に干渉が現れるのは，相互の位相 $\varphi_A - \varphi_B$ が決まっていて，A，Bいずれの光路を通ったかを知ることができないためである．

次に，もし独立な光源からの2個の光子が図10.3(b)のように1個ずつAとBのモードに来たとすると，この状態は $|1_A, 1_B\rangle = |1\rangle_A |1\rangle_B$ で表される．この場合には（10.5）式から

$$P(x) = 2\mathcal{E}^2 K \tag{10.10}$$

が得られる．これはどこの x で測定しても検出確率は一定で干渉縞は現れないことを示す．このようにA，Bからの光が独立で，位相関係が決まらないときには干渉しない．

これらの例で明らかなように，(10.5)の干渉項はA，Bからの光の相互のコヒーレンスを反映する．そこでそれらの電場の相関を次のように表す．Pにおける電場（10.2）は，t を省略せずに

$$\hat{E}^{(+)}(\boldsymbol{r}, t) = i\mathcal{E} \left[\hat{a}_A e^{i(\boldsymbol{k}_A \cdot \boldsymbol{r} - \omega t)} + \hat{a}_B e^{i(\boldsymbol{k}_B \cdot \boldsymbol{r} - \omega t)} \right]$$
$$\equiv \hat{E}_A^{(+)}(\boldsymbol{r}, t) + \hat{E}_B^{(+)}(\boldsymbol{r}, t) \tag{10.11}$$

とする．$\boldsymbol{r}, t$ は観測点Pの座標と，観測時刻であるから，スリットAの座標 $\boldsymbol{r}_1$ を光が通る時刻を t_1，同じくスリットBの座標 $\boldsymbol{r}_2$ を通る時刻を t_2 とすると，

$$t_1 = t - \frac{r_{10}}{c}, \quad r_{10} = |\boldsymbol{r} - \boldsymbol{r}_1|, \quad t_2 = t - \frac{r_{20}}{c}, \quad r_{20} = |\boldsymbol{r} - \boldsymbol{r}_2|$$

の関係があるから，(10.2)はA，Bにおける電場によって

$$\hat{E}^{(+)}(\boldsymbol{r}, t) = i\mathcal{E} \left[\hat{a}_A e^{i(\boldsymbol{k}_A \cdot \boldsymbol{r}_1 - \omega t_1)} + \hat{a}_B e^{i(\boldsymbol{k}_B \cdot \boldsymbol{r}_2 - \omega t_2)} \right]$$
$$\equiv \hat{E}^{(+)}(\boldsymbol{r}_1, t_1) + \hat{E}^{(+)}(\boldsymbol{r}_2, t_2) \tag{10.12}$$

と表される．ただし，A，Bには同一の電場が来ていると仮定した．これを(10.1)に代入すると

$$P(\boldsymbol{r}, t) = \langle \hat{E}^{(-)}(\boldsymbol{r}_1, t_1) \hat{E}^{(+)}(\boldsymbol{r}_1, t_1) \rangle + \langle \hat{E}^{(-)}(\boldsymbol{r}_2, t_2) \hat{E}^{(+)}(\boldsymbol{r}_2, t_2) \rangle$$
$$+ \langle \hat{E}^{(-)}(\boldsymbol{r}_1, t_1) \hat{E}^{(+)}(\boldsymbol{r}_2, t_2) \rangle + \langle \hat{E}^{(-)}(\boldsymbol{r}_2, t_2) \hat{E}^{(+)}(\boldsymbol{r}_1, t_1) \rangle$$

を得る（ただし，K は除いた）．この第3，4項の第1，2項に対する割合が干

渉の強さを表すから，前者を後者で規格化して**1次の相関関数**

$$g^{(1)}(\boldsymbol{r}_1,t_1,\boldsymbol{r}_2,t_2) = \frac{|\langle \widehat{E}^{(-)}(\boldsymbol{r}_1,t_1)\widehat{E}^{(+)}(\boldsymbol{r}_2,t_2)\rangle|}{\langle \widehat{E}^{(-)}(\boldsymbol{r}_1,t_1)\widehat{E}^{(+)}(\boldsymbol{r}_1,t_1)\rangle^{1/2}\langle \widehat{E}^{(-)}(\boldsymbol{r}_2,t_2)\widehat{E}^{(+)}(\boldsymbol{r}_2,t_2)\rangle^{1/2}}$$

(10.13)

を定義すると，これが $\boldsymbol{r}_1$, t_1, $\boldsymbol{r}_2$, t_2 における電場 $E(\boldsymbol{r},t)$ のコヒーレンスの程度を表す．完全にコヒーレントなとき $g^{(1)} = 1$ で，1次のコヒーレンスがあるという．全くインコヒーレントなときには，$g^{(1)} = 0$ である．部分的にコヒーレントな場合には $0 < g^{(1)} < 1$ である．

[**問題 10.1**] 古典的な光の場合に (10.6) のようにして完全にコヒーレントなとき $g^{(1)} = 1$, 全くインコヒーレントなときには $g^{(1)} = 0$ であることを示せ．

[**問題 10.2**] 量子的な光の (10.8) と (10.10) の場合に $g^{(1)}$ はどうなるか．

§10.2 ハンブリー ブラウンとトゥイスの強度干渉—2光子干渉

ヤングの干渉においては，AとBからの光が独立な光源から来て相互のコヒーレンスがない場合には (10.10) のように干渉は消えてしまった．マイケルソンの恒星干渉計は独立な2つの光源からの光を望遠鏡で受けるとき，同じ光をもう一つの離れた望遠鏡でも受け，それから得られた光を重ねて干渉させるものである．しかし，望遠鏡間を伝搬する間に光の位相が空気の屈折

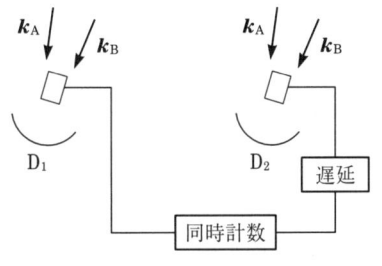

(a) ハンブリー ブラウンとトゥイスの恒星干渉計

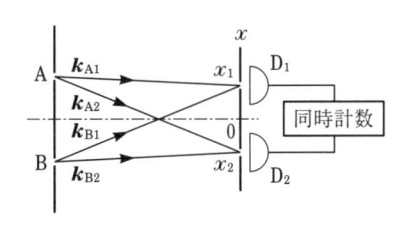

(b) 強度干渉の電場振幅への分解

図10.4 強度干渉

率ゆらぎによって乱れ，干渉を困難にしてしまう．この場合にも干渉を可能にし，星間の距離を測る方法がないかと，ハンブリー ブラウンとトゥイスは考えた．彼らの方法は図 10.4(a) のように 2 つの検出器で光を検出して電流に変換し，電流の積をとって干渉を見る．光強度の間の干渉であるから**強度干渉**という．ここでは AB 間の相対位相は検出されない．

r_1 と r_2 を図 (b) の x 軸上の 0 から測った検出器 D_1 と D_2 の位置ベクトルとし，それぞれ時刻 t_1 と t_2 に光電子を検出したとする．そのとき光は始状態 $|\psi_{1i}\rangle$ と $|\psi_{2i}\rangle$ から終状態 $|\psi_{1f}\rangle$ と $|\psi_{2f}\rangle$ に遷移し，原子は基底準位 $|g_1\rangle$ と $|g_2\rangle$ から励起準位 $|e_{1j}\rangle$, $|e_{2j}\rangle$ に励起されるとする．そのとき電流の積は (10.1) と同様に

$$P_{12}(\boldsymbol{r}_1, t_1, \boldsymbol{r}_2, t_2) = K_1 K_2 \langle E_1^{(-)}(\boldsymbol{r}_1, t_1) E_2^{(-)}(\boldsymbol{r}_2, t_2) E_2^{(+)}(\boldsymbol{r}_2, t_2) E_1^{(+)}(\boldsymbol{r}_1, t_1) \rangle \tag{10.14}$$

で与えられる．おのおのの検出器の出力は (10.1) で表されるが，こんどの (10.14) は 4 つの電場の積の平均である．光子計数によって測定する場合，これは一方の光を他方に対して $t_2 - t_1$ だけ遅らせて同時に検出するという意味で同時計数という．A と B からの光はそれぞれ単一モードとして，点 r_1 と r_2 における電場を (10.2) 式のように

$$\left.\begin{array}{l} \hat{E}_1^{(+)}(\boldsymbol{r}_1) = i\mathcal{E}(\hat{a}_A\, e^{ik_{A1}\cdot r_1} + \hat{a}_B\, e^{ik_{B1}\cdot r_1}) \\ \hat{E}_2^{(+)}(\boldsymbol{r}_2) = i\mathcal{E}(\hat{a}_A\, e^{ik_{A2}\cdot r_2} + \hat{a}_B\, e^{ik_{B2}\cdot r_2}) \end{array}\right\} \tag{10.15}$$

と表す．これを (10.14) に代入すると，

$$P_{12}(\boldsymbol{r}_1, \boldsymbol{r}_2) = \mathcal{E}^4 K_1 K_2 \langle \hat{a}_A^\dagger \hat{a}_A^\dagger \hat{a}_A \hat{a}_A + \hat{a}_B^\dagger \hat{a}_B^\dagger \hat{a}_B \hat{a}_B + \hat{a}_A^\dagger \hat{a}_B^\dagger \hat{a}_B \hat{a}_A$$
$$+ \hat{a}_B^\dagger \hat{a}_A^\dagger \hat{a}_A \hat{a}_B + \hat{a}_A^\dagger \hat{a}_B^\dagger \hat{a}_A \hat{a}_B\, e^{-i(k_{A1}-k_{B1})\cdot r_1 - i(k_{B2}-k_{A2})\cdot r_2} + \text{h.c.} \rangle \tag{10.16}$$

が得られる．ここで，A と B は独立光源とし，集団平均（時間平均）をとったときに消える項，すなわち，A または B に関して奇数次の項および $\hat{a}_A^\dagger \hat{a}_A^\dagger \hat{a}_B \hat{a}_B$ と $\hat{a}_B^\dagger \hat{a}_B^\dagger \hat{a}_A \hat{a}_A$ の項は省略した．ここで，近似的に $\angle A x_1 B \cong$

§10.2 ハンブリー ブラウンとトゥイスの強度干渉 — 2光子干渉

$\angle \mathrm{A}x_2\mathrm{B}$ を θ, λ/θ を L として, $|\boldsymbol{k}_\mathrm{A}| = |\boldsymbol{k}_\mathrm{B}| = k = 2\pi/\lambda$ を用いると

$$\left. \begin{aligned} (\boldsymbol{k}_{\mathrm{B}1} - \boldsymbol{k}_{\mathrm{A}1}) \cdot \boldsymbol{r}_1 &\cong \frac{2\pi x_1}{L} \\ (\boldsymbol{k}_{\mathrm{B}2} - \boldsymbol{k}_{\mathrm{A}2}) \cdot \boldsymbol{r}_2 &\cong \frac{2\pi x_2}{L} \end{aligned} \right\} \tag{10.17}$$

の関係が得られる. これを用いると (10.16) は測定を行う x 軸上で

$$\begin{aligned} P_{12}(x_1, x_2) = \mathcal{E}^4 K_1 K_2 \langle &\hat{a}_\mathrm{A}^\dagger \hat{a}_\mathrm{A}^\dagger \hat{a}_\mathrm{A} \hat{a}_\mathrm{A} + \hat{a}_\mathrm{B}^\dagger \hat{a}_\mathrm{B}^\dagger \hat{a}_\mathrm{B} \hat{a}_\mathrm{B} + \hat{a}_\mathrm{A}^\dagger \hat{a}_\mathrm{B}^\dagger \hat{a}_\mathrm{B} \hat{a}_\mathrm{A} \\ &+ \hat{a}_\mathrm{B}^\dagger \hat{a}_\mathrm{A}^\dagger \hat{a}_\mathrm{A} \hat{a}_\mathrm{B} + \hat{a}_\mathrm{A}^\dagger \hat{a}_\mathrm{B}^\dagger \hat{a}_\mathrm{A} \hat{a}_\mathrm{B} \, e^{2\pi i (x_1 - x_2)/L} + \text{h.c.} \rangle \end{aligned} \tag{10.18}$$

となる. (10.18) の第 5, 6 項には A と B の光路から来た光が混ざり, これらはどちらの光路から来たかを決めることはできない干渉項である. これらの項は A, B が互いに独立なインコヒーレント光源の場合にも, 時間平均をとっても消えない. なぜなら, 光のコヒーレンス時間を τ_c とするとき, $x_1 - x_2 < c\tau_c$ である限り, A から D_1 と D_2 に入射した光は互いにコヒーレントであり, B からの光も同様である. ゆえに, D_1 における A からの光と B からの光の関係は D_2 でも同じで, 強め合うときは D_1 でも D_2 でも強め合うという相関が生ずる. これが強度干渉の本質である.

古典的な光

(10.6) 式のときと同様に演算子を c 数とすれば

$$\begin{aligned} P_{12}(x_1, x_2) = \mathcal{E}^4 K_1 K_2 \{ &|a_\mathrm{A}|^4 + |a_\mathrm{B}|^4 + 2|a_\mathrm{A}|^2 |a_\mathrm{B}|^2 \\ &+ |a_\mathrm{A}|^2 |a_\mathrm{B}|^2 \, e^{2\pi i (x_1 - x_2)/L} + \text{c.c.} \} \end{aligned} \tag{10.19}$$

が得られる. この場合 (10.6) の第 3, 4 項の光源に由来する位相差 $\varphi_\mathrm{A} - \varphi_\mathrm{B}$ は消えてしまっている. したがって A, B は独立光源でもよい. しかし, 光路差 $x_1 - x_2$ による変調が第 4, 5 項にかかっている. 特に $|a_\mathrm{A}| = |a_\mathrm{B}| = |a|$ の場合について見ると

$$P_{12}(x_1, x_2) = 4\mathcal{E}^4 K_1 K_2 |a|^4 \left\{ 1 + \frac{1}{2} \cos\left[\frac{2\pi(x_1 - x_2)}{L} \right] \right\} \tag{10.20}$$

となる．すなわち，図 10.5 のように 2 つの検出器の間隔が $x_1 - x_2 = 0, \pm L, \pm 2L, \cdots$ のときにピークが得られ，平均値の半分の振幅で振動する 50％変調の干渉縞となる．

量子的な光

次に (10.10) を導いた $|1_A, 1_B\rangle$ 状態について考えてみる．この場合には (10.18) の期待値が $\hat{a}_A\hat{a}_B|1_A\rangle = 0$ などを考慮して

$$P_{12}(x_1, x_2) = 2\mathcal{E}^4 K_1 K_2 \left\{1 + \cos\left[\frac{2\pi(x_1 - x_2)}{L}\right]\right\} \quad (10.21)$$

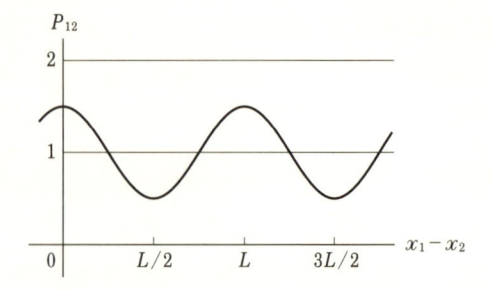

図 10.5 強度干渉（古典的な光の場合）

となる．$\hat{a}_A\hat{a}_A|1_A\rangle = 0$ は最低エネルギー状態 $|0_A\rangle$ より低いエネルギー状態が存在しないことによる．(10.21) は図 10.6 のように同時計数の確率が $x_1 - x_2$ の関数として 100％変調されることを示す．これは (10.20) の古典的な場合の最大 50％を超えた変調であって，量子効果の一つの現れである．特に，$x_1 - x_2 = \pm\frac{1}{2}L, \pm\frac{3}{2}L, \cdots$ のときには $P_{12} = 0$ となり，2 光子の同時検出が起こらないことを示す．(10.10) によると，すべての点に光子は一定の確率で来ているにもかかわらず，(10.21) では $x_1 - x_2$ が $L/2$ の奇数倍になると，x_2 で光子が検出されたとき，x_1 には光子は来なくなる．x_2 の検出器の位置を変えると，x_1 の検出器は何も変えていないのに x_1 に光子が来るようになる．これは第 12 章で述べる非局所相関の一種である．

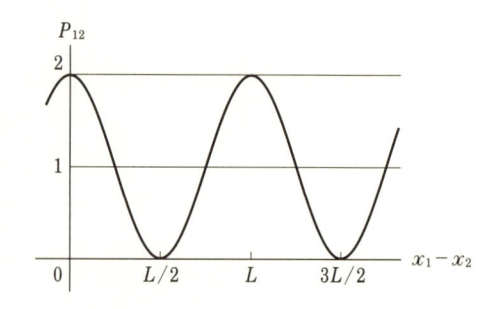

図 10.6 強度干渉（1 光子の対の場合）

このような量子効果の実験が，光パラメトリック変換によって同時に生成される2つの光子（§6.5参照）を用いて行われた．その結果は古典論による予測 (10.20) とは一致せず，量子論による予測 (10.21) に一致した．[1]

§10.3 光子のアンチバンチング

光の強度 $I(t)$ が時間とともに図 10.7(a) のように変化しているとする．そのとき，時刻 t と $t+\tau$ における強度 $I(t)$，$I(t+\tau)$ の相関関数を調べる．具体的にこれを測定するには，図 (b) のようにビームスプリッターを用いて，距離を $c\tau$ だけずらして2つの検出器 D_1，D_2 を置けばよい．入射光 $I(t)$ について，D_1 が時刻 t から $t + dt_1$ の間の1つの光子を検出し，D_2 が $t+\tau$ から $t+\tau+dt_2$ の間の別の光子を検出する同時計数率は

$$I(t)I(t+\tau)dt_1 dt_2 \qquad (10.22)$$

に比例する．これをある時間測定して t について平均すると，エルゴード定理によって多数の同じ装置を並べて測定した集団平均

$$\langle I(t)I(t+\tau)\rangle_{\text{ens}} \qquad (10.23)$$

に等しくなる．以下ではこれを $\langle\ \rangle$ と書いて，次のような規格化された強度相関関数を考える：

$$g^{(2)}(\tau) = \frac{\langle I(t)I(t+\tau)\rangle}{\langle I(t)\rangle\langle I(t+\tau)\rangle} \qquad (10.24)$$

ランダムに変化する光では，無限に離れた時刻の強度 $I(t)$ と $I(t+\tau)$ の間

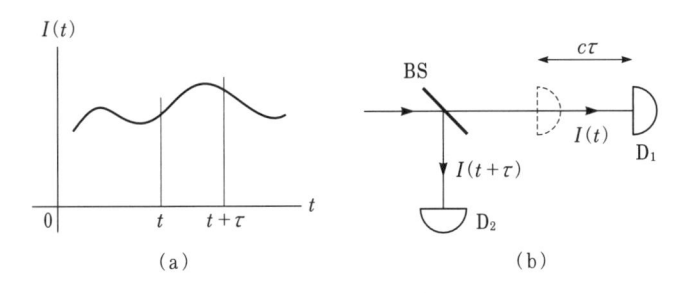

図 10.7 時間的にゆらぐ光の強度相関の測定

150   10. 干渉と相関における量子効果

では互いに関連がなくなるが,すぐ近くの時刻の間では関連がある.それは光源の変化は,コヒーレンス時間 τ_c の範囲で徐々に起こるからである. $\tau \to \infty$ では積 $I(t)I(t+\tau)$ の平均と $I(t)$ と $I(t+\tau)$ のそれぞれの平均の積とは区別がつかない.そこで $\langle I(t)I(t+\tau)\rangle = \langle I(t)\rangle\langle I(t+\tau)\rangle$ とおくと

$$g^{(2)}(\tau) \to 1 \quad (\tau \to \infty) \tag{10.25}$$

である.$g^{(2)}(\tau)$ としては $\tau < \tau_c$ 付近に興味がある.$\tau \to 0$ とすると (10.24) は

$$g^{(2)}(0) = \frac{\langle I(t)^2\rangle}{\langle I(t)\rangle^2} = \frac{\langle (I(t) - \langle I(t)\rangle + \langle I(t)\rangle)^2\rangle}{\langle I(t)\rangle^2}$$

$$= \frac{\langle (\Delta I(t))^2 + 2\Delta I(t)\langle I(t)\rangle + \langle I(t)\rangle^2\rangle}{\langle I(t)\rangle^2}$$

$$= 1 + \frac{\langle (\Delta I(t))^2\rangle}{\langle I(t)\rangle^2} \tag{10.26}$$

となる.ただし,$\Delta I(t) \equiv I(t) - \langle I(t)\rangle$ は平均値からのずれであり ($\langle \Delta I(t)\rangle = 0$),それが何であれ 2 乗したものは正であるから,

$$g^{(2)}(0) > 1 \tag{10.27}$$

となるはずである.この様子を図 10.8(a) に示す.これは時刻 t に光子が来たとき,$t - \tau_c < t < t + \tau_c$ にもう 1 つの光子が来る確率は $\tau \to \infty$ の場合

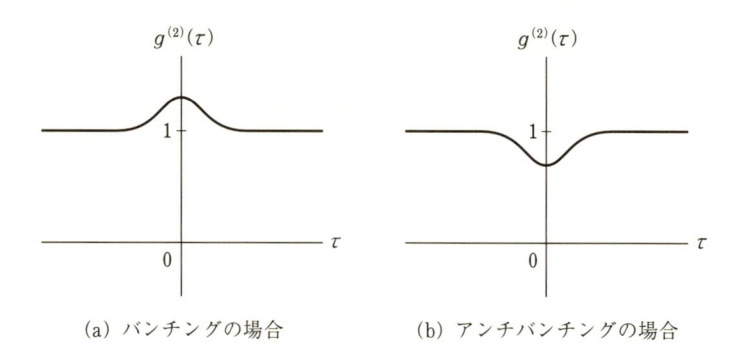

(a) バンチングの場合   (b) アンチバンチングの場合

図 10.8　強度相関関数

より大きいことを意味する．これを光子のバンチングという．この計算には基本的な代数を用いていて，その限りでは誤りはないはずである．

しかし，量子力学の計算では，これとは違う結果となる．(10.24) を電場を用いて表す．光強度は

$$I(t) = \langle S_z(t) \rangle_{\text{cycle}} = \frac{1}{\mu_0} \langle E_x(t) B_y(t) \rangle_{\text{cycle}} = 2c\varepsilon_0 E^{(-)}(t) E^{(+)}(t) \tag{10.28}$$

である．ここで $\langle\ \rangle_{\text{cycle}}$ は振動の 1 サイクルの平均をとることを意味する．量子化した場合は右辺において $\widehat{E}^{(\pm)}$ を用いる．したがって (10.24) は

$$g^{(2)}(\tau) = \frac{\langle \widehat{E}^{(-)}(t) \widehat{E}^{(-)}(t+\tau) \widehat{E}^{(+)}(t+\tau) \widehat{E}^{(+)}(t) \rangle}{\langle \widehat{E}^{(-)}(t) \widehat{E}^{(+)}(t) \rangle \langle \widehat{E}^{(-)}(t+\tau) \widehat{E}^{(+)}(t+\tau) \rangle} \tag{10.29}$$

となる．これを **2 次の相関関数** あるいは 2 次のコヒーレンス度という．たとえば，光子数状態 $|n\rangle$ について計算してみると，(10.11) の第 1 項と第 2 項を代入して

$$g^{(2)}(\tau) = \frac{\langle n | \hat{a}^\dagger(t) \hat{a}^\dagger(t+\tau) \hat{a}(t+\tau) \hat{a}(t) | n \rangle}{\langle n | \hat{a}^\dagger(t) \hat{a}(t) | n \rangle \langle n | \hat{a}^\dagger(t+\tau) \hat{a}(t+\tau) | n \rangle} \tag{10.30}$$

となるから，$\tau \to 0$ として (9.25)，(9.26) を用いると (10.30) は

$$g^{(2)}(0) = \frac{n \langle n-1 | \hat{a}^\dagger(t) \hat{a}(t) | n-1 \rangle}{n^2} = \frac{n(n-1)}{n^2} = 1 - \frac{1}{n} < 1 \tag{10.31}$$

となり，これは 1 より小さい．この様子を図 (b) に示す．これは時刻 t に光子が来たとき $t+\tau$ ($\tau \to 0$) には次の光子が来る確率は小さいことを意味する．これを**アンチバンチング**という．(広義には $g^{(2)}(0) < g^{(2)}(\tau)$，$\tau \neq 0$ の場合もアンチバンチングという．) (10.27) と違ってきたのは，これは量子化した計算を行ったためである．果たしてどちらの計算が正しいだろうか．実験によると，以下に述べるように $g^{(2)}(0) < 1$ が確かに起こるのである．

コヒーレント状態のレーザー光などからアンチバンチングを起こすには，光子が光源からすぐに続いて出て来ないようにしなければならない．1個の原子からの自然放出では，放出後にその原子が再び励起されるまでは次の光子を放出しないので原子を共鳴励起する光を十分弱くする．この共鳴蛍光による最初の実験ではナトリウムの原子線が用いられたが，レーザー冷却された Mg^+ イオンの $3S$-$3P$ 遷移を用いた実験によって明瞭な結果が得られた．2つの検出器を用いた蛍光の $g^{(2)}(\tau)$ の測定結果[2]を図10.9に示す．$\tau = 0$ に $g^{(2)}(0) < 1$ の凹みが見える．励起光を (d) から (a) に向かって強くしていくと，$\tau = 0$ ではじめの光子が放出された後，次の光子の放出までの時間が短くなっていくのがわかる．凹みの周りの振動は励起光によって原子がラビの章動（§8.2）を起こすためである．

もう一つのアンチバンチングの実現方法は，ランダムな光子列の中から，もし2つの光子が同時に来たらそれを取り除く方法である．3つ以上の光子が同時に来ないように光を弱くした上で非線形光学過程を用いる．2次高調波発生では周波数 ω の2光子が 2ω の1光子になるので同時に来た ω の2光子を除くことができる．しかし，弱い光ではこの高調波発生の確率は

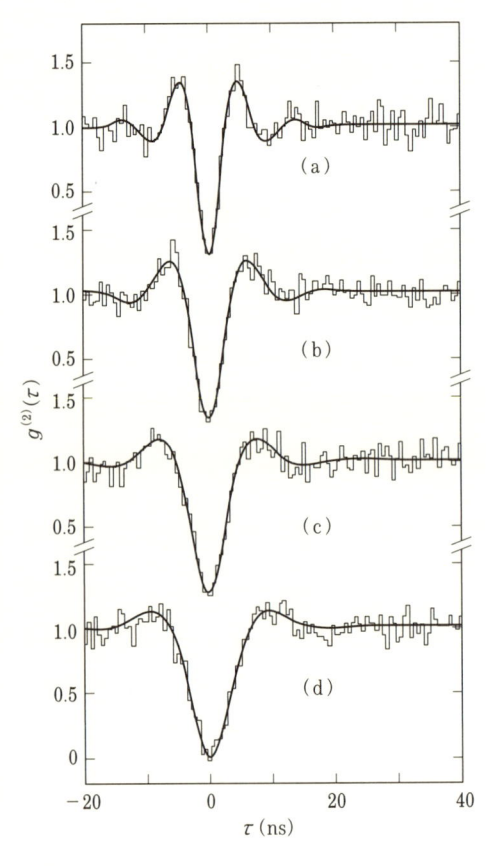

図 **10.9** 共鳴蛍光におけるアンチバンチング[2]

§10.3 光子のアンチバンチング　153

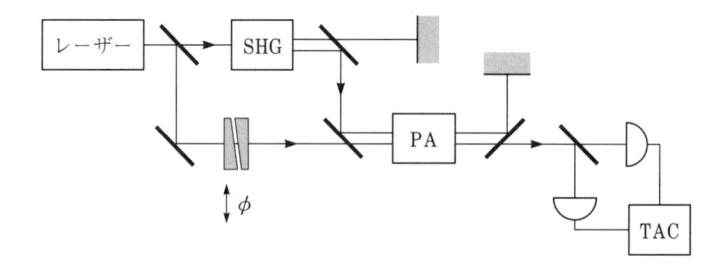

図 10.10　パラメトリック増幅逆過程を用いたアンチバンチド光発生実験の配置

極めて小さい．そこでパラメトリック下方変換 $2\omega \rightarrow \omega + \omega$ の逆過程を用いる．§6.5に述べたようにパラメトリック増幅器は入射光とポンプ光の位相の関係によっては減衰領域になり，ω の光子は 2ω に変換される．図 10.10 に装置の概略を示す．ω の光子を入射させ，くさび形のガラス板を挿入してその位相を変化させる．時間波高変換器 TAC によってある光子のあと次に来る光子までの時間を測定する．ポンプ光には YAG レーザーの CW モード同期パルス（§5.3）が用いられた．パルス光を用いたのは高いピーク強度を利用す

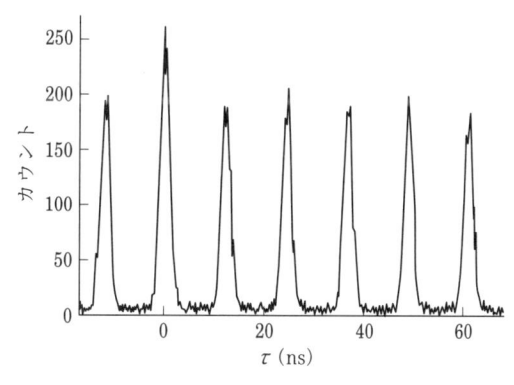

(a) バンチングの場合

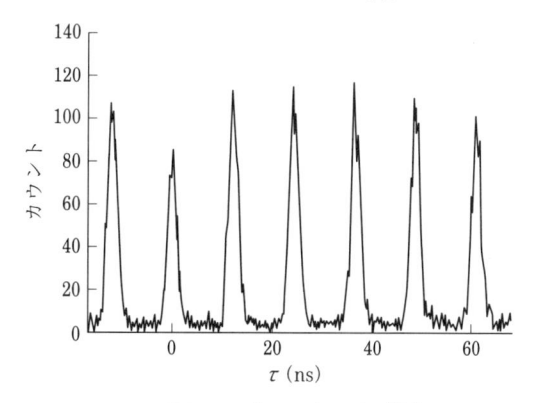

(b) アンチバンチングの場合

図 10.11　パラメトリック増幅過程を用いたアンチバンチド光発生実験の結果[3]

るためと，光子のスペクトルを広げて検出器の前のフィルターの帯域に一致させるためである．これによって互いにコヒーレントな光子のみを検出できる．このようにして同時に ω の光子が2個来た場合，これらを 2ω の光子に変換して取り除く．すなわち，モード同期レーザーを用いた場合には，2つ目の光子がモード同期の同じパルスの中に来る確率は，隣りのパルスの中に来るよりも小さくなる．実験結果[3]を図10.11に示す．(a)では $\tau=0$ のピークが隣より高くなっている．これはポンプ光と信号光の位相の関係を増幅領域になるようにしたときで，$\tau=0$ のピークの中に2個目の光子がくる確率が隣のピークより高くなっているためである．(b)では $\tau=0$ のピークが隣より低くなっている．これは位相の関係を減衰領域になるようにしたときで，2個目の光子が隣のピークに来る確率より低くなっており，アンチバンチド状態が実現したことを示している．

参 考 文 献

1) R. Ghosh and L. Mandel : Phys. Rev. Lett. **59** (1987) 1903.
2) F. Diedrich and H. Walter : Phys. Rev. Lett. **58** (1987) 203.
3) M. Koashi, K. Kono, T. Hirano and M. Matsuoka : Phys. Rev. Lett. **71** (1993) 1164.

11 コヒーレント状態とスクイーズド状態

これまでに電磁場の量子化によって光子数状態が得られ，それによって粒子的な特徴が顕著に現れた．一方，古典電磁気学の電磁場のような波動的側面も表すことができるのがコヒーレント状態である．

これが明らかになると，さらに古典的には知られていなかった新しい量子論的な状態が存在することがわかる．その代表がスクイーズド状態である．これらの状態はレーザーとパラメトリック増幅器を用いて実現できる．

§11.1 コヒーレント状態

光子数状態においては電場 $\hat{E}$ の位相が決まらないため，(9.38)のようにその平均値はゼロになった．さらに干渉理論において $\hat{a}^\dagger \hat{a}$ の期待値は古典的な光の場合のように a^*a にすることはできないことも §10.2 で述べた．それに対してコヒーレント状態は古典的扱いに近い扱いを可能にする．

光子数状態 $|n\rangle$ は完全系をなすから，いかなる状態も $|n\rangle$ を用いて表すことができる．そこで，$|n\rangle$ で展開した次のような状態を考える：

$$|\psi\rangle_a = |0\rangle + a|1\rangle + \frac{1}{\sqrt{2!}}a^2|2\rangle + \cdots + \frac{1}{\sqrt{n!}}a^n|n\rangle + \cdots \quad (11.1)$$

ここで a は任意の複素数とする．これに $\hat{a}$ を掛けると

$$\hat{a}|\psi\rangle_a = a|0\rangle + \frac{1}{\sqrt{2!}}a^2\sqrt{2}|1\rangle + \cdots + \frac{1}{\sqrt{n!}}a^n\sqrt{n}|n-1\rangle + \cdots$$

156   11. コヒーレント状態とスクイーズド状態

$$= \alpha \Big(0 + |0\rangle + \alpha |1\rangle + \frac{1}{\sqrt{2!}} \alpha^2 |2\rangle + \cdots + \frac{1}{\sqrt{n!}} \alpha^n |n\rangle + \cdots \Big)$$

$$= \alpha |\psi\rangle_\alpha$$

となって，$|\psi\rangle_\alpha$ は $\hat{a}$ の固有状態になっていることがわかる．$_\alpha\langle\psi|\hat{a}^\dagger = \alpha^* \,_\alpha\langle\psi|$ も同様に得られる．そこで，$|\psi\rangle_\alpha$ を規格化しておけば，この状態において (9.11) の電場

$$\hat{E}(t,z) = i\mathcal{E}\left[\hat{a}\,e^{-i(\omega t - kz)} - \hat{a}^\dagger e^{i(\omega t - kz)}\right], \quad \mathcal{E} = \sqrt{\frac{\hbar\omega}{2\varepsilon_0 V}}$$

(11.2)

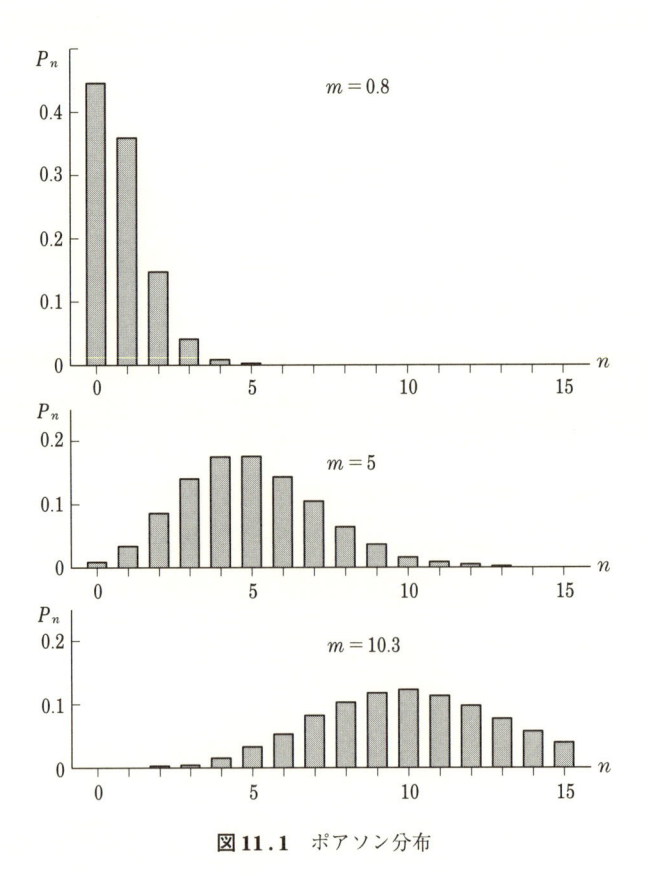

図 **11.1** ポアソン分布

の期待値をとるとき，$\hat{a}$ は α で，$\hat{a}^\dagger$ は α^* で，また $\hat{a}^\dagger \hat{a}$ は $\alpha^*\alpha$ で単に置き換えればよいことになる．

そこで，この $|\psi\rangle_\alpha$ に $e^{-|\alpha|^2/2}$ を掛けて規格化し，これを改めて $|\alpha\rangle$ と書いて，**コヒーレント状態**とよぶ．すなわち，

$$|\alpha\rangle \equiv e^{-|\alpha|^2/2} \sum_{n=0}^{\infty} \frac{\alpha^n}{\sqrt{n!}} |n\rangle \tag{11.3}$$

$$\hat{a}|\alpha\rangle = \alpha|\alpha\rangle \tag{11.4}$$

$$\langle \alpha|\alpha\rangle = 1 \tag{11.5}$$

とする．† (11.3) の各項の 2 乗はポアソン分布（§5.1）になる．一般に m を正の実数，$n = 0, 1, 2, \cdots$ とするとき，ポアソン分布 $e^{-m}\dfrac{m^n}{n!}$ の平均値は m で，その最大値は図 11.1 のように，m が整数のときは $n = m$ と $m-1$ に，整数でないときには m と $m-1$ の間の整数値 $n = [m]$ にある．

§11.2　コヒーレント状態における電場の期待値とゆらぎ

消滅および生成演算子を実数部と虚数部に分けて

$$\hat{a} \equiv \hat{x}_1 + i\hat{x}_2, \quad \hat{a}^\dagger \equiv \hat{x}_1 - i\hat{x}_2 \tag{11.6}$$

のように $\hat{x}_1$ と $\hat{x}_2$ を定義する．これを (11.2) に代入すると

$$\hat{E}(t, z) = 2\mathscr{E}[\hat{x}_1 \sin(\omega t - kz) - \hat{x}_2 \cos(\omega t - kz)] \tag{11.7}$$

を得る．(11.2) は**複素表示**であるのに対して，(11.7) は互いに 90° ずれた正弦関数と余弦関数で表しているので**直交位相表示**とよぶことにしよう．$\hat{x}_1$ と $\hat{x}_2$ を**直交位相振幅**演算子という．

$\hat{a}$ と $\hat{a}^\dagger$ のコヒーレント状態における期待値は (11.4) から

$$\langle \alpha|\hat{a}|\alpha\rangle = \alpha, \quad \langle \alpha|\hat{a}^\dagger|\alpha\rangle = \alpha^* \tag{11.8}$$

---

† $|\alpha\rangle$ は完全系をなすが，$|\langle \alpha|\beta\rangle|^2 = \exp(-|\alpha - \beta|^2)$ であるので，$\alpha \neq \beta$ であってもゼロにならない．これを過剰な完全性という．

となる.ここで,$\alpha = x_1 + ix_2$, $\alpha^* = x_1 - ix_2$ として $\hat{x}_1$ と $\hat{x}_2$ の期待値を

$$\langle \alpha | \hat{x}_1 | \alpha \rangle \equiv x_1, \quad \langle \alpha | \hat{x}_2 | \alpha \rangle \equiv x_2 \tag{11.9}$$

によって表すことにする.そのとき,電場の期待値は (11.2) と (11.7) から

$$\begin{aligned}\langle \alpha | \hat{E}(t, z) | \alpha \rangle &= i\mathcal{E} \left[\alpha e^{-i(\omega t - kz)} - \alpha^* e^{i(\omega t - kz)} \right] \\ &= 2\mathcal{E} \left[x_1 \sin(\omega t - kz) - x_2 \cos(\omega t - kz) \right]\end{aligned}$$

$$\tag{11.10}$$

となる.さらに

$$\alpha = |\alpha| e^{i\theta} \tag{11.11}$$

とすると

$$\langle \alpha | \hat{E}(z, t) | \alpha \rangle = 2\mathcal{E} |\alpha| \sin(\omega t - kz - \theta) \tag{11.12}$$

とも書ける.これらの結果は $\mathcal{E}\alpha$ が古典場の複素振幅に相当していることを示す.

次に,$\hat{E}^2$ の期待値を求めると,交換関係 $\hat{a}\hat{a}^\dagger = \hat{a}^\dagger \hat{a} + 1$ を用いて

$$\begin{aligned}\langle \alpha | \hat{E}^2(t, z) | \alpha \rangle &= -\mathcal{E}^2 \langle \alpha | \hat{a}^2 e^{-2i(\omega t - kz)} - \hat{a}\hat{a}^\dagger - \hat{a}^\dagger \hat{a} + (\hat{a}^\dagger)^2 e^{2i(\omega t - kz)} | \alpha \rangle \\ &= -\mathcal{E}^2 [\alpha^2 e^{-2i(\omega t - kz)} - 2\alpha^* \alpha - 1 + (\alpha^*)^2 e^{2i(\omega t - kz)}] \\ &= \mathcal{E}^2 [4|\alpha|^2 \sin^2(\omega t - kz - \theta) + 1]\end{aligned} \tag{11.13}$$

となる.ここでは $\hat{a}\hat{a}^\dagger$ は $\hat{a}^\dagger \hat{a} + 1$ に($\hat{a}^\dagger$ を $\hat{a}$ の左に)直してから期待値をとった.これを**正規順**に並べるという.最後の 1 はこの交換関係から出てきたもので,$\hat{E}^2$ の期待値が単に $\hat{E}$ の期待値の 2 乗になっていないことを示す.

そこで (9.41) によってコヒーレント状態における平均二乗偏差を求める.この場合 (11.13) から (11.12) の 2 乗を引くと,結局 (11.13) の第 2 項の 1 が残って

$$\Delta E = \sqrt{\langle \alpha | \hat{E}^2 | \alpha \rangle - \langle \alpha | \hat{E} | \alpha \rangle^2} = \mathcal{E} \tag{11.14}$$

となる.これは第 5 章で述べたように,(11.2) または (11.7) で表される電場の集団平均あるいは時間平均によって $\mathcal{E}$ という偏差が得られることを意味する.(11.14)は振幅 α によらないから,$\alpha = 0$ でも存在する.すなわち,

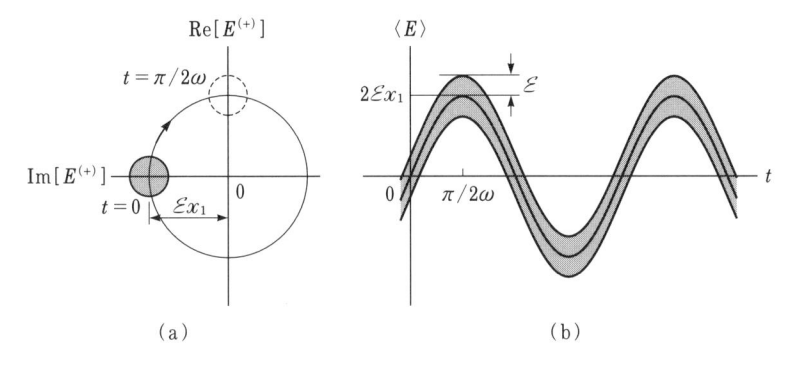

図 11.2 コヒーレント状態における電場の振幅とゆらぎの複素表示と時間軸表示 ($x_1 > 0, x_2 = 0$)

(11.1)によって$|\phi\rangle_a = |0\rangle$の真空でも存在する．したがって，これは(9.42)の真空場のゆらぎである．図11.2に(11.10)の$E^{(+)} = i\mathcal{E} a\, e^{-i\omega t}$を複素表示したものと，(11.12)の$\langle E \rangle$を時間軸表示したものを示す．前者を実数軸に射影したものが後者である．網かけ部分は(11.14)の$\mathcal{E}$である．図 (a)の矢印は時間とともに回転する方向を示す．

§11.3 コヒーレント状態における直交位相振幅の不確定性関係

ハイゼンベルクの**不確定性関係**は一般に交換関係から直接導かれる．期待値が実数のエルミート演算子$\hat{X}$と$\hat{Y}$が，交換関係

$$[\hat{X}, \hat{Y}] = i\hbar \tag{11.15}$$

を満たしているとする．それらの平均二乗偏差は

$$(\Delta X)^2 = \langle \hat{X}^2 \rangle - \langle \hat{X} \rangle^2, \quad (\Delta Y)^2 = \langle \hat{Y}^2 \rangle - \langle \hat{Y} \rangle^2 \tag{11.16}$$

である．平均偏差を

$$\overline{X} \equiv \hat{X} - \langle \hat{X} \rangle, \quad \overline{Y} \equiv \hat{Y} - \langle \hat{Y} \rangle \tag{11.17}$$

によって定義すると，

$$[\overline{X}, \overline{Y}] = i\hbar \tag{11.18}$$

11. コヒーレント状態とスクイーズド状態

$$(\Delta X)^2 = (\Delta \bar{X})^2 = \langle \bar{X}^2 \rangle, \quad (\Delta Y)^2 = (\Delta \bar{Y})^2 = \langle \bar{Y}^2 \rangle$$
(11.19)

である.ここで平均値の積に対してシュワルツの不等式が成り立つ:

$$(\Delta \bar{X})^2 (\Delta \bar{Y})^2 = \langle \bar{X}^2 \rangle \langle \bar{Y}^2 \rangle \geq |\langle \bar{X}\bar{Y} \rangle|^2$$

$\bar{X}\bar{Y}$ を交換に関して対称的部分と非対称的部分に分けると

$$\bar{X}\bar{Y} = \frac{\bar{X}\bar{Y} + \overline{YX}}{2} + \frac{\bar{X}\bar{Y} - \overline{YX}}{2} = \frac{\bar{X}\bar{Y} + \overline{YX}}{2} + \frac{i\hbar}{2}$$
(11.20)

となる.これの平均値をとると,第1項は実数,第2項は純虚数になる:

$$\langle \bar{X}\bar{Y} \rangle = \frac{\langle \bar{X}\bar{Y} + \overline{YX} \rangle}{2} + \frac{i\hbar}{2}$$

したがって

$$(\Delta \bar{X})^2 (\Delta \bar{Y})^2 \geq |\langle \bar{X}\bar{Y} \rangle|^2 = \frac{\langle \bar{X}\bar{Y} + \overline{YX} \rangle^2}{4} + \frac{\hbar^2}{4} \geq \frac{\hbar^2}{4}$$
(11.21)

ゆえに,$\bar{X}$ と $\bar{Y}$ の間の不確定性関係

$$\Delta X \Delta Y \geq \frac{\hbar}{2}$$
(11.22)

が成り立つ.等号が成り立つためには,(11.21)の2つの $\geq$ において等号が成り立つような状態についての期待値でなければならない.

さて,消滅および生成演算子の間の交換関係

$$[\hat{a}, \hat{a}^\dagger] = 1$$

に (11.6) を代入すると,2つの直交位相振幅演算子の間の交換関係

$$[\hat{x}_1, \hat{x}_2] = \frac{i}{2}$$
(11.23)

が得られる.ゆえに,エルミート演算子 $\hat{x}_1$ と $\hat{x}_2$ の間の不確定性関係

$$\Delta x_1 \Delta x_2 \geq \frac{1}{4}$$
(11.24)

が成り立つ.

さて，実際にコヒーレント状態について $\hat{x}_1$ と $\hat{x}_2$ の期待値をとってみると

$$\left.\begin{array}{l}\langle \hat{x}_1 \rangle = \langle \alpha | \hat{x}_1 | \alpha \rangle = \dfrac{\alpha + \alpha^*}{2} \\[6pt] \langle \hat{x}_1{}^2 \rangle = \langle \alpha | \hat{x}_1{}^2 | \alpha \rangle = \dfrac{\alpha^2 + 2\alpha\alpha^* + \alpha^{*2} + 1}{4}\end{array}\right\} \quad (11.25)$$

などから

$$\left.\begin{array}{l}\Delta x_1 = \sqrt{\langle \hat{x}_1{}^2 \rangle - \langle \hat{x}_1 \rangle^2} = \dfrac{1}{2} \\[6pt] \Delta x_2 = \sqrt{\langle \hat{x}_2{}^2 \rangle - \langle \hat{x}_2 \rangle^2} = \dfrac{1}{2}\end{array}\right\} \quad (11.26)$$

を得る．したがって

$$\Delta x_1 \Delta x_2 = \frac{1}{4} \quad (11.27)$$

が導かれる．ゆえにコヒーレント状態は2つの直交位相振幅の間の**最小不確定状態**を実現している．

§11.4 コヒーレント状態における光子数と位相の不確定性関係

光子数と位相の間にも不確定性関係があるが，位相を表すエルミート演算子が存在しないので，前節のような交換関係を元にした不確定性関係の導出はできない．この問題は困難な問題であるので，ここではくわしい議論[1]はやめ，定性的な議論のみ行うことにする．

光子数演算子のコヒーレント状態における期待値とゆらぎは（11.4）と（11.8）を用いて求めることができ，

$$\langle \alpha | \hat{n} | \alpha \rangle = \langle \alpha | \hat{a}^\dagger \hat{a} | \alpha \rangle = |\alpha|^2 \quad (11.28)$$

$$\langle \alpha | \hat{n}^2 | \alpha \rangle = \langle \alpha | \hat{a}^\dagger \hat{a} \hat{a}^\dagger \hat{a} | \alpha \rangle = |\alpha|^4 + |\alpha|^2 \quad (11.29)$$

$$\therefore \quad \Delta n = |\alpha| \quad (11.30)$$

となる．（11.28）は平均光子数が $|\alpha|^2$ であること，（11.30）はそのゆらぎが

$|\alpha|$ であることを示す．平均光子数すなわち光強度が強くなると，ゆらぎも大きくなるが，相対的なゆらぎは $\Delta n/\langle n \rangle = 1/|\alpha|$ で小さくなる．

コヒーレント状態では図 11.3 のように，横軸に α の実数部分をとり，縦軸に虚数部分をとって電場の期待値 (11.10) を表すと，(11.26) によって複素数 α の先に半径 $\Delta x_1 = \Delta x_2 = 1/2$ のゆらぎの円がつく．平均光子数とそのゆらぎは $n = \langle \alpha | n | \alpha \rangle = |\alpha|^2$, $\Delta n = |\alpha|$ である．ゆえに，前者の微分 $\Delta n = 2|\alpha|\Delta\alpha$ に後者を代入して，α の半径方向のゆらぎ $\Delta\alpha = 1/2$ を得る．また，実数軸と α の間の角が (11.11) の θ であり，角度のゆらぎは図から $\Delta\theta = \Delta\alpha/|\alpha| = 1/2|\alpha|$ となる．したがって，光子数と位相のゆらぎの不確定積は

$$\Delta n \Delta \theta = \frac{1}{2} \tag{11.31}$$

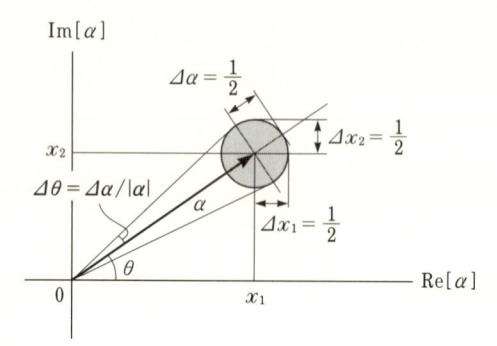

図 11.3 コヒーレント状態における電場の振幅とゆらぎ

となる．

量子論的には，もし光子数演算子に共役でエルミートな位相演算子が存在するとすれば，このような関係式を議論することは容易であろう．しかし，現実にはこのような位相演算子が存在しないので，これは困難な問題である．一つの解決法に最近のペグとバーネットの理論がある．これによると，ある近似的なエルミート位相演算子 $\hat{\phi}$ を定義すると，$|\alpha| \gg 1$ のときには (11.31) と同等な

$$\Delta n \Delta \phi = \frac{1}{2} \tag{11.32}$$

が成り立つ．しかし，$|\alpha| \ll 1$ の場合には $1/2$ にはならず

$$\Delta n\Delta\phi = |\alpha|\left(\frac{\pi^2}{3} - 4|\alpha|\right)^{1/2} \tag{11.33}$$

になる．これは $|\alpha|$ がゆらぎの円の半径より小さくなってきたときには，図 11.3 を用いた議論ができないことに対応している．

コヒーレント状態の光はしきい値を十分に超えて発振するレーザーによって実現される．

[問題 11.1] コヒーレント状態においては
$$\langle\hat{E}^{(-)}(t)\hat{E}^{(-)}(t+\tau)\hat{E}^{(+)}(t+\tau)\hat{E}^{(+)}(t)\rangle$$
$$= \langle\hat{E}^{(-)}(t)\hat{E}^{(+)}(t)\rangle\langle\hat{E}^{(-)}(t+\tau)\hat{E}^{(+)}(t+\tau)\rangle$$
となること，したがって $g^{(2)}(\tau) = 1$ となることを示せ．

§11.5　スクイーズド状態

コヒーレント状態 $|\alpha\rangle$ においては直交位相演算子のゆらぎは (11.26) によって α に関係なく $\Delta x_1 = \Delta x_2 = 1/2$ であり，したがって $\Delta x_1 \Delta x_2 = 1/4$ であることがわかった．これは $\alpha = 0$, すなわち真空でも成り立つから，Δx_1 と Δx_2 は真空のゆらぎでもある．真空においても成り立っているのであれば，われわれが Δx_1 や Δx_2 の値を変えるのは一見不可能のように思える．ところが，第 6 章の縮退したパラメトリック増幅器を使うと，$\hat{x}_1$ と $\hat{x}_2$ をそれぞれ e^{-r} 倍，e^r 倍する変換が可能であり，これによって不確定性関係を損なわずに Δx_1 と Δx_2 もそれぞれ e^{-r} 倍，e^r 倍できることが予想される．

そこで，(6.24) にならって，入射光 $\hat{a}$ と放出光 $\hat{b}$ の間で
$$\hat{b} = \hat{a}\cosh r - \hat{a}^\dagger e^{i\varphi}\sinh r \tag{11.34}$$
という変換を考える．(6.24) は信号が $z = 0$ から z まで進んだときの変換であったが，ここでは $\hat{a}$ から $\hat{b}$ への変換を r で表したものである．この式のエルミート共役は
$$\hat{b}^\dagger = \hat{a}^\dagger\cosh r - \hat{a}\,e^{-i\varphi}\sinh r \tag{11.35}$$
である．変換光も交換関係 $[\hat{b}, \hat{b}^\dagger] = 1$ を満足することは容易にわかる．$\hat{b}$ の

期待値をコヒーレント状態 $|\alpha\rangle$ に対してとると

$$\langle \alpha | \hat{b} | \alpha \rangle = \alpha \cosh r - \alpha^* e^{i\varphi} \sinh r \qquad (11.36)$$

となる. $\varphi = 0$, $\varphi = \pi$ のときは, (11.9) を用いて

$$\langle \alpha | \hat{b} | \alpha \rangle = x_1 e^{-r} + i x_2 e^{r} \qquad (\varphi = 0) \qquad (11.37)$$

$$\langle \alpha | \hat{b} | \alpha \rangle = x_1 e^{r} + i x_2 e^{-r} \qquad (\varphi = \pi) \qquad (11.38)$$

のようになる. したがって, (11.26) に対応するゆらぎは, $\varphi = 0$ の場合には

$$\Delta(x_1 e^{-r}) = \frac{1}{2} e^{-r}, \quad \Delta(x_2 e^{r}) = \frac{1}{2} e^{r} \qquad (11.39)$$

となり, $\varphi = \pi$ の場合には

$$\Delta(x_1 e^{r}) = \frac{1}{2} e^{r}, \quad \Delta(x_2 e^{-r}) = \frac{1}{2} e^{-r} \qquad (11.40)$$

となる. ゆえに, $r > 0$ とすると, 変換 (11.34) を受けたコヒーレント光の直交位相振幅のゆらぎの一方は減衰し, 他方は反対に増大する. これを**直交位相スクイーズド状態**(圧搾状態)という. この様子を図 11.4 に示す. (11.34) の $\hat{b}$ はコヒーレント状態 $|\alpha\rangle$ をスクイーズするための演算子である.

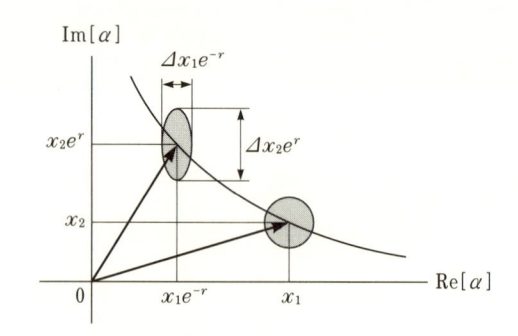

図 11.4 スクイーズド状態における電場の振幅とゆらぎ

§11.6 直交位相スクイーズド状態における電場の期待値とゆらぎ

光電場

$$\widehat{E}_{\text{in}} = i\mathcal{E}\,(\hat{a}\,e^{-i\omega t} - \hat{a}^\dagger e^{i\omega t}) \tag{11.41}$$

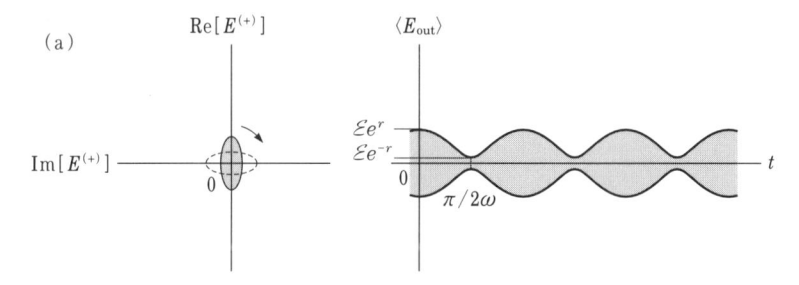

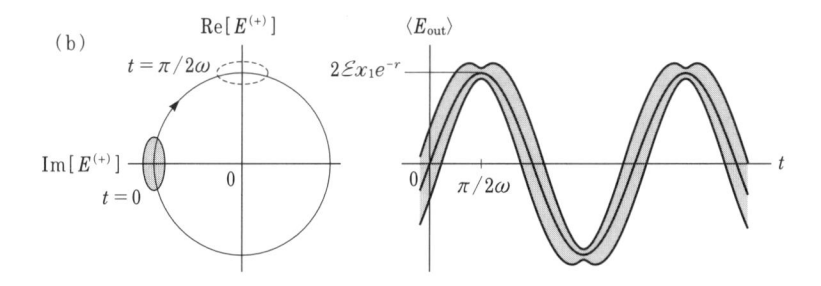

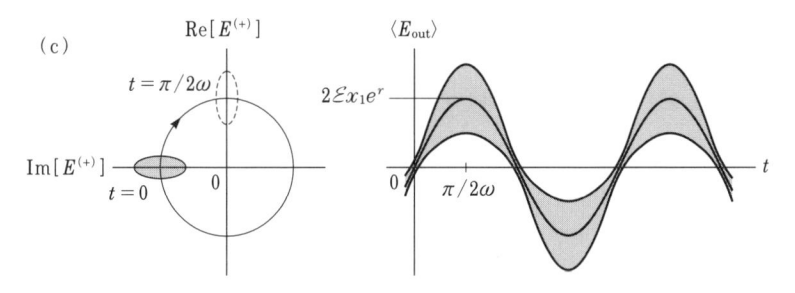

図 11.5 スクイーズド状態における電場の振幅とゆらぎの複素表示と時間軸表示
((a) $x_1 = x_2 = 0, \varphi = 0$, (b) $x_1 = 2, x_2 = 0, \varphi = 0$, (c) $x_1 = 0.2, x_2 = 0, \varphi = \pi$, すべて $r = 1$)

を入射してスイーズするとき，出力電場は変換された消滅・生成演算子 $\hat{b}$ と $\hat{b}^\dagger$ によって表され，

$$\hat{E}_{\text{out}} = i\mathcal{E}\,(\hat{b}\,e^{-i\omega t} - \hat{b}^\dagger e^{i\omega t}) \tag{11.42}$$

となる．(11.34) と (11.35) を代入して $|\alpha\rangle$ について期待値をとると

$$\langle\alpha|\hat{E}_{\text{out}}|\alpha\rangle = 2\mathcal{E}\left\{\left[x_1 e^{-r}\sin\left(\omega t - \frac{\varphi}{2}\right) - x_2 e^r \cos\left(\omega t - \frac{\varphi}{2}\right)\right]\cos\frac{\varphi}{2} \right.$$
$$\left. + \left[x_1 e^r \cos\left(\omega t - \frac{\varphi}{2}\right) + x_2 e^{-r}\sin\left(\omega t - \frac{\varphi}{2}\right)\right]\sin\frac{\varphi}{2}\right\} \tag{11.43}$$

を得る．さらに $\langle\alpha|\hat{E}_{\text{out}}^2|\alpha\rangle$ を求めて，$\hat{E}_{\text{out}}$ のゆらぎを求めると

$$\Delta E_{\text{out}} = \mathcal{E}\sqrt{e^{-2r}\sin^2\left(\omega t - \frac{\varphi}{2}\right) + e^{2r}\cos^2\left(\omega t - \frac{\varphi}{2}\right)} \tag{11.44}$$

となる．図 11.5(a)～(c) に (11.42) の $\langle\alpha|\hat{E}^{(+)}|\alpha\rangle = i\mathcal{E}\langle\alpha|\hat{b}|\alpha\rangle e^{-i\omega t}$ を複素表示したものと，(11.43) の $\langle\alpha|\hat{E}_{\text{out}}|\alpha\rangle$ を時間軸表示したものを示す．網かけ部分は ΔE_{out} を示す．(a) は真空をスイーズした場合 ($x_1 = x_2 = 0$, $\varphi = 0$)，(b) は有限振幅の電場を $\varphi = 0$ でスイーズした場合，(c) は同じく $\varphi = \pi$ でスイーズした場合である．(ともに $x_1 > 0$, $x_2 = 0$ とした．) コヒーレント状態ではゆらぎは時間的に一定であったが，スイーズド状態では最大値 $\mathcal{E}e^r$ と最小値 $\mathcal{E}e^{-r}$ の間を周期的に変化する．左側の図から (b) では振幅方向のゆらぎがスイーズされ，(c) では位相角方向のゆらぎがスイーズされていることがわかる．

[**問題 11.2**] (11.44) の証明を次式および $[\hat{b}, \hat{b}^\dagger] = 1$ を用いて行え．

$$\langle\alpha|bb|\alpha\rangle = \langle\alpha|b|\alpha\rangle^2 - e^{i\varphi}\cosh r\sinh r$$
$$\langle\alpha|b^\dagger b|\alpha\rangle = \langle\alpha|b^\dagger|\alpha\rangle\langle\alpha|b|\alpha\rangle + \sinh^2 r$$

§11.7 直交位相スイーズド状態の発生と検出

直交位相スイーズド状態の発生はパラメトリック増幅器 (OPA) を用い

§11.7 直交位相スクイーズド状態の発生と検出　167

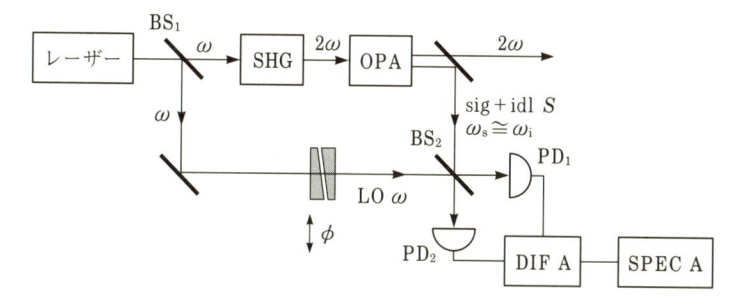

図11.6 パラメトリック変換による直交スクイーズド状態の発生と検出装置の概念

て行うことができる．この場合，パラメトリック変換の効率を上げるためにパルスレーザー光の大きなピークを利用する．スクイーズド光の検出は位相検波によって行う．全体の実験装置の概念を図11.6に示す．

パルスレーザーでは，たとえば，モード同期 YAG レーザーの 2 次高調波 (2ω, 532 nm) をポンプ光に用い，OPA ($KNbO_3$) 結晶を励起する．この結晶に真空電場が入射し図 11.5(a) のように周期的に圧搾・増幅（スクイーズ）されて出力される．出力のシグナル光 (ω_s) とアイドラー光 (ω_i) の偏光が平行になるようにタイプ I の位相整合（§6.5 参照）を選ぶ．通常これらの周波数が縮退するように結晶の角度を選ぶ．そのとき各周波数 $\omega_s = \omega + \delta\omega$, $\omega_i = \omega - \delta\omega$ の幅（$|\delta\omega|$ の範囲）はパラメトリック変換の位相整合がとれる範囲になる．これは THz という広い範囲である．このシグナル光とアイドラー光の和がスクイーズド光である．このスクイーズド光を以下では信号光とよぶことにする．

この信号光の検出は，これをレーザーからの基本波 ω の一部と混合し，平衡型ホモダイン検出（検波）によって行う．検出すべき信号光(S)を同一周波数の参照光（局部発振光 LO という）と混合して，そのビート周波数を検出する方法を**ホモダイン検出**という．これによって LO の特定の位相に同期した S の部分だけを検出することができる．これを位相検出という．**平衡型ホモダイン検出**の場合には，S と LO をビームスプリッターの両側から入射し，

それからの2つの出力を2台の検出器で検出し，その出力電流の差を測定する．これによってLOとSの振幅の積の項のみをとり出すことができる．これを増幅しスペクトルアナライザーで周波数分解して表示する．LOの位相を掃引して図11.5(a) の**スクイーズされた真空ゆらぎ**（雑音）のどの位相部分を検出するかを選ぶことができる．

まず，信号光SをビームスプリッターBS_2の前でたとえば紙で塞いでしまうと，代りに真空のゆらぎがBS_2に入ってくる．この場合は真空のゆらぎをLOを用いてホモダイン検波したことになる．次にこの覆いをはずすとスクイーズされた真空のゆらぎが入ってくる．

スペクトルアナライザーで表示した実験結果[2] を図11.7に示す．下の横軸はアナライザーが表示する周波数である．上の横軸はこのアナライザーの掃引に合わせてLOの位相を掃引した時間である．したがって，LOの位相は横軸とともに変化している．(a) は信号光Sを塞いだ場合で，真空雑音のレベ

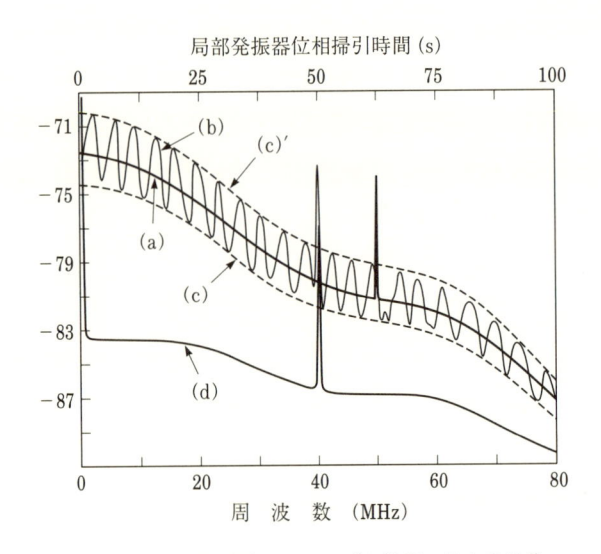

図11.7 真空の直交スクイーズド状態の検出結果[2]
（41MHzと52MHzの鋭い線は電気的雑音が入ったものである．）

ルを示す．(b) は覆いをはずして S を入れた場合である．これを見ると信号光を入れないときよりも雑音が減った部分と増えた部分が (c) と (c)' の間を周期的に現れる．雑音が減った部分は図 11.5(a) の εe^{-r} を検出したことに相当し ((c) のレベル)，逆に雑音が増えた部分は εe^{r} を検出したことに相当する ((c)' のレベル)．(d) はすべての光 (S も LO も) を切ったときで，増幅器の雑音レベルを示す．図 11.7 では低周波から 80 MHz までの広い帯域の真空雑音が 34 % 減衰（− 1.8 dB）している．†

　直交スクイーズド状態よりも大きなスクイージングを達成しているものに，半導体レーザーで電流ゆらぎを制御して光出力を一定にすることによって得られる光子数スクイーズド状態がある．ここでは電源とレーザーの間にポンプ電流の雑音を抑制するための直列抵抗を入れる．低温に冷やした半導体レーザーで − 14 dB（− 96 %）の真空雑音のスクイージングを達成している．

参 考 文 献

1) 松岡正浩：『量子光学』（東京大学出版会，1996）第 2 章．
2) T. Hirano and M. Matsuoka : Appl. Phys. **B 55**（1992）233.

寺田寅彦と量子力学，思考実験

　寺田寅彦（1878〜1935）はわれわれの日常の経験を物理現象としてとらえ，数多くの研究分野の創始者的役割を担った．随筆家としても多くの愛読者をもっている．「天災は忘れた頃にやってくる」は彼の言葉として有名である．その随筆には，旧制五校の学生時代に夏目漱石先生に「自分は『俳句とはいったいどんなものです

---

† y dB $= - 10 \log(x/x_0)$．たとえば $x/x_0 = 0.66$ では $y = - 1.8$ dB である．

か』という世にも愚劣なる質問を持ち出した」と書いている．寺田寅彦については量子力学の草創期にドイツにいながらなぜ量子力学をやらなかったのか，ラウエと同時期に進めた X 線の研究をなぜ止めてしまったのかということがしばしば論じられる．随筆には思考実験と量子力学について書かれたものもあるので，その一部を引用しよう．まず，思考実験については次のように書かれている．

「夏目漱石先生がかつて科学者と芸術家とは，その職業と嗜好を完全に一致させうるという点において共通なものがあるという意味の講演をされたことがあると記憶している．」「ある哲学者の著書の中に，小説戯曲は倫理的の実験のようなものであるという意味のことがあった．実際例えば理論物理学で常に使用さるるいわゆる思考実験と称するものは或る意味に於て全く物理学的のの小説である．かつて何人も実験せず又将来も実現することのありそうもない抽象的な条件の下に行わるべき現象の推移を，既知の方則（法則）から推定し，それから更に他の方則に到達する様な筋道は，或は小説以上に架空的なものとも云われぬことはない．」（「科学者と芸術家」，大正5年，科学と文明（岩波文庫寺田寅彦随筆集第1巻所収））

しかし，EPR の思考実験などは技術の進歩によって実現されるようになったことは第12章で見る通りである．また，量子力学については次のような見方を示している．

「プランクは物理学を人間の感覚から開放するという勇ましい喊声の主唱者であるが，一方から考えると人間の感覚を無視するといいながら，畢竟は感覚から出発して設立した科学の方則にあまり信用を置きすぎるのではあるまいか．」「原子内部に関する研究に古典的力学を応用しようとして失敗を重ねた結果は大胆な素量説の提出を促した．今日の処なかなか両者の調停はできそうもない．しかしあらゆる方則は元来経験的なもので前世の約束事でも何でもない事を思い出せば素量仮説が確立した方則となり得ぬという道理もない．」「実際 素量説などの今日勢いを得てきたことから考えても原子距離に於ける引斥力の方則をニュートンやクーロンの方則と同じものとは考え難い．」 それで，もし仮に原子や分子の間に住む微小な人間がいたとしたら，「此の原子的人間の（感覚で考える）物理の方則は吾人の方則とは余程異った発展をするに相違ない．」「物理学を感覚に無関係にするという事は恐らく単に一つの見方を表わす見掛けの意味であろう．この簡単な言葉に迷わされて感覚というものの基礎的の意義効用を忘れるのはむしろ極端な人間中心主義でかえって自然を蔑視したものといわれるのである．」（「物理学と感覚」，大正6年，東洋学芸雑誌（同上所収））

12 量子力学の検証と EPR パラドックス

　本章では量子光学が量子力学の基礎概念の検証にどのように役立ってきたかを述べる．その一つは粒子性と波動性の二重性の問題である．第10章に述べたように，1光子の干渉実験では光路を一方に決定すると，他方の光路に行く可能性は消え，光子は粒子性を現す．光路を決定しなければ干渉縞が生じ，光子は波動性を現す．そこで光路決定の仕方が光の二重性の現れ方にどのように関係するかくわしく調べられた．もう一つの問題は，2粒子の系では量子力学は奇妙な振舞を示す．これはアインシュタインらによって指摘された有名な EPR パラドックスである．

　これらの量子力学特有の問題はかつては思考実験として議論されたのであるが，80年代以降レーザーを使った実験によって検証されるようになった．このような議論によって量子力学の本質に対するわれわれの理解が深まり，量子力学の信頼性は一層確かなものになったといえる．

§12.1　遅延選択

　1個の光子によってもヤングの干渉が可能であることを §10.1 で述べた．しかし，文字通り粒子という古典的な物体と考えると，一つの粒子としてはどちらか一方のスリットを通ったはずであり，もしそうなら干渉が起こるはずがない．そこで，アインシュタインは光子の通った光路を判定するために，検出器の所で光子の運動量を測って光子の来た方向を決めたらどうかという提案をした．ボーアはそうすると運動量と位置の不確定性のために検出器の場所の特定ができなくなってしまうはずだと反論した．ファインマンが量子

力学の教科書で述べているように，スリットが受ける反跳を測っても同じである．この事情は朝永振一郎の「光子の裁判」の話でもくわしく述べられている．われわれは**光路決定**をして粒子性を見るか，決定せずに干渉を観測して波動性を見るかのどちらかを選ばなければならないのである．

そこで，ホイーラーは1983年，光路を決定するか干渉を観測するかの選択を，光子がスリットを通過した後に行っても同じだろうかという少し意地悪い問題を提起した．これは**遅延選択の実験**といわれる．その実験法を図12.1に示す．干渉計内には最大1個の光子しかないようにして光を入射させ，50％-50％のビームスプリッターBS$_1$で光路AとBに分ける．

ビームスプリッターで分けられた空間における量子化

ここで**ビームスプリッター** (BS) の入出力光の関係を量子論によって求めておかなければならない．電磁波の一つの周波数，偏光，進行方向で一つのモードと数え，与えられた空間内で許されるすべてのモードを考える．そのモードによって空間内の電磁波を量子化することができるためには，規格化に用いるエネルギー（例えば $\hbar\omega$）が各モードについて，すべての空間点のエネルギーの和で表されること（これをモードの直交性という），また，同じく各点について，すべてのモードのエネルギーの和で表されること（同じくモード

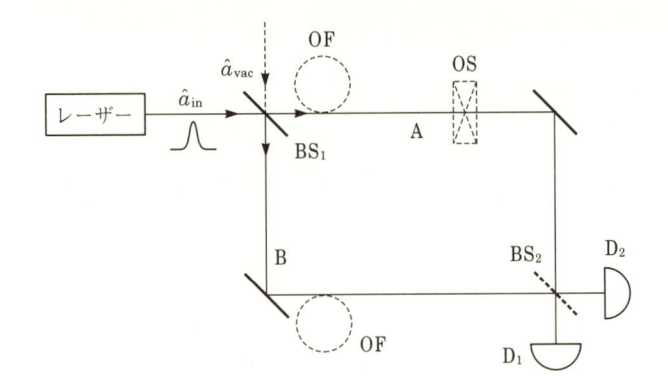

図12.1 遅延選択の実験
(BS：ビームスプリッター，OS：光シャッター，OF：光ファイバー)

§12.1 遅延選択の実験

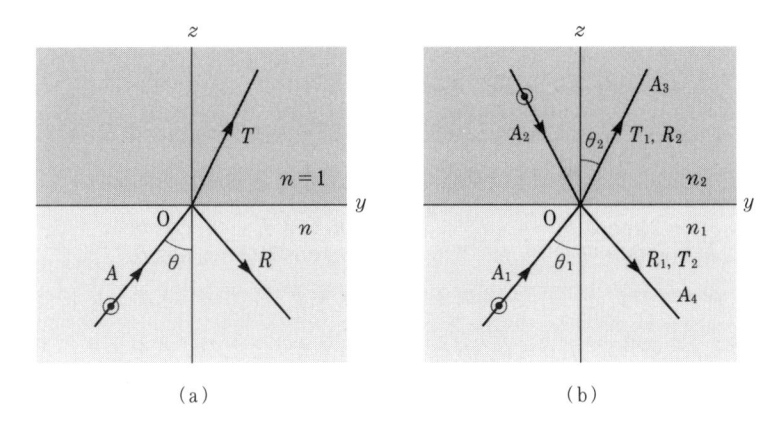

図 12.2 境界面における反射と透過
(a) 1つの入射光 (A) の場合，(b) 両側からの2つの入射光 (A_1, A_2) の場合．
⊙ は電場の偏光方向．

の完全性という）が必要である．この完全直交の関数系で電磁波を展開したとき電磁波は量子化でき，そのエネルギー単位を光子と定義することができる．

自由空間内で伝搬する電磁波の場合には，自由伝搬の波の関数はこのような関数系をなしている．ビームスプリッターが存在する空間では，図 12.2(a) のような片側からの入射光のモードだけでは直交完全性は得られない．しかし，図 12.2(b) のように両側からの入射光を含めれば電磁波のモードは規格化完全直交系をなし，その両側を含めた空間で光子を定義することができる．

BS に入射する入射波 A_1 は反射波 R_1 と透過波 T_1 に分かれる．周波数を ω，入射光の波数を $k_1 z = n_1 k_0 \cos \theta_1$，透過光の波数を $k_2 z = -n_2 k_0 \cos \theta_2$ とすると（$n_{1,2}$ はそれぞれの媒質の屈折率，k_0 は真空中の波数とする），$z < 0$ の電場は入射光と反射光 R_1 の重ね合わせであり，$z > 0$ の電場は透過光 T_1 であるから，それぞれ

$$E_{1x} = (A_1 e^{ik_1 z z} + R_1 e^{-ik_1 z z}) e^{i(k_1 y y - \omega t)}, \quad E_{2x} = T_1 e^{ik_2 z z} e^{i(k_2 y y - \omega t)}$$

(12.1)

と書くことができる．マクスウェル方程式の一つ $\partial E_x / \partial z = i\omega H_y$ からそれ

それに対する磁場 H_{1y} と H_{2y} も得られる．

$z=0$ における電場と磁場の連続条件は各々

$$A_1 + R_1 = T_1, \qquad n_1 \cos\theta_1 (A_1 - R_1) = n_2 \cos\theta_2 T_1 \quad (12.2)$$

となる．この 2 式を解くと，フレネルの透過率と反射率

$$T_1 = \frac{2n_1 \cos\theta_1}{n_1 \cos\theta_1 + n_2 \cos\theta_2} A_1, \qquad R_1 = \frac{n_1 \cos\theta_1 - n_2 \cos\theta_2}{n_1 \cos\theta_1 + n_2 \cos\theta_2} A_1 \quad (12.3)$$

が得られる．さらに，A_1 が入射するとき透過光 T_1 のビーム幅は屈折によって変化し，その比は $n_2 \cos\theta_2 / n_1 \cos\theta_1$ となるから，上の 2 式をエネルギー透過率と反射率の平方根に直すと

$$\left. \begin{aligned} t_1 &= \frac{T_1}{A_1} \sqrt{\frac{n_2 \cos\theta_2}{n_1 \cos\theta_1}} = \frac{2\sqrt{p_1 p_2}}{p_1 + p_2} = \sqrt{T} \\ r_1 &= \frac{R_1}{A_1} = \frac{p_1 - p_2}{p_1 + p_2} = \sqrt{R} \end{aligned} \right\} \quad (12.4)$$

となる．ここで $p_i = n_i \cos\theta_i$ $(i=1,2)$ とした．T と R はエネルギー透過率と反射率で，$T+R=1$ の関係がある．同様に，図 12.2(b) のように $z>0$ の領域から境界面に向かう入射光 A_2 とその反射光 R_2 と透過光 T_2 を考える．この場合，(12.4) において 1 と 2 を交換すれば $t_2 = \sqrt{T}$ と $r_2 = -\sqrt{R}$ が得られる．

このように両側から入射するモードを考えると，証明は割愛するが，A, R, T の 3 分枝からなるモードの集まり全体は規格直交完全系をなすことが示される．

さて，A_2 を図 12.2(b) のようにとって，T_1 が A_2 の反射に加わり，T_2 が A_1 の反射に加わる場合には

$$A_3 = \sqrt{T} A_1 - \sqrt{R} A_2, \qquad A_4 = \sqrt{R} A_1 + \sqrt{T} A_2 \quad (12.5)$$

となる．そうすると，A_1 とその複素共役 $A_1^\dagger$，また A_2 とその複素共役 $A_2^\dagger$ をそれぞれ量子論的演算子 $\hat{a}_1$ と $\hat{a}_1^\dagger$ および $\hat{a}_2$ と $\hat{a}_2^\dagger$ で置き換え，$[\hat{a}_1, \hat{a}_1^\dagger] = [\hat{a}_2, \hat{a}_2^\dagger] = 1$ という交換関係 (9.9) を課せば量子化ができる．(A_2 は A_1 の変域の中の一つで，独立な光源からの入射波である．) A_3 と A_4 も $\hat{a}_3$ と $\hat{a}_4$ で置

§12.1 遅延選択の実験　175

き換えると，(12.5) から
$$\hat{a}_3 = \sqrt{T}\,\hat{a}_1 - \sqrt{R}\,\hat{a}_2, \qquad \hat{a}_4 = \sqrt{R}\,\hat{a}_1 + \sqrt{T}\,\hat{a}_2 \qquad (12.6)$$
という関係が得られる．このとき，出力光に対する交換関係 $[\hat{a}_3, \hat{a}_3^\dagger] = [\hat{a}_4, \hat{a}_4^\dagger] = 1$ も確かめられる．ここで注意しておくべきことは，たとえば，$\hat{a}_1$ は入射側の半空間内だけではたらく演算子ではなく，全空間ではたらく演算子である．$\hat{a}_1 \sim \hat{a}_4$ もすべて同様である．(12.6)の関係は，入射光と出力光の位相をシフトさせ $\hat{a}_2 = -i\hat{a}_2'$, $\hat{a}_4 = -i\hat{a}_4'$ として，
$$\hat{a}_3 = \sqrt{T}\,\hat{a}_1 + i\sqrt{R}\,\hat{a}_2', \qquad \hat{a}_4' = i\sqrt{R}\,\hat{a}_1 + \sqrt{T}\,\hat{a}_2' \qquad (12.7)$$
と表すこともできる．

(12.4)からわかるように単なるガラスと空気の界面では大きな反射率は得られないので，実際に用いる反射鏡やビームスプリッターには，誘電体薄膜を重ねた多層膜が用いられる．たとえば，2種の誘電体の $\lambda/4$ 厚の層を交互に重ねると，誘電率の比のべき乗の増大効果が得られる．(12.4) の p_i を用いて，多層膜を $i = 2, 3, 2, 3, \cdots$ の $2N$ 層，その両側の媒質を $i = 1, 2N+2$，また $m = p_3/p_2$ とすると，(12.4)の透過率は $2\sqrt{p_1 p_{2N+2}}/(p_1 m^N + p_{2N+2} m^{-N})$，反射率は $(p_1 m^N - p_{2N+2} m^{-N})/(p_1 m^N + p_{2N+2} m^{-N})$ となる．

遅延選択の実験

さて，遅延選択の実験にもどって，次のような2つの実験を考える．しばらくは図12.1の光シャッター(OS)は考えないでおく．第1の実験ではビームスプリッターは BS_1 のみを用い，BS_2 は用いない．光路AとBの光をそのままそれぞれ検出器 D_1 と D_2 で検出する．BS_1 への入力光の消滅演算子を $\hat{a}_\text{in}$，反対側から入射する真空電場の演算子を $\hat{a}_\text{vac}$ とすると，D_1 と D_2 における入射電場は
$$\left.\begin{array}{l}\hat{a}_\text{A} = \sqrt{T}\,\hat{a}_\text{in} + i\sqrt{R}\,\hat{a}_\text{vac} \\ \hat{a}_\text{B} = (i\sqrt{R}\,\hat{a}_\text{in} + \sqrt{T}\,\hat{a}_\text{vac})\,e^{i\phi}\end{array}\right\} \qquad (12.8)$$
という演算子を使って表される．ただし，ϕ はAとBの光路差によるBの光子のAに対する位相の遅れである．

入射光の光子数状態を $|\psi\rangle_{\text{in}} = |1_{\text{in}}, 0_{\text{vac}}\rangle$ とすると，D_1 と D_2 における検出される光子数の期待値は $T = R = 1/2$ の場合，(12.8) を用いて

$$\langle\psi|\hat{a}_A^\dagger \hat{a}_A|\psi\rangle_{\text{in}} = T = \frac{1}{2}, \quad \langle\psi|\hat{a}_B^\dagger \hat{a}_B|\psi\rangle_{\text{in}} = R = \frac{1}{2} \quad (12.9)$$

と求められる．この場合，もし D_1 が信号を検出したとすれば，光子は光路 A を通ったことになる．A を通るか B を通るかの確率は 1/2 であり，干渉計内には 1 個の光子しかないから，これが同時に起こることはない．すなわち，この場合は粒子性を見たことになる．

第 2 の実験ではビームスプリッター BS_2 を入れる．BS_2 からの出力は

$$\left.\begin{array}{l} \hat{a}_1 = \sqrt{T}\,\hat{a}_A + i\sqrt{R}\,\hat{a}_B \\ \hat{a}_2 = i\sqrt{R}\,\hat{a}_A + \sqrt{T}\,\hat{a}_B \end{array}\right\} \quad (12.10)$$

と表されるから，D_1 と D_2 で検出される光子数の演算子は

$$\left.\begin{array}{l} \hat{a}_1^\dagger \hat{a}_1 = \dfrac{1}{2}(\hat{a}_A^\dagger \hat{a}_A + \hat{a}_B^\dagger \hat{a}_B + i\hat{a}_A^\dagger \hat{a}_B - i\hat{a}_B^\dagger \hat{a}_A) \\ \hat{a}_2^\dagger \hat{a}_2 = \dfrac{1}{2}(\hat{a}_B^\dagger \hat{a}_B + \hat{a}_A^\dagger \hat{a}_A + i\hat{a}_B^\dagger \hat{a}_A - i\hat{a}_A^\dagger \hat{a}_B) \end{array}\right\} \quad (12.11)$$

となる．ここで $T = R = 1/2$ を仮定した．そのとき期待値は

$$\langle\psi|\hat{a}_1^\dagger \hat{a}_1|\psi\rangle_{\text{in}} = \sin^2\frac{\phi}{2}, \quad \langle\psi|\hat{a}_2^\dagger \hat{a}_2|\psi\rangle_{\text{in}} = \cos^2\frac{\phi}{2} \quad (12.12)$$

である．この式によると，D_1 と D_2 における強度は光路差 ϕ によって変化するから，光は A, B の両方を通ったことが明らかである．遅延選択の実験では，これらの 2 つの実験のどちらを行うかを光子が第 1 のスリットを通った後で決定するのである．言いかえると，この実験では光子が干渉計内に入った後，$\hat{a}_A^\dagger \hat{a}_A$ と $\hat{a}_B^\dagger \hat{a}_B$ の測定と $\hat{a}_1^\dagger \hat{a}_1$ と $\hat{a}_2^\dagger \hat{a}_2$ の測定のどちらを行うかを勝手に選んだらどうなるかを問うのである．

光源としては 2 個以上の光子がかたまらないように，クリプトンイオンレーザーのモード同期レーザーパルス列の 8000 パルスから 1 個を抜き出し，その中に平均 0.2 個の光子しかないように弱めた光が用いられた．波長は 647

nmでパルス幅は150psである．ここで図12.1のBS$_2$の出し入れの代りに，片方の光路，たとえばAに光シャッターを用いる．第1の測定ではこのシャッターは開いたままにする．この場合は普通の干渉実験になって波動性の測定になる．第2の実験では，はじめシャッターを閉め，光子がBS$_1$を通過して十分に干渉計内に入った後にこれを開く．閉め続けた場合，Bで光子が検出され粒子性の測定になるはずであるが，光子が干渉計内に入った後に波動性の測定に切り換えるのである．シャッターが完全に開いてから光子が通過するようにするため，長さ5メートルの光ファイバー（OF）を両方の光路に入れて光路を長くする．光路差Δxは$\Delta x/c$が光のコヒーレンス時間τ_cより十分小さくなるようにする．

測定結果[1]を図12.3に示す．時間の経過とともに自然の温度変化による光ファイバーの伸縮によって光路差が変化し，(a)と(b)でそれぞれ検出器D$_1$とD$_2$の計数が交互に変るのが見られる．横軸は時間の経過に対応するチャンネル番号である．●印はシャッターを初めから開いておいた場合，×印は遅れて開いた場合である．明らかなように，遅延選択をしても最初から開いておいた場合と全く変りがなかった．この結果は，測定法を選択する時刻によって，粒子性が現れたり，波動性が現れたりすることはないことを示

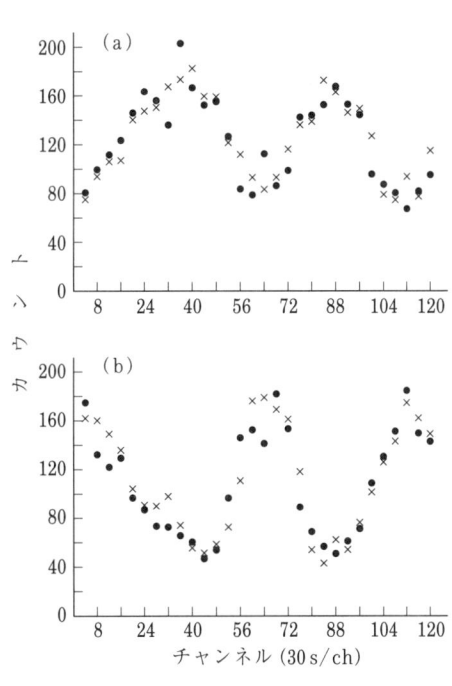

図12.3 遅延選択実験における波動性（干渉）の検出．[1]　(a) D$_1$の出力，(b) D$_2$の出力．
●印はシャッターを初めから開いた場合．
×印はシャッターを遅延して開いた場合．

す．すなわち，直感的な粒子と波動という概念で光子の二重性をとらえるべきではなく，波動性の測定を行えば波動性が，粒子性の測定を行えば粒子性が自在に現れることを示している．それは量子力学的表現では，生成消滅演算子が複素数の演算子であるから位相を含み(12.8)，波動性がでてくる可能性をもち，生成・消滅演算子の積は光子数演算子であるから(12.9)，粒子性が出てくる可能性をもつからである．

§12.2 EPR パラドックス

アインシュタインは量子力学の理論が古典物理学にどのようにつながるのかについて深く考察し，ボーアとの間で有名な論争を行った．この議論の中で，1935年にアインシュタインとポドルスキー，ローゼンはある思考実験を提出して，波動関数による記述は矛盾を生ずるという，いわゆる **EPR パラドックス**を提示した．その後この論文については膨大な数の議論がなされたが，1980年代になってレーザーを用いて信頼できる検証実験が行われた．その結果，いろいろな議論にも関わらず量子力学は根本的に正しいと判断されることになった．ただ，波動関数による記述だけで考えると矛盾する場合も生ずるので，その点で当時の理解が未熟であったと考えることができる．

x 偏光の光子と y 偏光の光子の2個の光子が作る**一重項状態**

$$|\Psi\rangle_{12} \equiv \frac{1}{\sqrt{2}}(|x, y\rangle_{12} - |y, x\rangle_{12}) \tag{12.13}$$

を考える．ここでは直積の状態 $|\ \rangle_1|\ \rangle_2$ を簡単のために $|\ \rangle_{12}$ と書く．これは $|\ \rangle_1$ と $|\ \rangle_2$ が同時に存在する状態である．そこで $|x, y\rangle_{12}$ は x 偏光の光子1と y 偏光の光子2が1個ずつ生成されている状態である．[†] この式で和（または差）の記号は重ね合せ状態を示し，「または」を意味する．すなわち，(12.13)は光子1の偏光が x で光子2の偏光は y であるか，または光子1が

[†] 光子数 $n = 0, 1$ を用いて $|1_{1x}, 1_{2y}\rangle$ または $|1_{1x}, 0_{1y}, 0_{2x}, 1_{2y}\rangle$ と表してもよい．

§12.2 EPRパラドックス　179

y 偏光で光子 2 は x 偏光であるという意味である．ここでは 2 つの項の係数が等しい（$1/\sqrt{2}$）からこれらの組合せが 1：1 で起こることを表している．

さて，この状態は光子 1 について見ると，x 偏光状態（第 1 項）と y 偏光状態（第 2 項）の重ね合せ状態にある．光子 2 について見ても同様である．これらの 2 つの光子がどこか同一の場所にいる限りはヘリウム原子のスピン

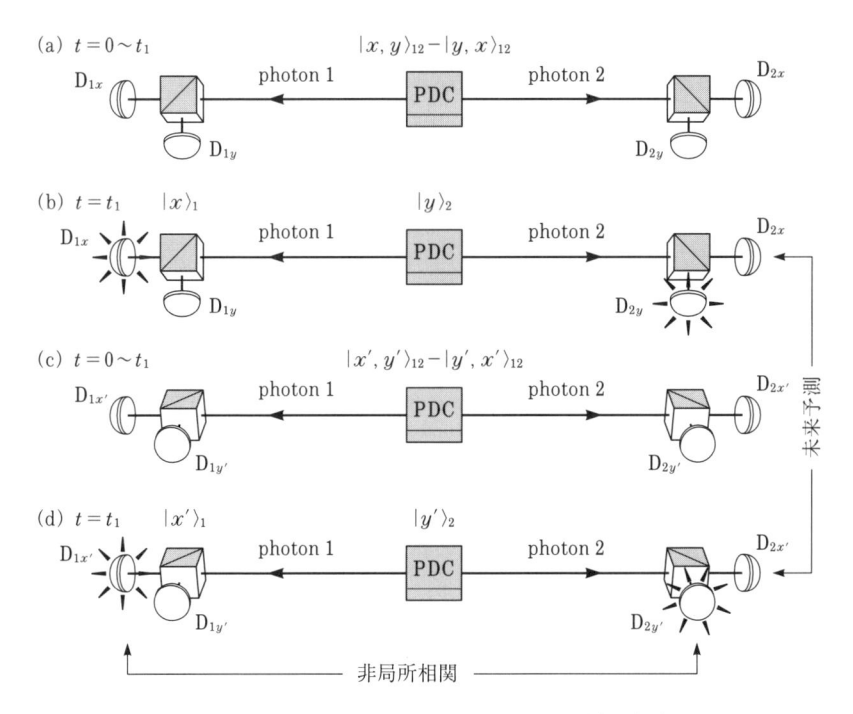

図 12.4 偏光を用いた EPR パラドックスの検証実験

(a) 一重項状態の 2 つの光子が光源（PDC）で発生して左右に分かれて飛行し，検出される直前までの時間．

(b) 光子 1 が検出された時刻．もし，D_{1x} がカウントすれば，光子 2 は必ず D_{2y} によってカウントされる（非局所相関）．光子 2 は飛行中に何の相互作用も受けなければ，初めから y 偏光状態にいたと考えられる．

(c) 光が光源を出た後で，偏光ビームスプリッターと検出器の組を 45°回転する．一重項状態はこの方向の基底 x', y' で書き換えてよい．

(d) このとき (b) の場合と同様に $D_{1x'}$ がカウントすれば，光子 2 は $D_{2y'}$ によってカウントされる．あたかも光子 2 は検出器の回転を予測していたようにみえる（未来予測）．

一重項などでよく知られた2粒子状態で, 別に問題はないのであるが, 遠くに離れて検出されると問題が起こる. 図12.4(a)のようにこの状態がある場所でパラメトリック下方変換器 (PDC) 内で原子との相互作用によって作られた後, 光子1と2が左右に遠く飛んで行き, そこで偏光ビームスプリッターによって分けられて, 光子1の x 偏光と y 偏光がそれぞれ検出器 D_{1x} と D_{1y} で, また光子2のそれぞれが D_{2x} と D_{2y} によって検出されるとする. (12.13)によると, もし D_{1x} が x 偏光の光子1を検出すれば, D_{2y} が y 偏光の光子2を検出する (図(b)). つまり, 第1項が実現し, 第2項は消えてしまう. その逆も起こる. しかし, 光子2はそれまで x 偏光と y 偏光の重ね合せ状態にあったのに, 遠く離れた D_{1x} が光子1を検出したとたんに y 偏光になってしまうのは不思議である. つまり, 途中で光子1と2の間にはなんの相互作用もはたらいていないから, 測定が行われた時刻に y 偏光であるとすればその前にもそうであったはずで, そうすると最初からそうであったことになり, 最初 x と y の偏光の重ね合せ状態にあったという仮定と矛盾する. (測定されたときの光子1の変化が, 光速より早く相互作用として光子2に伝わったとしたら別であるが, こんなことは相対性理論に反するので考えられない.) このような離れた2光子間の相関を**遠距離相関**あるいは**非局所相関**という. この遠距離相関が重ね合せの初期状態に矛盾するのである.

もう一つ奇妙なことが偏光子を $45°$ 回転して測ったときに起きる. 回転した x'-y' 軸方向の電場は演算子では, 光子1, 2それぞれについて

$$\hat{a}_{x'} = \frac{1}{\sqrt{2}}(\hat{a}_x + \hat{a}_y), \quad \hat{a}_{y'} = \frac{1}{\sqrt{2}}(-\hat{a}_x + \hat{a}_y) \quad (12.14)$$

と表される. 真空状態を $|0_x, 0_y, 0_{x'}, 0_{y'}\rangle = |0\rangle$ と表すと, (12.6)は

$$|\Psi\rangle_{12} = \frac{1}{\sqrt{2}}(|x, y\rangle_{12} - |y, x\rangle_{12})$$

$$= \frac{1}{\sqrt{2}}(\hat{a}_{1x}^\dagger \hat{a}_{2y}^\dagger - \hat{a}_{1y}^\dagger \hat{a}_{2x}^\dagger)|0\rangle$$

$$= \frac{1}{\sqrt{2}} (\hat{a}_{1x'}{}^\dagger \hat{a}_{2y'}{}^\dagger - \hat{a}_{1y'}{}^\dagger \hat{a}_{2x'}{}^\dagger) |0\rangle$$

$$= \frac{1}{\sqrt{2}} (|x', y'\rangle_{12} - |y', x'\rangle_{12}) \tag{12.15}$$

と書き換えられる．これは光子 1 の偏光が x' 方向のとき光子 2 は y' 方向であるか，または逆に y' のとき x' であることを意味する．この状態は図 12.4(c) のように偏光ビームスプリッターを 45° 傾ければ図 (d) のような結果になることは明らかである．この場合，もともと光にとっては検出器の軸のとり方はどうでもよかったのである．したがって，光子は光源を出るときには偏光方向は決まっておらず，光子 1 の偏光ビームスプリッターを x 方向にするか x' 方向にするかに応じて，光子 2 は変幻自在に y 方向を向いたり y' 方向を向いたりする．しかし，$D_{1x'}$ が光子 1 を検出したとたんに光子 2 が y' 偏光になってしまうというのは不思議である．つまり，途中で光子 1 と 2 の間には何の相互作用もはたらいていないから，測定が行われた時刻に y' 偏光であるとすればその前にもそうであったはずで，そうすると初めから検出器の偏光子（検光子という）の方向を予想していたように見える．このことは因果律に反するのである．

これらが EPR パラドックスの重要な部分である．このほかにも交換しない物理量を同時測定することができるというような，量子力学の原理に反するパラドックスも導ける．

(12.13) のように 2 粒子の状態がそれぞれの状態の単純な積によって表されず，積の和になっている状態を"**もつれた状態** (entangled state)"という．位相因子を掛けて和をとってもかまわない．そのうち特に (12.13) のような一重項状態は **EPR 状態**ともよばれている．

§12.3　もつれた状態の発生と EPR パラドックスの実験

もつれた状態は原子のカスケード放出による2光子や，パラメトリック（下方）変換によるシグナル光とアイドラー光の2光子によって作ることができる．ここでは後者による偏光を用いたもつれた状態の発生を述べる．

第6章で述べたように，一軸結晶のタイプIIによる位相整合ではポンプ光は異常光線で，出力光のシグナルとアイドラーは常光線と異常光線の組合せになる．結晶の光学軸 c とポンプ光の進行方向 z を図12.5のようにとると，常光線 k_o と異常光線 k_e は2つの円錐の母線上，z 軸にほぼ対称的な方向に対になって放出される．この2つの円錐が接する場合には，その接線上に同一直線上の2光子が放出される．c 軸と z 軸の間の角をもう少し大きくすると，円錐は互いに交わり，2つの交線ができる．その交線の一方に放出される光子を光子1，もう一方の光子を光子2とすると，光子1が x 偏光であれば光子2は y 偏光であり，逆も成り立つ．

BBO 結晶（§6.5参照）をアルゴンレーザーの波長 351.1 nm，出力 150 mW の光でポンプした実験が行われた．同一直線上に2光子を得る位相整合角は

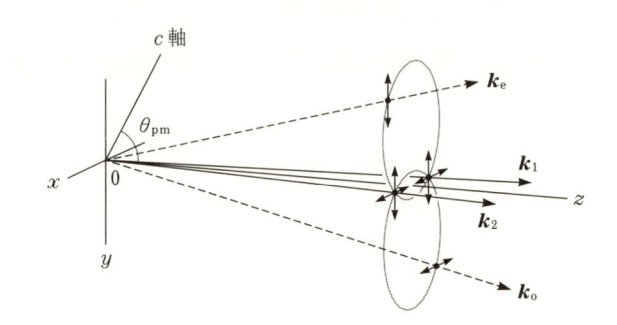

図12.5　非線形結晶中のパラメトリック変換によるもつれた偏光状態の発生．ポンプ光は z 方向．シグナルとアイドラー光は k_o と k_e で，前者は c 軸に垂直，後者はそれに垂直な偏光．これらが重なった2つの方向 k_1, k_2 がもつれた状態の光の方向．

§12.3 もつれた状態の発生と EPR パラドックスの実験　183

$\theta_{pm} = 49.2°$ であるが，これを $49.6°$ まで大きくすると，x 方向に $6°$ 離れた $|x\rangle_1$ と $|y\rangle_2$（または $|y\rangle_1$ と $|x\rangle_2$）の光を得た．

この 2 光子がもつれた状態 $|\Psi\rangle_{12}$ になっていることを確かめるために，光子 1 に対して偏光角 θ_1 の検光子，光子 2 に対して θ_2 の検光子を置く．(12.14) と同様に，これらの検光子を通った後の光の演算子は，通る前の演算子によって

$$\left.\begin{array}{l}\hat{a}_{ix'} = \hat{a}_{ix}\cos\theta_i + \hat{a}_{iy}\sin\theta_i \\ \hat{a}_{iy'} = -\hat{a}_{ix}\sin\theta_i + \hat{a}_{iy}\cos\theta_i\end{array}\right\} \quad (i=1,2) \quad (12.16)$$

と表されるから，$|0\rangle = |0_{1x}, 0_{1y}, 0_{2x}, 0_{2y}\rangle$ として，(12.15) のときと同様な計算によって D_1 と D_2 による同時計数率は

$$\langle\Psi|\hat{a}_{1x'}^\dagger \hat{a}_{2x'}^\dagger \hat{a}_{2x'}\hat{a}_{1x'}|\Psi\rangle_{12} = \frac{1}{2}\sin^2(\theta_1 - \theta_2) \quad (12.17)$$

に比例するはずである（[問題 12.1]）．$\theta_1 = -45°$ に固定して θ_2 を回転したところ図 12.6 のような結果[2]が得られた．この図のうち上図の実線が

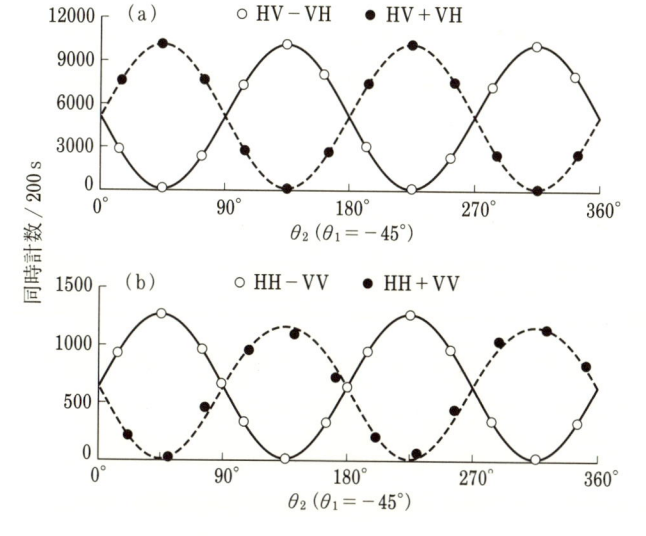

図 12.6　もつれた状態の確認[2]

(12.13) の状態に対応する結果 (12.17) である．(他のデータは第 13 章の (13.5) の 3 つの状態を表す．なお，図では光子 1 と 2 の進行方向をともに z 方向にとってあるため $\theta_1 \to -\theta_1$ とする．) この変調の明瞭度は 97.8% であった．これから $\theta_2 = +45°$ のときに最小値になり，(12.15) の予想のように 2 つの光子の偏光が直交していることがわかった．

このようなもつれた状態の光を用いて，EPR の非局所相関を検証するために，次節に述べるベルの不等式が成り立つかどうかがテストされた．その結果，標準偏差の 100 倍の確度でこの不等式が破れることが示され，パラドックスは生ずるのであるが，上述の量子力学の計算は正しいことが検証された．

［**問題 12.1**］ 式 (12.17) を証明せよ．

このように，アインシュタインが気味の悪い遠隔作用（spooky action at a distance）だといったパラドクシカルな非局所相関は確かに実験的に起こっているのである．すなわち，もつれた状態 (12.13) では，一方の光子の偏光を任意の方向の偏光子で測定して決めると，他方の光子の偏光方向はそれに直交した方向に決まる．その測定は光が光源から出た後でするのだから，光源を出た光子はあらゆる偏光方向をとる可能性をもっている．測定によってそのうちの一つが実現するのである．測定によって決まった方向が θ であったとしても，その測定以前からその光の偏光方向の θ はあったわけではなく，どの方向か全く決まっていなかった．これが量子力学におけるもつれた状態の非局所相関の性質である．

―― **例題 12.1** ――
もつれた状態 (12.13) にある光子 1 と光子 2 の光路にそれぞれ $\lambda/2$ 板を置いて自由に回転しながら同時計数測定をし，偏光のもつれを検出したい．その主軸方向の角度を x 軸から y 軸方向 θ_1, θ_2 にとるとき，光子 1 を x 偏光で，光子 2 を y 偏光で同時計数する確率を求めよ．

§12.3 もつれた状態の発生とEPRパラドックスの実験　185

[解]　$\lambda/2$ 波長板(半波長板)は位相速度の速い軸に平行な偏光成分の位相を垂直な偏光成分に対して 180° 進める。その結果，出力光の偏光はその軸に関して反転する(図12.7)。波長板の軸方向を x', y' として，入射光 $(\hat{a}_x, \hat{a}_y)$ をその方向に射影して表すと，(12.16) から

$$\left.\begin{array}{l} \hat{a}_{x'} = \hat{a}_x \cos\theta + \hat{a}_y \sin\theta \\ \hat{a}_{y'} = -\hat{a}_x \sin\theta + \hat{a}_y \cos\theta \end{array}\right\}$$

となる。透過後は y' 偏光成分は反転するから，出力光は

$$\left.\begin{array}{l} \hat{a}_{x'} = \hat{a}_x \cos\theta + \hat{a}_y \sin\theta \\ \hat{a}_{y'} = \hat{a}_x \sin\theta - \hat{a}_y \cos\theta \end{array}\right\} \quad (12.18)$$

と表される。これを検出器の偏光の基底方向 x, y に射影すると，検出器のところの演算子は

$$\left.\begin{array}{l} \hat{b}_x = \hat{a}_{x'} \cos\theta - \hat{a}_{y'} \sin\theta \\ \hat{b}_y = \hat{a}_{x'} \sin\theta + \hat{a}_{y'} \cos\theta \end{array}\right\}$$

となる。これに (12.18) を代入して，入射光の状態 $|\Psi^{(-)}\rangle_{12}$ を表すのに使った演算子 $\hat{a}_x, \hat{a}_y$ を用いて表すと，検出器のところの演算子は

$$\left.\begin{array}{l} \hat{b}_x = \hat{a}_x \cos 2\theta + \hat{a}_y \sin 2\theta \\ \hat{b}_y = \hat{a}_x \sin 2\theta - \hat{a}_y \cos 2\theta \end{array}\right\} \quad (12.19)$$

となる。そこで，演算子 $\hat{a}_x, \hat{a}_y$ を用いて同時計数率 $_{12}\langle\Psi^{(-)}|\hat{b}_{2y}^\dagger \hat{b}_{1x}^\dagger \hat{b}_{1x}\hat{b}_{2y}|\Psi^{(-)}\rangle_{12}$ を計算することができる。まずその後半部分を求めると，

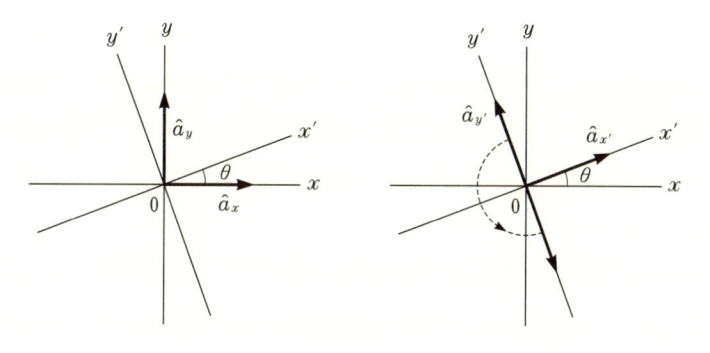

図 12.7

$$\hat{b}_{1x}\hat{b}_{2y}|\Psi^{(-)}\rangle_{12} = (\hat{a}_{1x}\cos 2\theta_1 + \hat{a}_{1y}\sin 2\theta_1)(\hat{a}_{2x}\sin 2\theta - \hat{a}_{2y}\cos 2\theta)$$
$$\times \frac{1}{\sqrt{2}}(|xy\rangle_{12} - |yx\rangle_{12})$$
$$= -\frac{1}{\sqrt{2}}\cos 2(\theta_1 - \theta_2)$$

となるから，同時計数率

$$_{12}\langle\Psi^{(-)}|\hat{b}_{2y}{}^\dagger\hat{b}_{1x}{}^\dagger\hat{b}_{1x}\hat{b}_{2y}|\Psi^{(-)}\rangle_{12} = \frac{1}{2}\cos^2 2(\theta_1 - \theta_2)$$

が得られる．これは $\theta_1 - \theta_2 = 0°$ で最大，$\theta_1 - \theta_2 = 45°$ で最小となり，検光子の θ_1 と θ_2 を任意に回転しても同様な非局所相関が検出できることがわかる．

[**問題 12.2**] [例題] と同様な配置について

$$_{12}\langle\Psi^{(-)}|\hat{b}_{2x}{}^\dagger\hat{b}_{1x}{}^\dagger\hat{b}_{1x}\hat{b}_{2x}|\Psi^{(-)}\rangle_{12} = \frac{1}{2}\sin^2 2(\theta_1 - \theta_2)$$

を証明せよ．

§12.4 パラドックスの解消

EPR のパラドックスを解明することが 2 つの方向から考えられた．その一つは量子力学はまだ不完全で，何かまだわれわれの知らない変数が隠されていて，それを考慮すれば遠距離間の相互作用が説明できるのではないかという考えである．これを隠れた変数の理論という．ベルは 1964 年，この隠れた変数の理論が正しい場合に成り立つ不等式を導き，隠れた変数の理論を実験的に検証する方法を与えた．80 年代以降になって信頼性の高い実験が行われるようになり，Ca 原子からのカスケード放出による 2 光子や，前節のようなパラメトリック変換による 2 光子を用いた実験により，この不等式が成り立たないことが確かめられた．思考実験が技術の進歩によって実際に実験できるようになったのである．

もう一つの方向は，量子力学的状態を上述のように波動関数（ここでは状態ベクトル $|x\rangle$ や $|y\rangle$ など）によって記述したために起こったと考えることである．そこでは，代りに状態を密度行列によって記述すればパラドックス

§12.4 パラドックスの解消

は解消されるはずであるとする．一般に，2粒子系の状態あるいは全系に対する部分系の状態を波動関数によって記述するときに問題が生ずることが知られるようになった．その意味でアインシュタインらの主張する通り，この問題の場合量子力学的状態を波動関数によって記述するのは不完全であるという指摘は正しかったのである．

そのために，(12.13)によって密度行列 $\hat{\rho}_{1,2;0} \equiv |\Psi\rangle_{12}\langle\Psi|$ を作って，行を $(|x,y\rangle_{1,2}, |y,x\rangle_{1,2})$，列を $({}_{1,2}\langle x,y|, {}_{1,2}\langle y,x|)$ の基底で2行2列に並べると，2つの光子の測定前の状態は

$$\hat{\rho}_{1,2;0} = \frac{1}{2}\begin{pmatrix} 1 & -1 \\ -1 & 1 \end{pmatrix} \tag{12.20}$$

と表される．これについては $\hat{\rho}_{1,2;0}{}^2 = \hat{\rho}_{1,2;0}$ が成り立つので，この状態は純粋状態といわれる．光子1が測定されるとき，測定器が巨視的であれば，光子1の状態は測定器内の多数の原子の状態との相互作用によって，位相がランダムに乱されるので[3]，行列の非対角要素はランダムな位相をもった項の和になる．これは検出のときに平均化されて消えると考えることができる．そこで，光子1が測定器に入ったがまだ原子に吸収される前には，2つの光子の状態は

$$\hat{\rho}_{1,2;\infty} = \frac{1}{2}\begin{pmatrix} 1 & 0 \\ 0 & 1 \end{pmatrix} \tag{12.21}$$

にあると考える．これは $\hat{\rho}_{1,2;\infty}{}^2 \neq \hat{\rho}_{1,2;\infty}$ であって混合状態といわれる．

さて，光子2だけについての状態は，光子1の測定の前後でそれぞれ $\hat{\rho}_{2;0} = \mathrm{Tr}^{(1)}(\hat{\rho}_{1,2;0})$ と $\hat{\rho}_{2;\infty} = \mathrm{Tr}^{(1)}(\hat{\rho}_{1,2;\infty})$ によって与えられる．ただし，$\mathrm{Tr}^{(1)}$ は光子1の状態についての対角成分を求め，その和をとることを意味する．†　そこで，これらの行列を $(|x\rangle_2, |y\rangle_2)$ と $({}_2\langle x|, {}_2\langle y|)$ の2行2列で表すと，

---

† $\hat{\rho}_{1,2;0} = \dfrac{1}{2}(|x,y\rangle\langle x,y| - |x,y\rangle\langle y,x| - |y,x\rangle\langle x,y| + |y,x\rangle\langle y,x|)$ として $\mathrm{Tr}^{(1)}$ をとるとわかりやすい．

$\hat{\rho}_{2:0}$ も $\hat{\rho}_{2:\infty}$ も対角要素が 1 の対角行列

$$\hat{\rho}_{2:0} = \hat{\rho}_{2:\infty} = \frac{1}{2}\begin{pmatrix} 1 & 0 \\ 0 & 1 \end{pmatrix} \tag{12.22}$$

となり,測定の前後で変化していないことがわかる.すなわち,光子1が測定される前も後も,光子2は同じ混合状態 (12.22) にいて,急に波動関数の一方が消えたり,重ね合せ状態が消えたりはしていない.ただ,光子1の測定によって (12.22) の2つの対角要素のうちの一方が 1/2 の確率で現れるのである.波束の収縮とはこのことを意味する.対角要素のどちらが現れるかについては量子力学は何も決めてくれない.

EPR パラドックスの実験によって,量子力学が示す奇妙な現象に対する理解も一層深まり,量子力学が本当に信用されるようになったと考えることができる.

参 考 文 献

1) T. Hellmuth, H. Walther, A. Zajonc and W. Schleich : Phys. Rev. **A 35** (1987) 2532.
2) P. G. Kwiat, K. Mattle, H. Weinfurter and A. Zeillinger : Phys. Rev. Lett. **75** (1995) 4337.
3) 町田 茂:『パリティ物理学コース 基礎量子力学』(丸善,1990).

Bertlmann's Socks

　街の哲学者は量子力学の講義を聴いたことがないので，EPR 相関の問題を聞いても何も格別な強い印象を受けることはない．日常いくらでも同様な例を指摘することができるからである．ベルトゥルマンの靴下の例がよく引き合いに出される．ベルトゥルマン博士は左右違う色の靴下をはくのが好きだ．ある日に片方の足にどの色の靴下をつけるかは全く予想できない．しかし，図 12.8 のように第 1 の靴下がピンクであるのを見れば，だれでも第 2 の靴下はピンクでないことを確信してよい．趣味の問題は別にして，そこには何のミステリーもない．EPR 問題もこれと同じではないかと街の哲学者は考えるのである．

　ボームの EPR 思考実験では，一重項状態の 2 つのスピンを準備して，遠く離れた 2 つの磁石で検出する．実験ごとに各粒子のスピンが上向きか下向きかは全く予想できない．しかし，1 つの粒子が上向きであれば他方は下向きになる．これは少し経験してみれば，一方を見るだけで他方を知るのに十分であることがわかる．

　さて，このことをどう考えればよいか．この 2 つの粒子はベルトゥルマン流に決められているにすぎないと考えてもよいだろうか．それとも，この実験を決定論的でないミステリーに満ちたものと見ることができるのだろうか，というところに問題の本質がある．

図 12.8　Socks à la Bertlmann

　(J. S. Bell: *Speakable and unspeakable in quantum mechanics* (Cambridge Univ. Press, 1987) p. 139)

　(注：　そのミステリーは §12.2 で説明したとおりで，特に図 12.3(c)，(d) の検出器を回転した場合が顕著な例である．)

13 量子力学の新しい応用

　光の二重性やEPRパラドックスの謎が解明され，これまでいま一つ不明であった量子力学の本質が明らかになってきた．思考実験として半信半疑であったことが実験的にも確実なものとなった．その結果，それらを応用に用いることまでもが考えられるようになってきている．その応用は古典力学とは質的に全く異なり，奇妙でかつ驚くべき性質をもったものとなる．量子物理学は1980年代以降新しい時代に入ったということができる．

　その中心的概念は量子力学的「もつれ」である．もつれた状態にある2粒子間の非局所相関による量子暗号法や，ある量子状態をそのまま遠方の物質に転送する量子テレポーテーション，従来の計算機と全く異なる機能をもつ量子コンピューターなどが考えられている．

§13.1　量子暗号法

　EPR相関を暗号通信における鍵の作成に利用することが考えられる．暗号法の歴史は紀元前にさかのぼるといわれるが，1950年代のシャノンの論文以降は数学と情報理論の一分野として発展してきた．いまでは暗号法は情報伝達の数学的システムになっている．しかし，具体的な伝達や計算は常に物理的手段を用いて行わなければならないので，究極的に安全な暗号法は物理法則の究極である量子力学によって考えなければならない．ベネット（1984）は量子力学を用いて**暗号鍵**の作成が可能であることを指摘し，EPR状態自体が鍵を作成する際に盗聴を許さない構造をもっていることを示した．

§13.1 量子暗号法

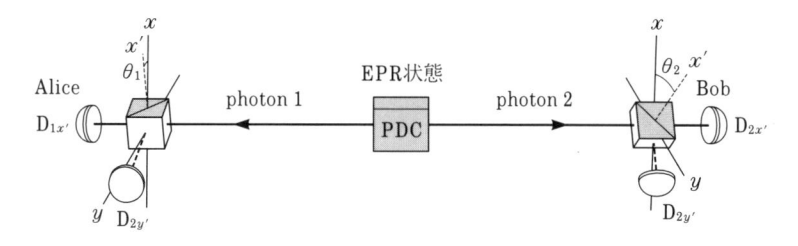

図13.1 もつれた偏光状態を用いた暗号鍵の作成

光源から出た2光子のEPR状態は (12.13) で表される：

$$|\Psi\rangle_{12} = \frac{1}{\sqrt{2}}(|x,y\rangle_{12} - |y,x\rangle_{12}) \tag{13.1}$$

これを図13.1のように送り手A (慣例上アリスという) の側で偏光角 θ_1，受け手B (ボブという) の側で θ_2 の偏光ビームスプリッターを用いて検出すると，(12.16) によってアリスの側とボブの側のそれぞれ単独の検出確率は，検出器の量子効率は別にして

$$\left.\begin{array}{l}\langle\Psi|\hat{a}_{1x'}^\dagger\hat{a}_{1x'}|\Psi\rangle_{12} = \langle\Psi|\hat{a}_{1y'}^\dagger\hat{a}_{1y'}|\Psi\rangle_{12} = \dfrac{1}{2} \\[6pt] \langle\Psi|\hat{a}_{2x'}^\dagger\hat{a}_{2x'}|\Psi\rangle_{12} = \langle\Psi|\hat{a}_{2y'}^\dagger\hat{a}_{2y'}|\Psi\rangle_{12} = \dfrac{1}{2}\end{array}\right\} \tag{13.2}$$

となって，互いに等しいが，両者の同時計数確率は (12.17) と同様にして

$$\langle\Psi|\hat{a}_{1x'}^\dagger\hat{a}_{2y'}^\dagger\hat{a}_{2y'}\hat{a}_{1x'}|\Psi\rangle_{12} = \langle\Psi|\hat{a}_{1y'}^\dagger\hat{a}_{2x'}^\dagger\hat{a}_{2x'}\hat{a}_{1y'}|\Psi\rangle_{12}$$
$$= \frac{1}{2}\cos^2(\theta_1 - \theta_2) \tag{13.3}$$

となる．この最大値は $\theta_1 = \theta_2$ のときで，単独の検出確率と同じである．すなわち，アリスがある一つの光子を検出したときは，ボブは確率1でアリスの光子と直交した偏光の光子一つを検出する．たとえば，アリスの光子が x' 偏光，ボブの光子が y' 偏光のときビットの値を0に，アリスの光子が y' 偏光，ボブの光子が x' 偏光のときビットの値を1と決めると，光子対の測定ごとにこの0と1は量子論的なきまぐれで現れる．このような測定を多数回くり返

してアリスとボブの間で共有する0と1のランダムな系列の暗号鍵を作ることができる．

実際に実行するときには毎回二人はθ_1とθ_2を勝手に選んで，光子検出があったかなかったかを記録する．その後で各測定ごとのθ_1とθ_2の値を通常の通信線で互いに知らせる．このθ_1とθ_2は直接x', y'ではないから，第三者に知られてもかまわない．アリスとボブはθ_1とθ_2が直交していて，かつ測定器によって計数できた場合の結果のみを拾い出して暗号表のリストを作る．そのほか，平行の場合と検出器の量子効率が1でないために計数できなかった場合は除く．

できた暗号表のリストは，(13.1)のEPR状態を使う限り完全に相関しているはずである．このことはアリスとボブが測定の半分以上の結果をランダムに選び出して公にして比較してみればわかる．この暗号表の作成過程における通信の安全性も保証されている．なぜなら，それらの値はアリスとボブが測定する前には全く存在しなかったものであるからである．さらに，盗聴者が二人の当事者に見破られずに第3の光子を作ってEPRの光子に結合させても元と同じ相関をもたせることはできないこともベネットは証明した．

§13.2 量子テレポーテーション

ベネット (1993) らによって提案された**テレポーテーション**は光子1が重ね合せ状態$|\phi\rangle_1 = a|x\rangle_1 + b|y\rangle_1$にあるとするとき，その状態関数$|\phi\rangle_1$をアリスからボブの手元にある (行く) 光子3に転送するものである (図13.2)．ただし，$|\phi\rangle_1$の内容は送り手のアリスにもわからない．アリスにもこれを破壊せずに知ることはできないのである．もし巨

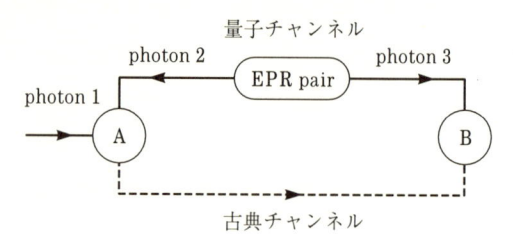

図13.2 量子テレポーテーション

§13.2 量子テレポーテーション

視的な物体の波動関数をそのまま他の物体に転送できたら，それはまさに SF の世界になるので，このように名づけられた．提案では光子 1 とは別に光子 2 と 3 のもつれた状態 $|\Psi^-\rangle_{23} \equiv \frac{1}{\sqrt{2}}(|x,y\rangle_{23} - |y,x\rangle_{23})$ を用意する．光子 2 はアリスの方に来る．アリスは光子 1 と光子 2 の相関測定を行うと，その測定によってボブの方に行ったもう一つの光子 3 の状態が決まり，光子 1 と同じ状態，あるいはそれに変換可能な状態になる．このテレポーテーションは量子計算機を実現するのに必要な一つの過程とされている．

まず，3 個の光子の全系のはじめの状態は

$$|\psi\rangle_{123} = |\phi\rangle_1 |\Psi^-\rangle_{23} \tag{13.4}$$

と表される．これを光子 1 と 2 でつくる もつれた状態の完全系

$$\begin{aligned}|\Psi^\pm\rangle_{12} &\equiv \frac{1}{\sqrt{2}}(|x,y\rangle_{12} \pm |y,x\rangle_{12}) \\ |\Phi^\pm\rangle_{12} &\equiv \frac{1}{\sqrt{2}}(|x,x\rangle_{12} \pm |y,y\rangle_{12})\end{aligned} \tag{13.5}$$

によって展開して組み替えると，次のように書き変えることができる：

$$\begin{aligned}|\psi\rangle_{123} &= \frac{1}{\sqrt{2}}(a|x,x,y\rangle_{123} - a|x,y,x\rangle_{123} + b|y,x,y\rangle_{123} - b|y,y,x\rangle_{123}) \\ &= \frac{1}{2\sqrt{2}}[-(|x,y\rangle_{12} - |y,x\rangle_{12})(a|x\rangle_3 + b|y\rangle_3) \\ &\quad - (|x,y\rangle_{12} + |y,x\rangle_{12})(a|x\rangle_3 - b|y\rangle_3) \\ &\quad + (|x,x\rangle_{12} - |y,y\rangle_{12})(a|y\rangle_3 + b|x\rangle_3) \\ &\quad + (|x,x\rangle_{12} + |y,y\rangle_{12})(a|y\rangle_3 - b|x\rangle_3)]\end{aligned} \tag{13.6}$$

(13.5) の 4 つの状態は**ベル状態**あるいは**ベル基底**とよばれる．さらに

$$\left.\begin{aligned}|\phi\rangle_3 &\equiv a|x\rangle_3 + b|y\rangle_3, \quad & |\phi'\rangle_3 &\equiv a|x\rangle_3 - b|y\rangle_3 \\ |\psi\rangle_3 &\equiv a|y\rangle_3 + b|x\rangle_3, \quad & |\psi'\rangle_3 &\equiv a|y\rangle_3 - b|x\rangle_3\end{aligned}\right\} \tag{13.7}$$

を定義して (13.6) を書き変えると，全系の状態は

$$|\psi\rangle_{123} = \frac{1}{2}(-|\Psi^-\rangle_{12}|\phi\rangle_3 - |\Psi^+\rangle_{12}|\phi'\rangle_3 + |\Phi^-\rangle_{12}|\psi\rangle_3 + |\Phi^+\rangle_{12}|\psi'\rangle_3) \tag{13.8}$$

と表される.もしアリスが光子1と2の測定を行って$|\Psi^-\rangle_{12}$を得たとすれば,光子3は$|\phi\rangle_3$の状態に確定する.すなわち,初めアリスがもっていた$|\phi\rangle_1$がボブの光子3に$|\phi\rangle_3$として実現したのである.

しかし,(13.8)の分解には (13.5) の4つのベル状態が出てくるから,これらのうち$|\Psi^-\rangle_{12}$が得られたということをアリスはボブに知らせなければならない.あるいは,これらのうちのどれが検出されたかを知らせれば,(13.7)の4つの状態のうちどれが光子3に実現したかを知ることができる.これらの4つの状態は互いにユニタリー変換で結ばれているので,たとえば

$$\begin{pmatrix} 1 & 0 \\ 0 & -1 \end{pmatrix}|\phi'\rangle = \begin{pmatrix} 0 & 1 \\ 1 & 0 \end{pmatrix}|\phi\rangle = \begin{pmatrix} 0 & 1 \\ -1 & 0 \end{pmatrix}|\psi'\rangle = |\phi\rangle \tag{13.9}$$

のようにしてすべてを$|\phi\rangle$に変換することができる.偏光の場合にはこれは偏光の回転や対称操作によってできる.したがって,通常の通信法,すなわち"古典通信"で (13.5) の4つのベル状態のうちどれが検出されたかをアリスがボブに知らせれば,ボブは常に$|\phi\rangle_3$を得ることができる.

[**問題 13.1**] $|\phi'\rangle \to |\phi\rangle, |\psi\rangle \to |\phi\rangle, |\psi'\rangle \to |\phi\rangle$の変換を波長板や回転素子で行うにはどうしたらよいか.

この古典通信の内容は$|\phi\rangle_1$には関係のないものであるから,これから情報が漏れることはない.また,量子通信で送られる$|\Psi^-\rangle_{23}$はアリスが測定をした後で初めて$|\phi\rangle_3$という内容をもつのであるし,途中で検出されて妨害を受ければ状態が変り,傍受されたことが当事者に検知されてしまう.

このようなテレポーテーションの基本的部分の実験は1998年に行われた.

§13.3 量子計算機

計算機の究極の性能も物理法則を離れては考えられないとすれば,量子力学の法則にのっとった計算機を考えなければならない.量子力学的な系によ

§13.3 量子計算機

る計算機というと，まずスピンなどの2準位状態を0と1にすればよいことを思いつく．しかし，それだけではこれまでの古典的計算機の論理と変らない．量子計算機では2準位の重ね合せ状態を考慮する．ベニオフ (1982)，ファインマン (1985) らの考えを発展させて，ドイッチ (1985) は，個々の原子を2準位状態の重ね合せで表し，さらに全体の系をそれらの積によって表すという量子力学の原理によって，多重並列計算を可能にする量子計算機を考えた．その後，ショアー (1994) はその考えに基づいた量子計算機のアルゴリズムを発見し，古典的計算機では事実上不可能な長時間の計算が理論的に極めて短時間にできることを示した．

原子内の1個の電子のスピン状態，あるいは1個の光子の偏光状態を

$$|\psi\rangle = a|0\rangle + b|1\rangle \quad (|a|^2 + |b|^2 = 1) \quad (13.10)$$

と表す．スピンの状態ではたとえば $|0\rangle = |\downarrow\rangle$, $|1\rangle = |\uparrow\rangle$ であり，光の偏光状態では $|0\rangle = |x\rangle$, $|1\rangle = |y\rangle$ である．この状態を従来の計算機の0と1のビットにならって，**量子ビット**あるいは**キュービット** (qubit) という．このような原子あるいは光子が N 個集まった全系の状態は，上記の $|\psi\rangle$ に番号を付して $|\psi\rangle_n = a_n|0\rangle_n + b_n|1\rangle_n$ として，

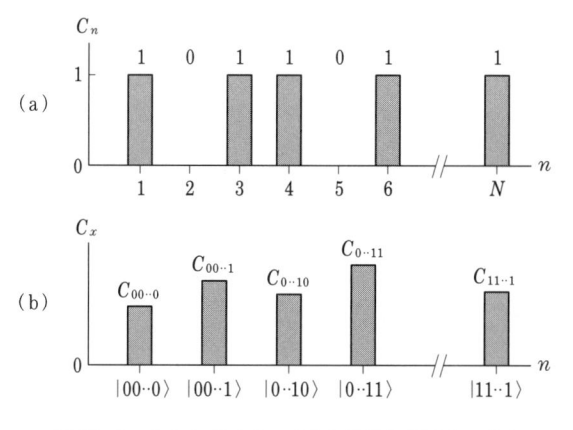

図 13.3 古典レジスター (a) と量子レジスター (b)

$$|\Psi\rangle = \prod_{n=1}^{N} |\phi\rangle_n = \sum_{x=00\cdots0}^{11\cdots1} c_x |x\rangle \tag{13.11}$$

と表され，2^N 個の量子レジスターができる（図 13.3）. ただし，x は 2 進法で表したレジスターの番地である. 例として，簡単な場合

$$|\phi\rangle_n = \frac{1}{\sqrt{2}}(|0\rangle_n + |1\rangle_n) \tag{13.12}$$

をとると

$$|\Psi\rangle = \frac{1}{2^{N/2}}(|0,0,\cdots,0\rangle + |0,0,\cdots,1\rangle + \cdots + |1,1,\cdots,1\rangle) \tag{13.13}$$

となり，これは 2^N 個のレジスターに一様な重みがかかった状態である. ここで $|0,0,\cdots,0\rangle$ などは $|0\rangle_1 |0\rangle_2 \cdots |0\rangle_N$ の順に並べたものを表すとする. 量子計算機ではこの状態ベクトルに種々のユニタリー変換をほどこして，レジスター間の重みを変化させ，最後に $|\Psi\rangle$ の状態を測定して計算結果とする. その間に波動関数間の干渉や，最後に行う測定のときに波束の収縮が起こる. ユニタリー変換は特定のビットに対して行うとしても，2^N 個のレジスターが一斉に変化するので，それだけの数の並列計算が一挙に行われることになる. たとえば，(13.12) において $n = i$ 番目のビットだけを変化させても，すべてのレジスターで $|0\rangle_i \to a_i |0\rangle_i$ または $|1\rangle_i \to b_i |1\rangle_i$ の置き換えが起こることになる（$|a_i|^2 + |b_i|^2 = 1$）. これは状態がすべてのビットの状態の積で表されているためである.

この並列計算によって多数のデータからの検索，フーリエ変換，大きな整数の因数分解が高速でできる. たとえば，通常 小さな因数をもたない 200 桁の整数 N を素因数分解するには $\sqrt{N}$ より小さいすべての数で割ってみなければならない. N が大きくなると指数関数的に時間がかかることになる. ショアーのアルゴリズムによるとこれが避けられる. 本書でそれらのアルゴリズムを述べるのは適当ではないので，以下では計算ステップをどのように物

§13.3 量子計算機

理系で実現するかだけを述べよう．

古典的計算機では計算ステップの論理ゲートとして NOT, AND, OR, EXOR などが用いられ，具体的にはトランジスター回路のフリップ‐フロップによって実現されている．これに対して量子計算機では各ビットの 2 準位間に遷移を起こさせて計算を進める．

もっとも基本的な遷移は，スピンの場合，状態 $|\uparrow\rangle - |\downarrow\rangle$ 間に共鳴する周波数 ω_0 の光あるいは電磁波によって，$|\uparrow\rangle$ あるいは $|\downarrow\rangle$ を θ だけ回転した状態

$$\left.\begin{aligned}|\uparrow\rangle \xrightarrow{\omega_0;\theta,\varphi} \cos\frac{\theta}{2}|\uparrow\rangle + e^{i\varphi}\sin\frac{\theta}{2}|\downarrow\rangle \\ |\downarrow\rangle \xrightarrow{\omega_0;\theta,\varphi} \cos\frac{\theta}{2}|\downarrow\rangle - e^{-i\varphi}\sin\frac{\theta}{2}|\uparrow\rangle\end{aligned}\right\} \quad (13.14)$$

を作る操作である．これを **回転ゲート** という．§8.2 の光パルスと同様に θ は電磁波とスピンとの相互作用の時間に比例するから電磁波のパルスの長さで決まる．φ は光の位相である．

[**問題 13.2**] (13.14) の 2 式はスピン角運動量

$$\hat{\boldsymbol{S}} = (\hat{S}_x, \hat{S}_y, \hat{S}_z) = \frac{\hbar}{2}(\hat{\sigma}_x, \hat{\sigma}_y, \hat{\sigma}_z)$$

の $\hat{\boldsymbol{n}} = (\sin\theta\cos\varphi, \sin\theta\sin\varphi, \cos\theta)$ 方向（図 13.4）の成分 $\hat{\boldsymbol{S}}\cdot\hat{\boldsymbol{n}}$ の固有状態であり（$0 \leq \theta \leq \pi$），固有値は $\pm\hbar/2$ であることを確かめよ．ただし，$\hat{\sigma}_x$ などはパウリのスピン行列である．

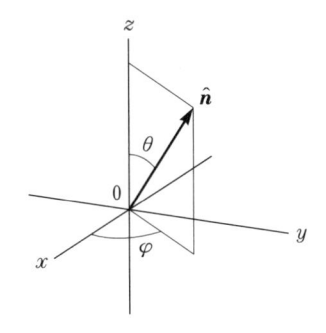

図 13.4 スピン角運動量の射影方向 $\hat{\boldsymbol{n}}$

もう一つの重要なゲートは 2 つのビットの組に対してはたらく制御ノット・ゲートといわれるものである．量子ビットの間のあらゆる操作は上記の回転ゲートとこの制御ノット・ゲートで表すことができることが証明されている．**制御ノット・ゲート** はこれまで述べてきたビットのほかに，各原子に

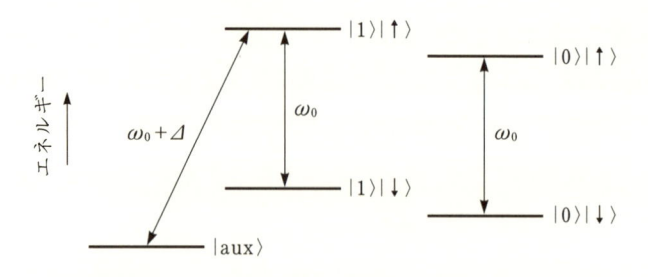

図 13.5 スピン状態による制御ノット・ゲート

もう1組の2準位があって2組のビットを形成している場合にできる．前者を計算の入力と出力を表す対象ビット，後者を前者を制御する制御ビットに用いる．たとえば，レーザー冷却した原子の場合，対象ビットとして原子の上向きスピン状態 $|\uparrow\rangle$ と下向きスピン状態 $|\downarrow\rangle$，制御ビットとしてこれらの原子の並んだ格子の振動によるフォノンの2つの状態 $|0\rangle$ と $|1\rangle$ を考える．このほかに補助準位 $|\text{aux}\rangle$ があるとし，これらは図 13.5 のようなエネルギーをもっていると仮定する．状態 $|1\rangle|\uparrow\rangle$ と $|1\rangle|\downarrow\rangle$ の間および $|0\rangle|\uparrow\rangle$ と $|0\rangle|\downarrow\rangle$ の間の共鳴パルス ω_0 による遷移は，(13.14) によって表される．$\theta = \pi/2$, $\varphi = 0$ の場合にはそれぞれ

$$\left. \begin{aligned} |\uparrow\rangle &\xrightarrow{\omega_0\,;\,\pi/2,\,0} \frac{1}{\sqrt{2}}(|\uparrow\rangle + |\downarrow\rangle) \\ |\downarrow\rangle &\xrightarrow{\omega_0\,;\,\pi/2,\,0} \frac{1}{\sqrt{2}}(|\downarrow\rangle - |\uparrow\rangle) \end{aligned} \right\} \qquad (13.15)$$

となる．

次に，$|1\rangle|\uparrow\rangle$ と補助準位 $|\text{aux}\rangle$ 間の遷移を共鳴周波数 $\omega_0 + \Delta$ によって行う．(13.14) において $\theta = 2\pi$ パルスとするとわかるように (φ は任意)，$|1\rangle|\uparrow\rangle$ は $|1\rangle|\uparrow\rangle$ にもどってくるが，位相は反転して

$$|1\rangle|\uparrow\rangle \xrightarrow{\omega_0 + \Delta\,;\,2\pi,\,\varphi} -|1\rangle|\uparrow\rangle \qquad (13.16)$$

となる．$|0\rangle|\uparrow\rangle$ の状態にこのパルスが当たっても共鳴しないから遷移しな

い：
$$|0\rangle|\uparrow\rangle \xrightarrow{\omega_0 + \Delta\,;\,2\pi,\,\varphi} |0\rangle|\uparrow\rangle \tag{13.17}$$

その後 ω_0 による $\theta = \pi/2$, $\varphi = \pi$ の遷移を行うと

$$\left.\begin{array}{l} |\uparrow\rangle \xrightarrow{\omega_0\,;\,\pi/2,\,\pi} \dfrac{1}{\sqrt{2}}(|\uparrow\rangle - |\downarrow\rangle) \\[2mm] |\downarrow\rangle \xrightarrow{\omega_0\,;\,\pi/2,\,\pi} \dfrac{1}{\sqrt{2}}(|\downarrow\rangle + |\uparrow\rangle) \end{array}\right\} \tag{13.18}$$

となる.

ゆえに, (13.15) から (13.18) までを順に行うと,

$$|0\rangle|\downarrow\rangle \xrightarrow{\omega_0\,;\,\pi/2,\,0} \frac{1}{\sqrt{2}}|0\rangle(|\downarrow\rangle - |\uparrow\rangle) \xrightarrow{\omega_0 + \Delta\,;\,2\pi,\,\varphi} \frac{1}{\sqrt{2}}|0\rangle(|\downarrow\rangle - |\uparrow\rangle)$$
$$\xrightarrow{\omega_0\,;\,\pi/2,\,\pi} \frac{1}{2}[|0\rangle(|\downarrow\rangle + |\uparrow\rangle) - |0\rangle(|\uparrow\rangle - |\downarrow\rangle)] = |0\rangle|\downarrow\rangle \tag{13.19}$$

$$|1\rangle|\downarrow\rangle \xrightarrow{\omega_0\,;\,\pi/2,\,0} \frac{1}{\sqrt{2}}|1\rangle(|\downarrow\rangle - |\uparrow\rangle) \xrightarrow{\omega_0 + \Delta\,;\,2\pi,\,\varphi} \frac{1}{\sqrt{2}}|1\rangle(|\downarrow\rangle + |\uparrow\rangle)$$
$$\xrightarrow{\omega_0\,;\,\pi/2,\,\pi} \frac{1}{2}[|1\rangle(|\downarrow\rangle + |\uparrow\rangle) + |1\rangle(|\uparrow\rangle - |\downarrow\rangle)] = |1\rangle|\uparrow\rangle \tag{13.20}$$

となり, $|0\rangle$ の場合にはスピンの向きが反転しないが, $|1\rangle$ の場合には反転することがわかる. 途中で重ね合せ状態間の干渉による打ち消しが起こっている. このようにして制御ビットが 0 のときには信号ビットは変化せず, 1 のときに反転するという制御ノット・ゲートができる.

このような提案にしたがって, レーザー冷却されたベリリウムイオンにおいて実験が行われた. このイオンの場合, 図 13.5 の準位は具体的に図 13.6 のような超微細構造になっている. まず, イオンはラマン冷却という方法によって, 零点エネルギーまで冷却され, 図 13.6 の $|0\rangle|\downarrow\rangle$ 状態を用意した. そ

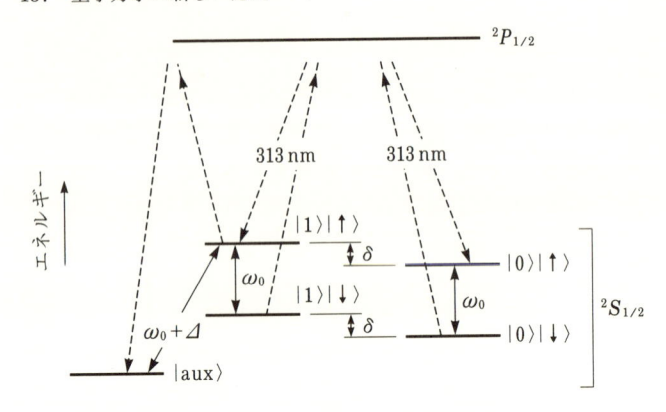

図13.6 冷却ベリリウムイオンによる制御ノット・ゲート

の状態から $|1\rangle|\downarrow\rangle$ 状態を用意するために，$\omega_0+\delta$ の π パルスで $|1\rangle|\uparrow\rangle$ を作り，さらに ω_0 の π パルスによって $|1\rangle|\downarrow\rangle$ を作った．このようにして得られた $|0\rangle|\downarrow\rangle$ と $|1\rangle|\downarrow\rangle$ の状態について，上述の制御ノット・ゲートの操作が確かめられた．準位の間隔は $\omega_0=1.25\,\mathrm{GHz}$ と $\delta=11.2\,\mathrm{MHz}$ である．そこでは制御ノット・ゲートは直接の遷移によるのではなく，第7章に述べた光によるラマン遷移によって行う．すなわち，周波数差が ω_0 の2つの光(波長約 313 nm)を用いて $\pi/2$ パルスの遷移を行い，同じく $\omega_0+\varDelta$ の2つの光によって 2π の遷移を行う．

このほかにも量子井戸中の電子スピンやNMRにおける核スピンを用いた制御ノット・ゲートの提案や実験も行われた．光共振器中で原子と相互作用する光子をそれぞれ制御ビットと対象ビットにする実験も行われた．

素因数分解や暗号解読が古典的な方法では天文学的時間を要するとすれば，これは事実上解けないのと同じである．これをはるかに短時間で解いてしまうのがこの節で述べた量子計算機である．また，ほぼ完全な安全性をもつ通信法が前節の量子暗号法である．しかし，これまで提案された方法はいずれもまだ極めて原理的初歩的なもので，最終的なものからほど遠い．今後の新しい提案に期待がかかっている．

アインシュタインと光量子

「私にとって熟考を重ねた 50 年は『光量子とは何か』という疑問の答えに近づけてくれるものではなかった．今日ではなるほど凡庸な人でも光量子のことは知っていると思っているが，しかしそれは思いこみにすぎない…」

—— アインシュタインの M. ベッソへの 1951 年の手紙

その後の 50 年，光学は飛躍的な発展をみたのであるが，さて，アインシュタインの気に入る光量子の説明とはどんなものであったろうか．凡庸人はまだ思い違いをしているのだろうか．

問題略解

第 2 章

[2.1] たとえば，曲率半径の中心より遠い点から来て反射する光．

[2.2] $b = -30$. ∴ 30 cm レンズの後方に実像．$m = -2$. ∴ 2倍で倒立．(略図も描いてみること)

[2.3] $b = 6$. ∴ 6 cm レンズの前方に虚像．$m = 2/5$. ∴ 2/5倍で正立．

[2.4] $f = 19.4$ cm

[2.5] 近軸光線として，$a\theta = R\delta = b\theta' = $ AO. 入射角と反射角は等しいから，$\delta - \theta = \theta' - \delta$ である．

[2.6] $PA = \sqrt{a^2 + r^2} \approx a + \dfrac{r^2}{2a}$. (2.3) から $\dfrac{1}{2a} = \dfrac{1}{f}$. ∴ $PA \approx a + \dfrac{r^2}{f}$.
また，PO の光路長は $PO = a + (n-1)(R - \sqrt{R^2 - r^2}) \approx a + (n-1)\dfrac{r^2}{2R}$.
(2.2) から $(n-1)\dfrac{1}{2R} = \dfrac{1}{f}$. ∴ $PO \approx a + \dfrac{r^2}{f}$.

[2.7] (2.25) によって $\theta = \dfrac{\lambda}{\pi\omega_{01}} = \dfrac{2}{k\omega_{01}}$. これは，もしレンズがなければ半径 ω_{01} の平行光が回折して広がる角度である．これを用いて (2.37) を表すと，$f\theta/\omega_{01} \ll 1$ のときは，$\omega_{03} = \dfrac{f\theta}{\sqrt{1 + (f\theta/\omega_{01})^2}} \approx f\theta$. すなわち，角度 θ で f だけ進んだときの広がりが焦点の位置にできることを意味する．

[2.8] $z_{01} = k\omega_{01}{}^2/2$ と置くと，
焦点の位置は $z_{3,R=\infty} = \dfrac{f}{1 + (f/z_{01})^2} = 100 \times (1 - 4 \times 10^{-4})$ mm
焦点でのウエストの直径は $2\omega_{03} = 2 \times \dfrac{f/z_{01}}{\sqrt{1 + (f/z_{01})^2}}\omega_{01}$
$\approx 2\dfrac{f}{z_{01}}\omega_{01} \approx 0.04$ mm
焦点の範囲は $z_{03} = \dfrac{f/z_{01}}{1 + (f/z_{01})^2}f \cong \dfrac{f^2}{z_{01}} \cong 2$ mm
なお，この場合，前問の θ は 2×10^{-4} rad で，$f\theta = 0.02$ mm である．

第 3 章

[3.1] （略）

[3.2] $\rho_{ba}{}^{(\omega)}(t) = \dfrac{ip_{ba}E^{(\omega)}e^{ikz}}{\hbar} \dfrac{e^{[-i(\Omega_0-\omega)-\gamma](t-t_1)}-1}{-i(\Omega_0-\omega)-\gamma}$. これは $\gamma(t-t_1) \gg 1$ で次節の定常解 (3.32) に近づく．

第 4 章

[4.1] $\rho(\omega) = \dfrac{\hbar\omega^3}{\pi^2 c^3} \dfrac{1}{e^{\hbar\omega/k_B T}-1}$

[4.2] 周期 L の周期的境界条件は $e^{-ikL}=1$ であるから，$kL=2\pi m$，すなわち，許されるモードの波数は $k=\dfrac{2\pi}{L}m$ である $(m=0,\pm 1,\pm 2,\cdots)$．ゆえに，周波数としては $\dfrac{2\pi}{L}m = \dfrac{\omega}{c}$ となる ω が許される．ゆえに，$0 \sim \omega$ までの周波数範囲ですべての許されるモード数は $m=\cdots,-2,-1,0,+1,+2,\cdots$ のうち，$|m| \leq \dfrac{\omega L}{2\pi c}$ の範囲にある $m = \dfrac{\omega L}{2\pi c} \times 2$ 個である．したがって，$\omega \sim \omega+d\omega$ の間には $dm = \dfrac{L}{\pi c}d\omega$ 個ある．横波のモードが 2 つあることを考えて，単位長さ当りのモード（線）密度は $\dfrac{2dm}{L} = \dfrac{2}{\pi c}d\omega$ となる．

完全導体の鏡で囲まれた共振器の場合には，定在波が立つ条件は $\sin kL=0$ であり，$kL = \pi m$ が許されるモードとなる．ただし，今度は $\pm k$ 方向の波の区別はないから $m=0,1,2,\cdots$ である．ゆえに $0 \sim \omega$ までの周波数範囲ですべての許されるモード数は $m = \dfrac{\omega L}{\pi c}$ である．したがって，単位長さ当りのモード（線）密度は周期的境界条件の場合と同じになる．

[4.3] 3 次元の周期的境界条件を満足するモードの x, y, z 方向の波数は $k_x = \dfrac{2\pi}{L}m_x$, $k_y = \dfrac{2\pi}{L}m_y$, $k_z = \dfrac{2\pi}{L}m_z$ である $(m_{x,y,z}=0, \pm 1, \pm 2, \cdots)$．ゆえに，周波数としては $k = \sqrt{k_x{}^2 + k_y{}^2 + k_z{}^2} = \dfrac{2\pi}{L}\sqrt{m_x{}^2 + m_y{}^2 + m_z{}^2} = \dfrac{\omega}{c}$ という ω が許される．$0 \sim \omega$ までの周波数範囲ですべての許されるモード数は $m_{x,y,z} = \cdots, -2, -1, 0, +1, +2, \cdots$ の 3 次元の格子点のうち $\sqrt{m_x{}^2 + m_y{}^2 + m_z{}^2} = \dfrac{\omega L}{2\pi c}$ を半径とする球内の格子点の数である．すなわち，$m = \dfrac{4\pi}{3}\left(\dfrac{\omega L}{2\pi c}\right)^3$ 個である．したがって，$\omega \sim \omega + d\omega$ の間には $dm = \dfrac{\omega^2 L^3}{2\pi^2 c^3}d\omega$ 個ある．横波のモードが

2つあることを考えて、単位体積当りのモード密度は $\dfrac{2dm}{L^3} = \dfrac{\omega^2}{\pi^2 c^3} d\omega$ となる。

完全導体の鏡で囲まれた共振器の場合にも前問と同様に考えて、モード密度は周期的境界条件の場合と同じになる。

[4.4] $L \to 2R_1$ では

(4.35) から、 $z_0 \to \sqrt{(R_1 - R_1)R_1} = 0$

(4.30) から、 $\omega_0^2 = \dfrac{2z_0}{k} \to \dfrac{2}{k}\sqrt{(R_1 - R_1)R_1} = 0$

(4.38) から、 $\omega_1^2 \to \dfrac{2}{k}\dfrac{R_1^2}{\sqrt{(R_1 - R_1)R_1}} = \infty$

共焦点に近づくとビーム径は焦点の位置でゼロ、鏡の位置で無限大に近づく。

$L \to 0$ では $L \ll R_1$ とする近似で、

$$z_0 = \sqrt{\left(R_1 - \dfrac{L}{2}\right)\dfrac{L}{2}} \approx \sqrt{R_1 \dfrac{L}{2}} \to 0$$

$$\omega_0^2 = \dfrac{2z_0}{k} = \dfrac{2}{k}\sqrt{\left(R_1 - \dfrac{L}{2}\right)\dfrac{L}{2}} \approx \dfrac{2}{k}\sqrt{R_1 \dfrac{L}{2}} \to 0$$

$$\omega_1^2 = \dfrac{2}{k}\dfrac{R_1 L/2}{\sqrt{(R_1 - L/2)L/2}} \approx \dfrac{2}{k}\sqrt{R_1 \dfrac{L}{2}} \to 0$$

$\omega_1 \approx \omega_0$ であり、円柱状の平行ビームに近づく。

$L = R_1$ では

$$z_0 = \sqrt{\left(R_1 - \dfrac{R_1}{2}\right)\dfrac{R_1}{2}} = \dfrac{R_1}{2}$$

$$\omega_0 = \sqrt{\dfrac{2z_0}{k}} = \sqrt{\dfrac{R_1}{k}}$$

$$\omega_1^2 = \dfrac{2}{k}\dfrac{R_1^2/2}{\sqrt{(R_1 - R_1/2)R_1/2}} = \dfrac{2R_1}{k}, \quad \therefore \quad \omega_1 = \sqrt{\dfrac{2R_1}{k}}$$

$\omega_1 = \sqrt{2}\,\omega_0$ のつづみ型である。

[4.5] 一般に発振が起こると、その遷移の上準位の分布は減り、下準位の分布が増え、反転分布が減る。そのスペクトルが不均一広がりのときは、各遷移周波数は別々の原子によっているから、一つのモードで発振が起こっても、他のモードの反転分布は変化しない。均一広がりのときは、ある遷移周波数にはすべての原子が区別なく関与しているから、そのスペクトルのなかで一つのモードが発振すると、すべての原子の反転分布が減り、他のモードの発振がしきい値を超えられなくなる。

第 5 章

[**5.1**]　周期 $T = 12$ ns．くり返し周波数 $1/T = 83.3$ MHz．縦モード間隔 $|\Delta\lambda| = \left|\Delta\left(\dfrac{c}{n\nu}\right)\right| = \dfrac{c}{n\nu^2}\Delta\nu$．モード間隔を $\Delta\nu_m = c/2L$ とすると，これに対応する $\Delta\lambda$ は $\Delta\lambda = \lambda^2/2nL = 1.8 \times 10^{-4}$ nm（1ナノメーター $= 10^{-9}$ m）．40 nm には $N = 40 \div (1.8 \times 10^{-4}) = 2.2 \times 10^5$ 個のモードが含まれるから，$T/N = 55 \times 10^{-15}$ s $= 55$ fs（フェムト秒 $= 10^{-15}$ s）．

[**5.2**]　(4.45) を A と $\Delta\nu$ を用いて表して，数値を代入すると
$$N_b - N_a \geqq \dfrac{8\pi\Delta\nu}{\lambda^2 A}\dfrac{1-\mathscr{R}_1\mathscr{R}_2}{2L} \cong 2.6 \times 10^8 \text{ cm}^{-3}$$
となる．

[**5.3**]　(4.26) の波長 $\lambda_m = 2L/m$ は媒質中（屈折率 n）の波長である．そのモード間隔は $\Delta\lambda_m = \lambda_m - \lambda_{m+1} = \dfrac{2L}{m(m+1)} \cong \dfrac{1}{2L}\left(\dfrac{2L}{m}\right)^2 = \dfrac{\lambda_m^2}{2L}$．真空中の波長は $\lambda_m{}^{\text{vac}} = n\lambda_m$ であるから，$\Delta\lambda_m{}^{\text{vac}} = \dfrac{(\lambda_m{}^{\text{vac}})^2}{2nL} = 0.3$ nm．これは題意の分光器で分解可能である．

[**5.4**]　$\lambda_m{}^{\text{vac}} = n\lambda_m = n\dfrac{2L}{m}$ から
$$\dfrac{\partial \lambda_m{}^{\text{vac}}}{\partial T} = \left(\dfrac{1}{n}\dfrac{\partial n}{\partial T} + \dfrac{1}{L}\dfrac{\partial L}{\partial T}\right)\lambda_m{}^{\text{vac}}$$
$$= (0.28 \times 10^{-4} + 5 \times 10^{-6}) \times 0.79 \times 10^{-6} \text{ m}$$
$$= (0.022 + 0.004) \text{ nm}\cdot\text{K}^{-1}$$

第 6 章

[**6.1**]　分極 P は正負の両側で対称的につぶれた形になる．これは周波数 ω の線形分極と 3ω の非線形分極に分解できる．

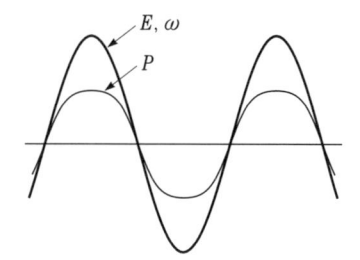

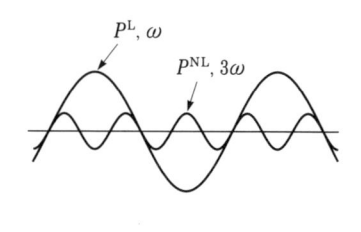

[6.2]　BBO の場合 $\theta = 29.2°$.

[6.3]　$\prod_{i=1}^{3}[e^{-i(\omega t - k_i \rho)} + \text{c.c.}]$ から 8 項がでる．そのうちの $-k_1 + k_2 + k_3$ とその共役の項が $k(-x, -y, z)$ 方向の光となり，$k_1 \sim k_4$ が四角錐の稜をなす．

第 7 章

[7.1]　$\omega = (\Omega_1 + \Omega_2)/2$ に選ぶと，速度 $v = c(\Omega_1 - \Omega_2)/(\Omega_1 + \Omega_2)$ の原子の Ω_1 と Ω_2 の遷移に同時に共鳴する．

[7.2]
$$\frac{d\rho_{cc}}{dt} = \frac{|p_{cb}p_{ba}|^2|E^{(\omega)}|^4/\hbar^4}{\Gamma_{ba}} \frac{2\gamma_{cb}}{(\Omega_{ba}-\omega)^2 + \gamma_{cb}^2} \frac{2\gamma_{ba}}{(\Omega_{ba}-\omega)^2 + \gamma_{ba}^2}$$
$$+ \frac{|p_{cb}p_{ba}|^2|E^{(\omega)}|^4/\hbar^4}{\gamma_{ca}} \frac{2[(\Omega_{ba}-\omega)^2 + \gamma_{cb}\gamma_{ba}]}{[(\Omega_{ba}-\omega)^2 + \gamma_{cb}^2][(\Omega_{ba}-\omega)^2 + \gamma_{ba}^2]}$$
$$= \frac{2|p_{cb}p_{ba}|^2|E^{(\omega)}|^4/\hbar^4}{[(\Omega_{ba}-\omega)^2 + \gamma_{cb}^2][(\Omega_{ba}-\omega)^2 + \gamma_{ba}^2]}$$
$$\times \left\{ \frac{2\gamma_{cb}\gamma_{ba}}{\Gamma_{ba}} + \frac{(\Omega_{ba}-\omega)^2 + \gamma_{cb}\gamma_{ba}}{\gamma_{ca}} \right\}$$

各辺の第1項と第2項は (7.6) のそれらに対応している．最後の辺の第1項と第2項を比べると，$\Omega_{ba} - \omega \to 0$ で第1項の二段励起が優勢になり，$\Omega_{ba} - \omega \gg \gamma_{cb}, \gamma_{ba}$ で第2項の二光子吸収が優勢になる．

第 8 章

[8.1]
$$\frac{du}{dt} = (\Omega_0 - \omega)v - \gamma u + \frac{2pE}{\hbar}w \sin kz$$
$$\frac{dv}{dt} = -(\Omega_0 - \omega)u - \gamma v - \frac{2pE}{\hbar}w \cos kz$$
$$\frac{dw}{dt} = -\Gamma(w - w_0) + \frac{2pE}{\hbar}v \cos kz - \frac{2pE}{\hbar}u \sin kz$$
$$\boldsymbol{\Omega} \equiv (2pE \cos kz/\hbar, \, 2pE \sin kz/\hbar, \, \omega - \Omega_0)$$

[8.2]　これまでに解いた $\rho_{ba}^{(\omega)}$ に e^{ikz} を掛け，$\rho_{ab}^{(-\omega)}$ に e^{-ikz} を掛けたものが任意の z における解 $\rho_{ba}^{(\omega)}$ および $\rho_{ab}^{(-\omega)}$ になる．$u(t), v(t)$ についても同様に考えて，
$$\bar{P}(t) = Np\sqrt{u^2(t_1) + v^2(t_1)} \cos\{\bar{\Omega}_0(t - t_1) - kz - \varphi\} e^{-\Delta\Omega^2(t-t_1)^2/4} e^{-\gamma(t-t_1)}$$
これは分極が $\bar{\Omega}_0/k$ の位相速度で進む波になっていることを示す．次節の (8.23) で求めるフォトンエコーの分極もこのように伝播する波動である．

[8.3]　u, v 成分は $t = t_2$ までに十分 自由歳差によって減衰してゼロになっているから，これらの成分は第 2 パルスの直後に光を放出しない．$t = t_e$ まで待ってはじめてエコーを放出する．(ただ，第 1 パルスによって w 成分が残っていたり，$t_1 \sim t_2$ の間に u, v 成分が縦緩和して w 成分を作ったりしていると，これらの小さな成分が第 2 パルスの直後にそれによる自由歳差の光を放出する．)

第 9 章

[9.1]　単一モードの場合：　$\varepsilon_0 E_x^2/2$ と $\mu_0 H_y^2/2$ の係数はともに $-\hbar\omega/4V$ になる．後の a と a^* を含む項は E の方と H の方で同じで，
$$a^2 e^{2(i\mathbf{k}\cdot\mathbf{r}-i\omega t)} + a^{*2} e^{-2(i\mathbf{k}\cdot\mathbf{r}-i\omega t)} - aa^* - a^*a$$
となる．第 1, 2 項において
$$\mathbf{k}\cdot\mathbf{r} = k_x x + k_y y + k_z z = \frac{2\pi l_x}{L_x}x + \frac{2\pi l_y}{L_y}y + \frac{2\pi l_z}{L_z}z$$
であるから，たとえば z 成分は $\int_0^{L_z} e^{2ik_z z}\,dz = 0$. x, y 成分についても同様．ゆえに，第 3, 4 項のみ残り，E の方と H の方からの項を加えて (9.4) を得る．

　多モードの場合：　(l_x, l_y, l_z) の整数の組で表されるモードを考え，$\mathbf{k}_l$ と反対方向に進む $\mathbf{k}_{-l}$ のモードも考慮する．$\omega_{-l} = \omega_l$，$\mathbf{k}_{-l} = -\mathbf{k}_l$ とする．E, H, k が右手系をなすから，
$$E_{\pm lx} = i\sqrt{\frac{\hbar\omega_l}{2\varepsilon_0 V}}(a_l e^{i\mathbf{k}_{\pm l}\cdot\mathbf{r}-i\omega_l t} - a_l^* e^{-i\mathbf{k}_{\pm l}\cdot\mathbf{r}+i\omega_l t})$$
$$B_{\pm lx} = \pm \frac{i}{c}\sqrt{\frac{\hbar\omega_l}{2\mu_0 V}}(a_l e^{i\mathbf{k}_{\pm l}\cdot\mathbf{r}-i\omega_l t} - a_l^* e^{-i\mathbf{k}_{\pm l}\cdot\mathbf{r}+i\omega_l t})$$
とおく．エネルギーは
$$\mathcal{H} = \frac{1}{2}\int\left[\varepsilon_0\left(\sum_{l=0,1,\cdots} E_{lx}\right)^2 + \frac{1}{\mu_0}\left(\sum_{l=0,1,\cdots} B_{ly}\right)^2\right]d^3r$$
を計算すればよい．$\varepsilon_0 E_{lx}E_{l'x}$ と $B_{lx}B_{l'x}/\mu_0$ の係数は，l, l' が同符号であれば，ともに $-\hbar\sqrt{\omega_l\omega_{l'}}/4V$，異符号であれば，$E$ の方は $-\hbar\sqrt{\omega_l\omega_{l'}}/4V$, B の方は $+\hbar\sqrt{\omega_l\omega_{l'}}/4V$ である．後の a と a^* を含む項は E と B について同じである．そこには $e^{i(\mathbf{k}_l \pm \mathbf{k}_{l'})\cdot\mathbf{r}}$ が現れるが，$l \pm l' \neq 0$ で整数のときは，上の場合と同様に積分は消える．$l' = -l$ のときは，積分は消えず $a_l a_l^* + a_l^* a_l$ が残る．しかし，E の方の係数と B の方の係数が異なるから，双方の $a_l a_l^* + a_l^* a_l$ は打ち消し合う．$l' = l$ のときは E の方の係数と B の方の係数は同じであるから，結局，$\varepsilon_0 E_{lx}^2$ と B_{ly}^2/μ_0 の項のみ残り，双方の $a_l a_l^* + a_l^* a_l$ の和となり，やはり (9.4)

を得る.

[**9.2**] [問題 9.1] と同様である.

第 10 章

[**10.1**] (10.5) を用いると,
$$g^{(1)}(\mathbf{r}_1, t_1, \mathbf{r}_2, t_2) = \frac{|\langle \hat{a}_A^\dagger \hat{a}_B \rangle e^{-i(\mathbf{k}_A \cdot \mathbf{r} - \mathbf{k}_B \cdot \mathbf{r} - \omega t_1 + \omega t_2)}|}{\langle \hat{a}_A^\dagger \hat{a}_A \rangle^{1/2} \langle \hat{a}_B^\dagger \hat{a}_B \rangle^{1/2}}$$

古典論の例では
$$\langle \hat{a}_A^\dagger \hat{a}_A \rangle \to a_A^* a_A = |a_A|^2$$
$$\langle \hat{a}_B^\dagger \hat{a}_B \rangle \to a_B^* a_B = |a_B|^2$$
$$|\langle \hat{a}_A^\dagger \hat{a}_B \rangle e^{-2\pi i x/L}| \to |a_A^* a_B| |e^{-i(\varphi_A - \varphi_B)} e^{-2\pi i x/L}|$$

であるから, $\varphi_A - \varphi_B$ が一定のときは $g^{(1)} = 1$, ランダムなときは $g^{(1)} = 0$.

[**10.2**] 量子論の (10.8) の例では
$$\langle \hat{a}_A^\dagger \hat{a}_A \rangle = c_A^* c_A = |c_A|^2$$
$$\langle \hat{a}_B^\dagger \hat{a}_B \rangle = c_B^* c_B = |c_B|^2$$
$$|\langle \hat{a}_A^\dagger \hat{a}_B \rangle e^{-2\pi i x/L}| = |c_A^* c_B| |e^{-i(\varphi_A - \varphi_B)} e^{-2\pi i x/L}|$$

ゆえに, $g^{(1)} = 1$. (10.10) の例では $\langle \hat{a}_A^\dagger \hat{a}_A \rangle$ と $\langle \hat{a}_B^\dagger \hat{a}_B \rangle$ は前に同じで, $\langle \hat{a}_A^\dagger \hat{a}_B \rangle = 0$ であるから $g^{(1)} = 0$.

第 11 章

[**11.1**] (9.11) によって $E^{(\pm)}$ を $\hat{a}$ と $\hat{a}^\dagger$ を用いて表すとき,
$$\langle \alpha | \hat{a}^\dagger \hat{a}^\dagger \hat{a} \hat{a} | \alpha \rangle = \alpha^* \alpha^* \alpha \alpha = \alpha^* \alpha \alpha^* \alpha = \langle \alpha | \hat{a}^\dagger \hat{a} | \alpha \rangle \langle \alpha | \hat{a}^\dagger \hat{a} | \alpha \rangle$$

である. したがって, (10.30) から $g^{(2)}(\tau) = 1$ が得られる. 同様にさらに高次の偶数次の相関関数を定義してもすべての次数 n で $g^{(n)}(\tau) = 1$ とすることができる. $|\alpha\rangle$ がコヒーレント状態とよばれるのはそのためである.

[**11.2**] $E_{\text{out}}^2 = -\mathcal{E}^2 (b^2 e^{-2i\omega t} + b^{\dagger 2} e^{2i\omega t} - 2b^\dagger b - 1)$ の $|\alpha\rangle$ における期待値から E_{out} の期待値の 2 乗を引く.

第 12 章

[12.1] (12.13) 脚注の表現によると入射光は $|\phi\rangle_{12} = \frac{1}{\sqrt{2}}(|1_{1x}, 1_{2y}\rangle - |1_{1y}, 1_{2x}\rangle)$ である．これに $\hat{a}_{2x'}\hat{a}_{1x'} = (\hat{a}_{2x}\cos\theta_2 + \hat{a}_{2y}\sin\theta_2)(\hat{a}_{1x}\cos\theta_1 + \hat{a}_{1y}\sin\theta_1)$ を掛けると，

$$\frac{1}{\sqrt{2}}(\cos\theta_1\sin\theta_2|0_{1x}, 0_{2y}\rangle - \cos\theta_2\sin\theta_1|0_{1y}, 0_{2x}\rangle) = \frac{1}{\sqrt{2}}\sin(\theta_2 - \theta_1)|0\rangle$$

を得る．これから（12.17）を得る．

[12.2] （略）

第 13 章

[13.1] ［例題 12.1］に述べたように $\lambda/2$ 波長板の光学軸を x または y 軸に平行に入れると，y 軸（または x 軸）方向の偏光成分を 180° 反転させ，$|\phi'\rangle = a|x\rangle - b|y\rangle$ は $|\phi\rangle = a|x\rangle + b|y\rangle$ に変換される．また，$\lambda/2$ 波長板の光学軸を x 軸に対して 45° に入れると，偏光は 45° 方向に対して反転(x, y 成分は交換)し，$|\psi\rangle = a|y\rangle + b|x\rangle$ は $|\phi\rangle$ に変換される．さらに，2 枚の $\lambda/2$ 波長板を，光学軸をそれぞれ x 軸に対して 0° と 45° にして入れると，45° 方向に対して反転した後 y 軸に対して反転するから 90° 回転が得られ，$|\phi'\rangle = a|y\rangle - b|x\rangle$ は $|\phi\rangle$ に変換される．

[13.2] 極座標の (r, θ, φ) 方向の単位ベクトルを $\boldsymbol{n} = (\sin\theta\cos\varphi, \sin\theta\sin\varphi, \cos\theta)$ とすると，$\hat{\boldsymbol{S}} = (\hat{S}_x, \hat{S}_y, \hat{S}_z)$ の $\boldsymbol{n}$ 方向の成分は $\hat{\boldsymbol{S}}\cdot\boldsymbol{n} = (\hat{S}_x\sin\theta\cos\varphi, \hat{S}_y\sin\theta\sin\varphi, \hat{S}_z\cos\theta)$ である．これを (13.14) の右辺に演算してみると，固有値 $\pm\hbar/2$ を得る．ここでパウリのスピン行列 $\sigma_x = \begin{pmatrix} 0 & 1 \\ 1 & 0 \end{pmatrix}$, $\sigma_y = \begin{pmatrix} 0 & -i \\ i & 0 \end{pmatrix}$, $\sigma_z = \begin{pmatrix} 1 & 0 \\ 0 & -1 \end{pmatrix}$ とスピン状態のベクトル $|\uparrow\rangle = \begin{pmatrix} 1 \\ 0 \end{pmatrix}$, $|\downarrow\rangle = \begin{pmatrix} 0 \\ 1 \end{pmatrix}$ を用いると便利である．

索　引

ア

アイドラー　99, 182
　——光　167
アインシュタインのA
　係数　42
アインシュタインのB
　係数　47
アルゴンレーザー　78,
　80, 81
アンチバンチド状態
　154
アンチバンチング　149,
　151, 152
暗号鍵　190
暗号通信　190
安定性　51

イ

EPR状態　181
EPRパラドックス
　178, 181, 182
1次の相関関数　145
異常光線　96
位相演算子　162
位相緩和　121
　——時間　123
位相共役波　103
位相検出　167
位相整合　95
　——条件　94, 96
　　タイプⅠの——　97
　　タイプⅡの——　98
位相のゆらぎ　68
位置座標演算子　132
一重項状態　178

ウ

薄い板のレンズ　16
運動量演算子　132

エ

エコー　125, 126
　光——　124
エネルギー量子　3
遠距離相関　180
演算子　131
　位相——　162
　位置座標——　132
　運動量——　132
　光子数——　134, 176
　消滅——　135
　生成——　135

カ

回折現象　2
回折による損失　53
回折広がり　19, 22, 55,
　71
回転ゲート　197
回転座標　119
回転波近似　32, 37, 111

ガウス型の関数　13
ガウスビーム　13, 18, 20
ガラスレーザー　78
確率振幅　25, 27
隠れた変数　186
重ね合せ状態　25
感受率テンソル　89
干渉　140
　——縞　2
　——性　70
緩和定数　31, 37

キ

Q値　69
90°パルス　120
幾何光学　3, 8
期待値　25, 137, 138,
　157, 165
気体レーザー　79
キャリヤー　82
キュービット　195
吸収線の形　35
吸収の飽和　37, 39
球面鏡の公式　12
境界条件　175
共振器　50
共鳴蛍光　152
共鳴線の広がり　124
強度　45, 47, 72, 149, 151
　——干渉　145, 146
　発振——　61

索　引　211

曲率半径　19, 20
均一広がり（均一幅）
　　36, 42
均一横緩和　121, 124
　――時間　127
近軸光線　11

ク

空間的コヒーレンス　71
屈折率　34
　――が非一様　15
　――の分散　35
くびれ　18, 51
　――半径　52

ケ

KDP結晶　90, 98, 102
ケット　135, 137
減衰定数　31

コ

光学的ブロッホ方程式
　116
光子計数分布　65
光子数演算子　134, 176
光子数状態　133, 134,
　155, 175
光子数と位相の不確定性
　関係　161
光量子仮説　3
光路決定　172
光路長　12
交換関係　132, 159, 163
交換子　29
後進波　103

黒体輻射　42, 48
固体レーザー　76
固有関数　24, 27, 133
固有状態　133
固有値（固有エネルギー）
　24, 133
古典的な光　142, 147
コヒーレンス　70, 71
　――時間　43, 71, 150
コヒーレント状態　155,
　157, 159, 161, 162, 164
コヒーレントラマン分光
　113, 115
コンフォーカルパラメー
　ター　19, 23

サ

3次高調波発生　102
3準位原子　110
3準位レーザー　74
再結合　83
歳差運動　119
差周波発生　88, 115

シ

しきい値　61
　発振の――　58
色素レーザー　81
シグナル　99, 182
　――光　167
シュレーディンガー方程
　式　27
思考実験　178, 186
自然放出　40, 41, 54
自由歳差減衰　120, 122,

　125
自由伝搬波　94
周波数のゆらぎ　68
縮退4光波混合　103
出力強度のゆらぎ　67
常光線　96
状態ベクトル　133
章動　119
消滅演算子　135
真空状態　134
真空のゆらぎ　139

ス

スクイーズされた真空ゆ
　らぎ　168
スクイーズド光　167
スクイーズド状態　163
　直交位相――　164,
　165, 166
スペクトル関数　45
スペクトル幅　42, 65, 73

セ

正規順　158
正常分散　35
制御ノット・ゲート
　197, 199
生成演算子　135
セレン化亜鉛系　84
ゼロ点エネルギー　138
遷移行列の要素　30
遷移周波数　29, 116
線形応答　86
線形感受率　32, 87
線形分極　87

212　索引

ソ

双極子モーメント　26, 48, 111
相互作用ハミルトニアン　26
増幅定数　54
増幅度(率)　48, 54
存在確率　25

タ

対称操作　90, 91
タイプIの位相整合　97
タイプIIの位相整合　98
縦緩和　121, 122
　——時間　123
縦成分　120
弾性散乱　123

チ

Tiサファイヤレーザー　78, 79
遅延選択　171, 172, 176
窒化ガリウム　85
中心対称性　89, 111
調和振動子　131
直交位相振幅　157
　——の不確定性関係　159
直交位相スクイーズド状態　164, 165, 166
直交位相表示　157

テ

定在波　50
定常解　32
テレポーテーション　192
テンソル　90
　感受率——　89
電気感受率　33
電気的相互作用　26
電磁波　129
　——の波動方程式　56, 57
電場のゆらぎ　139

ト

透過率　174
同時計数率　149, 183, 185

ニ

2光子干渉　145
2光子吸収　112
2次高調波発生(SHG)　88, 91, 93, 95, 110, 111
2次の相関関数　151
2準位原子　24
二重性　3, 4, 129, 178
二重ヘテロ接合　83

ネ

熱輻射　42, 66

ハ

波数　13, 130
波動関数　24, 25
波動光学　3
波動性　5, 178
波動説　2
波動方程式　13, 91
　電磁波の——　56, 57
波面の曲率　17
発振強度　58, 61
発振周波数　58, 59, 62
　——の引き込み　63
発振条件　55
発振のしきい値　58
ハミルトニアン　24, 131, 132
　相互作用——　26
パラメトリック下方変換　153
　——器　100, 180
パラメトリック増幅　99
　——器　163, 166
パラメトリック発振器　100
パルス幅　73
パルス面積　120
パワー　40, 72
　——密度　45
バンチング　151
反射率　54, 174
反転分布　47, 61
半導体レーザー　82
半波長板　185

ヒ

BBO結晶　98, 102, 182
180°パルス　120
砒化ガリウム　83
光エコー　124
光強度　151

光の二重性 4
光メーザー 6
非局所相関 148, 180, 184, 186
非線形応答 86
非線形感受率 87, 110
非線形光学 6
非線形分極 87, 91, 92, 111
非弾性散乱 123
ビームスプリッター 149, 172
ビーム半径 17, 18, 52, 53
広がり(均一,不均一) 36
　　回折による―― 19, 22, 55, 71
　　共鳴線の―― 124

フ

フェムト秒 78
　　――のパルス 73
フェルマーの原理 8
フォトンエコー 124
ブラ 135, 137
プランクの公式 49
ブロッホベクトル 119, 126
ブロッホ方程式 116
不確定性関係 159
　　光子数と位相の―― 161
　　コヒーレント状態の―― 160
　　スクイーズド状態の―― 163
　　直交位相振幅の―― 159
不均一広がり(不均一幅) 36, 42
不均一横緩和 121, 122, 124
複屈折 96
複素表示 157
分極の飽和 39
分極波 94
分散曲線 34
分布確率 27, 28, 37, 75

ヘ

He-Ne レーザー 79, 80
平均二乗偏差 139, 158, 159
平衡型ホモダイン検出 167
ベル状態(ベル基底) 193
変調度(明瞭度) 142, 184

ホ

ポアソン分布 66, 157
ポインティングベクトル 45
ホモダイン検出 167
ホールバーニング 106
ポンピング 47, 74, 84
飽和吸収分光 106, 107

マ

マクスウェルの方程式 56

ミ

密度行列 27, 28, 186
　　――の運動方程式 29

ム

無輻射遷移 75, 76

メ

明瞭度(変調度) 142, 184
メーザー 4, 5
　　光―― 6

モ

もつれた状態(もつれ) 181, 182, 190
モード 49, 50
　　――周波数 51
　　――同期 73, 78, 153
　　――密度 49

ヤ

YAG(ヤグ)レーザー 77, 81
ヤングの干渉 140

ユ

誘導吸収 44
誘導放出 44

214 索引

ゆらぎ 65, 138, 157, 165
 位相の—— 68
 周波数の—— 68
 出力強度の—— 67
 真空の—— 139
 スクイーズされた
  —— 168
 電場の—— 139

ヨ

4準位レーザー 74, 75
横緩和 121, 122
 ——時間 123
 均一—— 127
 均一—— 121, 124
横成分 120

ラ

ラビ周波数 119
ラビの章動 119, 152
ラマン散乱 113, 114

リ

利得 48, 55
 ——定数 48
 ——の飽和 62
粒子性 5, 178

粒子説 2
量子暗号法 190
量子エレクトロニクス
 4, 5, 6
量子化 131
 ——条件 132
量子計算機 193, 194
量子光学 5, 129
量子的な光 143, 148
量子テレポーテーション
 192
量子ビット 195

ル

ルビーレーザー 6, 76

レ

レーザー 4, 6, 50, 56
 ——共振器 50
 ——の基本方程式
 58
 ——媒質 50
 ——理論 56
He-Ne—— 79, 80
Ti サファイヤ——
 78, 79
YAG(ヤグ)—— 77,

 81
3準位—— 74
4準位—— 74, 75
アルゴン—— 78,
 80, 81
ガラス—— 78
気体—— 79
固体—— 76
色素—— 81
半導体—— 82
ルビー—— 76
レンズ 9
 ——の公式 9, 11,
 20, 21
 薄い板の—— 16
 ガウスビームに対する
  —— 20

ロ

ローレンツ型の関数
 34, 35

ワ

和周波発生(SFG) 88,
 115

著者略歴

1935年 東京に生まれる．1958年 東京大学理学部物理学科卒業．1963年 同大学院博士課程修了．東京大学物性研究所助手，京都大学理学部講師，助教授を経て，1984年 東京大学物性研究所教授，1995年 熊本大学理学部・大学院自然科学研究科教授．2000年 明治大学理工学部兼任講師，2001年 学習院大学理学部非常勤講師，現在 独立行政法人情報通信研究機構招聘研究員．理学博士．東京大学名誉教授．非線型光学，コヒーレント過渡光学，超高速分光学，固体励起子分光学，量子光学の実験的研究を行ってきた．

主な著書：「量子光学」（東京大学出版会，1996年）

裳華房テキストシリーズ-物理学　**量子光学**

2000年9月30日	第1版発行
2017年6月20日	第9版1刷発行
2021年6月5日	第9版2刷発行

検印省略

定価はカバーに表示してあります．

増刷表示について
2009年4月より「増刷」表示を『版』から『刷』に変更いたしました．詳しい表示基準は弊社ホームページ
http://www.shokabo.co.jp/
をご覧ください．

著 者	松岡正浩（まつおか まさひろ）
発行者	吉野和浩
発行所	〒102-0081 東京都千代田区四番町8-1 電話 03-3262-9166 株式会社　裳華房
印刷所	中央印刷株式会社
製本所	株式会社 松岳社

一般社団法人
自然科学書協会会員

JCOPY 〈出版者著作権管理機構 委託出版物〉
本書の無断複製は著作権法上での例外を除き禁じられています．複製される場合は，そのつど事前に，出版者著作権管理機構（電話03-5244-5088, FAX03-5244-5089, e-mail: info@jcopy.or.jp）の許諾を得てください．

ISBN 978-4-7853-2093-5

© 松岡正浩, 2000　　Printed in Japan

光学　【基礎物理学選書 23】

石黒浩三 著　Ａ５判／222頁／定価 3740円（税込）

　私たちの生活の様々な分野に光の特性を利用した各種のデバイスが応用されるようになり，改めて光学の重要性が認識されるようになってきた．
　本書は，伝統的な光学の講義では扱いにくい電磁光学と量子光学のつながりを明確にし，今後の光学の発展の方向を考える基礎となりうるような構成で執筆された入門書．光学の基礎が，平易に，ごまかすことなく，また電磁気学の知識をできるだけ必要としない形で執筆されている．
【主要目次】1. 幾何光学　2. 波動光学の基礎　3. 光学の応用　4. 電磁光学

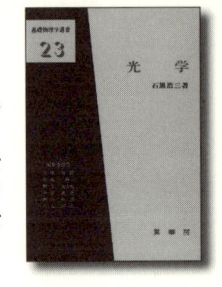

非線形光学入門

服部利明 著　Ａ５判／250頁／定価 4180円（税込）

　量子エレクトロニクス，量子光学，光エレクトロニクス，分光測定など，多彩な領域の基礎となる非線形光学の画期的な入門書．量子力学を表だって使わずに，また厳密な議論は後回しにすることによって，初学者が基本的な概念を早く理解できるように解説．式の導出は丁寧に行い，定量的な議論をすることで読者の理解を助けた．また，非線形感受率テンソルの定義と表式や，対称性に関する厳密な議論なども，必要に応じて解説した．
【主要目次】1. 非線形光学現象と非線形感受率　2. ２次の非線形光学効果　3. ３次の非線形光学効果　4. 誘導ラマン散乱　5. 非線形光学過程の一般論

入門 レーザー

大津元一 著　Ａ５判／198頁／定価 3080円（税込）

　レーザーの専門家ではないが，その知識と技術とが必要とされる学生・技術者のために執筆された入門書．
　過度の理論的厳密さの追求を避け，全体を見渡すことのできる豊かな素養を養うことを目的に，記述に多くの工夫が凝らされている．各章末に演習問題，巻末には解答を収め，読者の学習の便を図った．
【主要目次】0. 勉強する前に　1. 光を閉じ込める：共振器　2. 光と原子を混ぜ合わせる：光と原子　3. 光を増幅する：レーザー増幅器　4. 光を発振させる：レーザー　5. さらに詳しく調べる：レーザーの半古典的理論　6. そしてレーザー装置の実際は：実際のレーザー装置

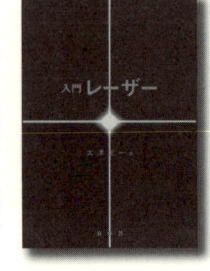

本質から理解する　数学的手法

荒木　修・齋藤智彦 共著　Ａ５判／210頁／定価 2530円（税込）

　大学理工系の初学年で学ぶ基礎数学について，「学ぶことにどんな意味があるのか」「何が重要か」「本質は何か」「何の役に立つのか」という問題意識を常に持って考えるためのヒントや解答を記した．話の流れを重視した「読み物」風のスタイルで，直感に訴えるような図や絵を多用した．
【主要目次】1. 基本の「き」　2. テイラー展開　3. 多変数・ベクトル関数の微分　4. 線積分・面積分・体積積分　5. ベクトル場の発散と回転　6. フーリエ級数・変換とラプラス変換　7. 微分方程式　8. 行列と線形代数　9. 群論の初歩

裳華房ホームページ　https://www.shokabo.co.jp/